Lambacher Schweizer 12

Mathematik für Gymnasien

Bayern

Lösungen

erarbeitet von
Christine Altmann, Buckenhof
Kathrin Ruf-Oesterreicher, Heroldsberg

Ernst Klett Verlag
Stuttgart · Leipzig

Bildnachweis
Umschlag U1.1 Getty Images Deutschland GmbH (Jean-Pierre Pieuchot); **U1.2** Florian Borlein

1. Auflage 1 11 10 9 8 7 | 27 26 25 24 23

Alle Drucke dieser Auflage sind unverändert und können im Unterricht nebeneinander verwendet werden.
Die letzte Zahl bezeichnet das Jahr des Druckes.

Autorinnen und Autoren/Beratung: Christine Altmann, Buckenhof; Herbert Götz, Uttenreuth; Manfred Herbst, Herzogenaurach; Christine Kestler, Holzkirchen; Hans-Georg Kosuch, Coburg; Peter Neumann, Markkleeberg; Dr. Johannes Novotný, Schwabach; Kathrin Ruf-Oesterreicher, Heroldsberg; Barbara Sy, Nürnberg; Thomas Thiessen, Erlangen.

Entstanden in Zusammenarbeit mit dem Projektteam des Verlags

Umschlaggestaltung: SoldanKommunikation, Stuttgart
Illustrationen: dtp-studio Andrea Eckhardt, Göppingen
Satz: dtp-studio Andrea Eckhardt, Göppingen
Druck: Digitaldruck Tebben GmbH, Biessenhofen

Printed in Germany
ISBN 978-3-12-732862-2

9 783127 328622

Inhaltsverzeichnis

Inhaltsverzeichnis

Bedeutung der Symbole

Lambacher Schweizer 12
Lösungen

Erläuterung	Symbol	Bedeutung
Im Schülerbuch wurden nur solche Aufgaben mit * versehen, bei denen vielleicht nicht auf den ersten Blick ersichtlich ist, dass die Aufgabe schwer oder zeitaufwändig in der Bearbeitung ist. Damit soll „unbedachten Hausaufgabenstellungen" vorgebeugt werden. Aus pädagogischen Gründen sind weitere Kennzeichnungen im Schülerbuch unterblieben. Im Lehrerband sind nun schwierige und zeitaufwändige Aufgaben als solche gekennzeichnet.		schwierige Aufgabe
		zeitaufwändige Aufgabe
Die Aufgabe erfordert in besonderem Maße das Verbalisieren mathematischer Sachverhalte.		Verbalisieren
Zur Bearbeitung der Aufgabe sind Kenntnisse aus verschiedenen Teilbereichen der Mathematik nötig. Die Vernetzung mit arithmetischen Grundfertigkeiten wird jedoch nicht gekennzeichnet.		vernetzende Aufgabe
Aufgabenstellung oder Lösungsstrategien sind offen oder zur Öffnung gut geeignet. In diesem Fall sind im Lehrerband häufig Hinweise zur Öffnung gegeben.		offene / zu öffnende Aufgabe
Aufgaben, die ein besonderes Maß an Eigeninitiative erfordern, die „aus dem Klassenzimmer hinausführen", die sich zu einem Projekt eignen, die umfangreichere Recherchen voraussetzen etc.		den üblichen Rahmen sprengend
		fächerübergreifende Aufgabe
		Partnerarbeit
		(Klein-) Gruppenarbeit
		zusätzliches Material / Werkzeug nötig
		Taschenrechner sinnvoll / erforderlich
		PC-Einsatz sinnvoll / erforderlich
		Internet-Einsatz sinnvoll / erforderlich
Kopiervorlagen im Buch oder weitere Informationsquellen, die dann im Text genannt werden.	→	Verweis auf andere Materialien
		Spiel
		Zaubertrick
		Historisches
Informationen, die hier angegeben sind, um Eigenrecherche zu ersparen; Hintergrundinformationen für die Lehrerin / den Lehrer	i	(Hintergrund-) Information

hier ausschneiden und – am besten foliert – als Lesezeichen verwenden →

Klett

I Integralrechnung

1 Lokale Änderungsrate und Gesamtänderung

S. 8

1 $h = \frac{1}{2}\cdot 2\frac{m}{s^2}\cdot(1\,s)^2 + 2\frac{m}{s}\cdot 3\,s + \frac{1}{2}\cdot 2\frac{m}{s^2}\cdot(1\,s)^2 = 8\,m$

Fläche = 8 FE

S. 10

2 a) $s = \frac{1}{2}\cdot 0{,}5\,h\cdot 40\frac{km}{h} + 0{,}5\,h\cdot 40\frac{km}{h} + \frac{1}{2}\cdot 0{,}5\,h\cdot 30\frac{km}{h} + 0{,}5\,h\cdot 10\frac{km}{h} + 0{,}5\cdot 0{,}5\,h\cdot 10\frac{km}{h} =$
$(10\,km + 20\,km + 7{,}5\,km + 5\,km + 2{,}5\,km) = 45\,km$

b) $s \approx 0{,}5\cdot 0{,}25\,h\cdot 50\frac{km}{h} + 0{,}5\,h\cdot 50\frac{km}{h} + 0{,}5\cdot 0{,}5\,h\cdot 50\frac{km}{h} + 0{,}75\,h\cdot 100\frac{km}{h} + 0{,}5\cdot 0{,}5\,h\cdot 100\frac{km}{h} =$
$(6{,}25\,km + 25\,km + 12{,}5\,km + 75\,km + 25\,km =) = 143{,}75\,km$

3 Individuelle Lösungen

z. B.

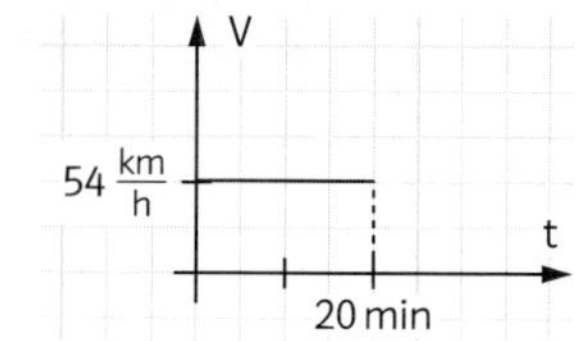

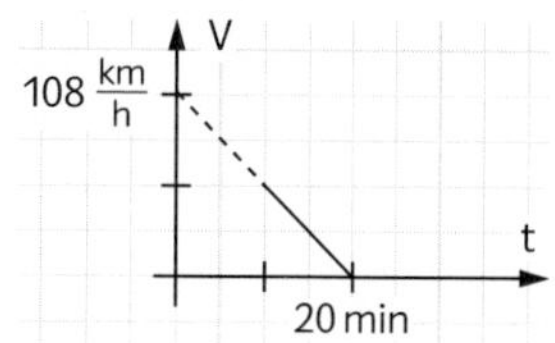

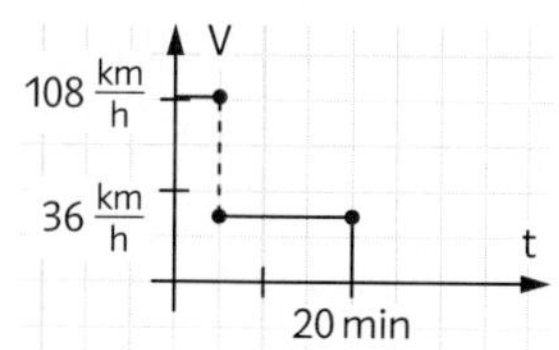

4

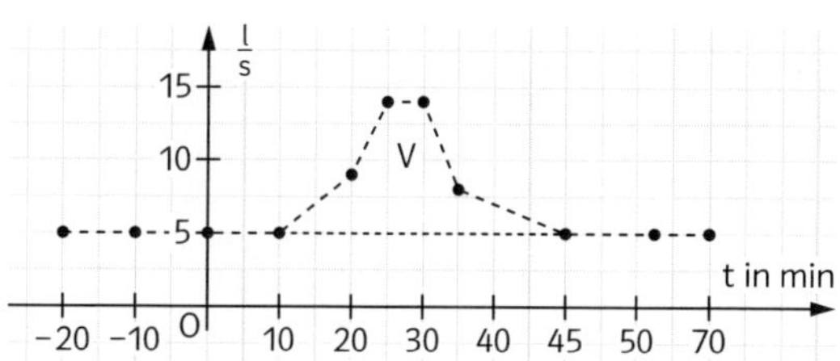

$V = \frac{1}{2}\cdot 4\cdot 60\frac{l}{min}\cdot 10\,min + \frac{1}{2}\cdot 5\cdot 60\frac{l}{min}\cdot 5\,min$
$+ 4\cdot 60\frac{l}{min}\cdot 5\,min + 9\cdot 60\frac{l}{min}\cdot 5\,min$
$+ \frac{1}{2}\cdot 6\cdot 60\frac{l}{min}\cdot 5\,min + 3\cdot 60\frac{l}{min}\cdot 5\,min$
$+ \frac{1}{2}\cdot 2\cdot 60\frac{l}{min}\cdot 10\,min + 60\frac{l}{min}\cdot 10\,min$
$+ \frac{1}{2}\cdot 60\frac{l}{min}\cdot 10\,min = 9150\,l$

5 $V = 12\,h\cdot 18\frac{m^3}{h}\cdot 3600\cdot\frac{1}{2} + 44\frac{m^3}{h}\cdot 3600\cdot 24\,h + 12\,h\cdot 3600\cdot 22\frac{m^3}{h}\cdot\frac{1}{2} = 4\,665\,600\,m^3 \approx 4{,}7\cdot 10^6\,m^3$

6 a)

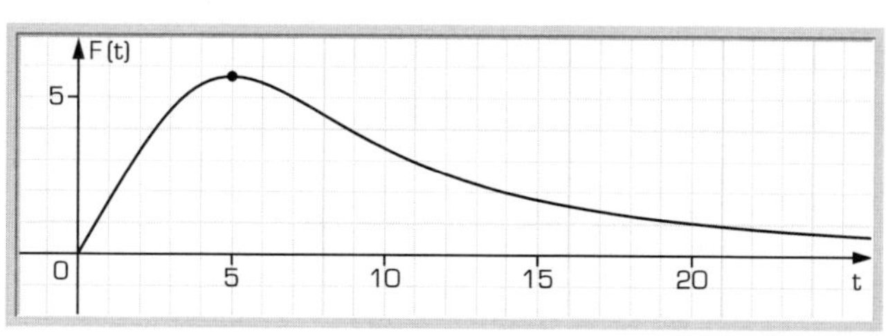

b) $F'(x) = \frac{425(250 - 2t^3)}{(250 + t^3)^2}$

$\Rightarrow$ $F'(x) = 0$ bei $t = 5$

$\Rightarrow$ $F(5) = 5{,}7\frac{l}{h}$

c) $V = \frac{1}{2}\cdot\left(5\,h\cdot 5{,}7\frac{l}{h} + 5\,h\cdot 2{,}5\frac{l}{h}\right) + 5\,h\cdot 3{,}2\frac{l}{h} + \frac{1}{2}\cdot 14\,h\cdot 2{,}4\frac{l}{h} + 14\,h\cdot 0{,}8\frac{l}{h} \approx 64{,}5\,l$

$64\,500\,cm^3 = \pi\cdot 50^2\cdot h\cdot cm^2 \Rightarrow h \approx 8{,}2\,cm$

7 a) $u: x \mapsto x^3;\quad f'(x) = 3(7x-3)^2\cdot 7$

b) $u: x \mapsto \frac{2}{x^2};\quad f'(x) = -4(x-2)^{-3} = \frac{-4}{(x-2)^3}$

8 $\overrightarrow{AB} = \begin{pmatrix}1\\-2\\-2\end{pmatrix};\ \overrightarrow{AC} = \begin{pmatrix}2\\-2\\2\end{pmatrix};\quad |AB| = \sqrt{9} = 3;\quad |AC| = \sqrt{12}$

$\begin{pmatrix}1\\-2\\-2\end{pmatrix}\circ\begin{pmatrix}2\\-2\\2\end{pmatrix} = 2 + 4 - 4 = 2 = 3\cdot\sqrt{12}\cdot\cos\alpha \Rightarrow \alpha \approx 78{,}9°$

$F_{ABC} = \frac{1}{2}\left|\begin{pmatrix}1\\-2\\-2\end{pmatrix}\times\begin{pmatrix}2\\-2\\2\end{pmatrix}\right| = \frac{1}{2}\left|\begin{pmatrix}-8\\-6\\2\end{pmatrix}\right| = \frac{1}{2}\cdot\sqrt{64+36+4} = \frac{1}{2}\sqrt{104} \approx 5{,}1$

2 Integrale

S. 11

1 a) „Zu kleine" Fläche sind $3\,\text{cm}^2$ (3 × 4 Kästchen unterhalb des Graphen);
„Zu große" Fläche ist das Rechteck mit Länge 2 und Höhe $1+\sqrt{2}$

b) Zerlegung der Fläche in Streifen von 0,5 cm Breite:
„Zu kleine" Fläche: $0{,}5\cdot(1+1{,}5+2+2{,}25) = 3{,}375$
„Zu große" Fläche: $0{,}5\cdot(1{,}75+2+2{,}25+2{,}9) = 4{,}45$

S. 14

2 a)

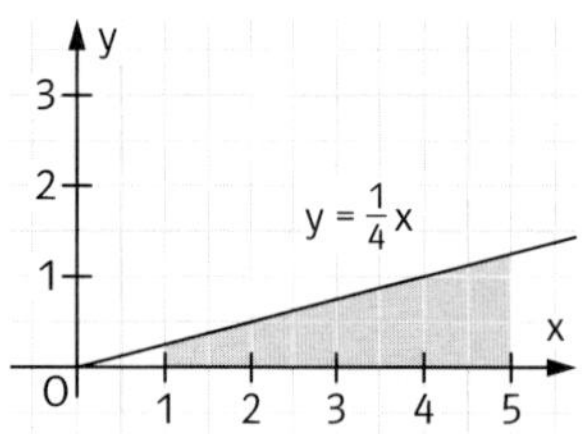

$\int_1^5 0{,}25x\,dx = \frac{1}{2}\cdot\left(\frac{5}{4}+\frac{1}{4}\right)\cdot 4 = 3$

b)

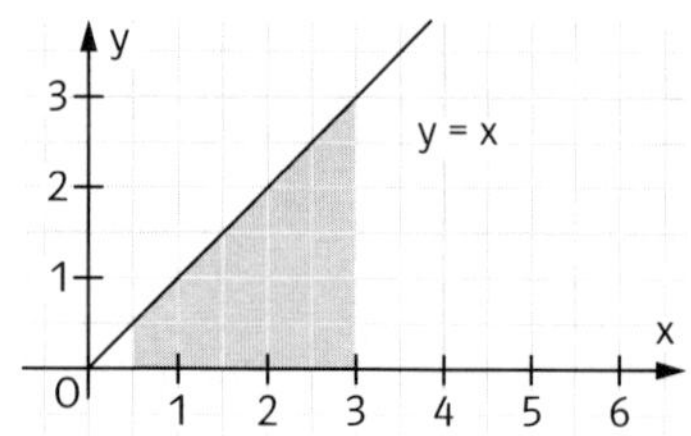

F = 4,375

c)

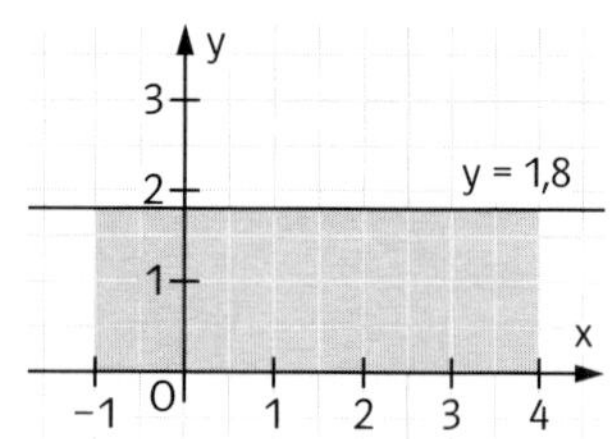

F = 9

d)

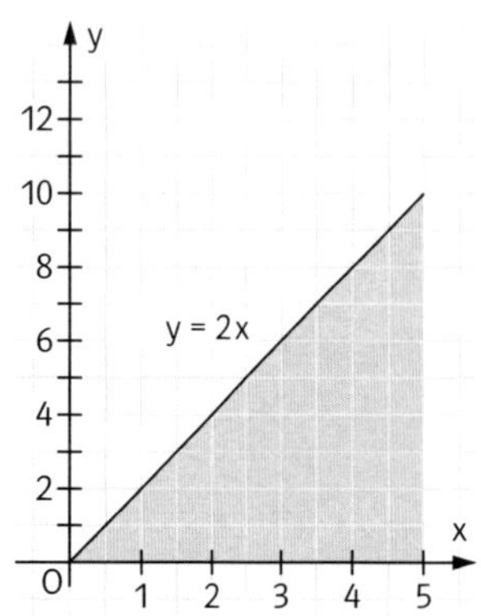

F = −25

e)

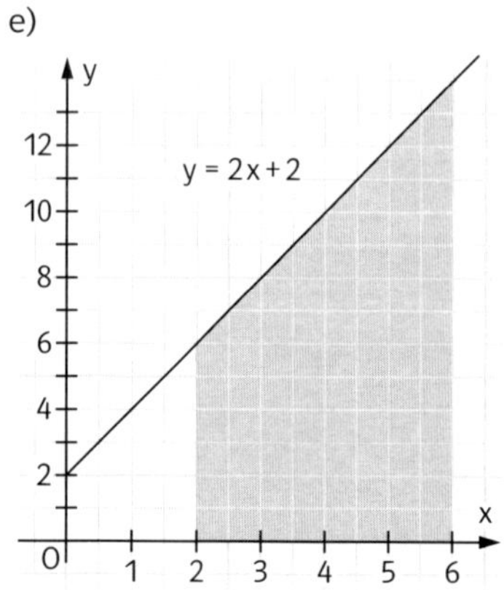

F = −40

f)

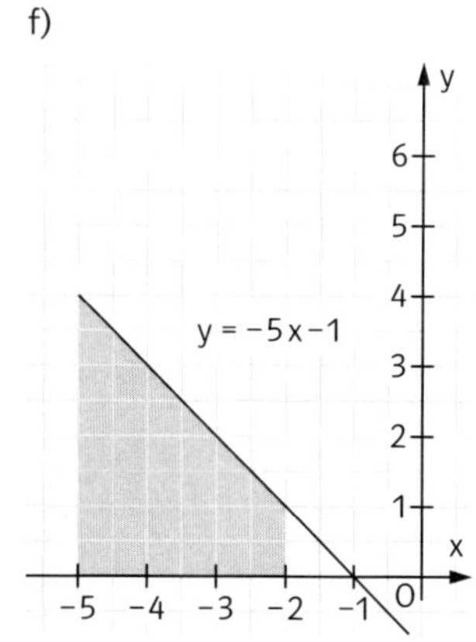

F = 2,25

3 I 8, da Pol und Nullstelle und Grenzen passen
II 4 → Scheitel und Öffnung der Parabel
III 2 → Steigung
IV 11 → Definitionslücke und Asymptote

4 a) $\int_{-2,5}^{2,5}\left(2-\frac{2}{5}x\right)dx = \frac{1}{2}(3+1)\cdot 5 = 10$

oder +

b) $\int_{-3}^{3}\left(-\frac{1}{2}x^2+4{,}5\right)dx = 18$ *(Rechnereinsatz wie Bsp. 2)*

c) $\int_{-1,5}^{4}\left(\frac{1}{x+2}\right)dx \approx 2{,}48$ (Wertetabelle oder Rechner)

5 a)

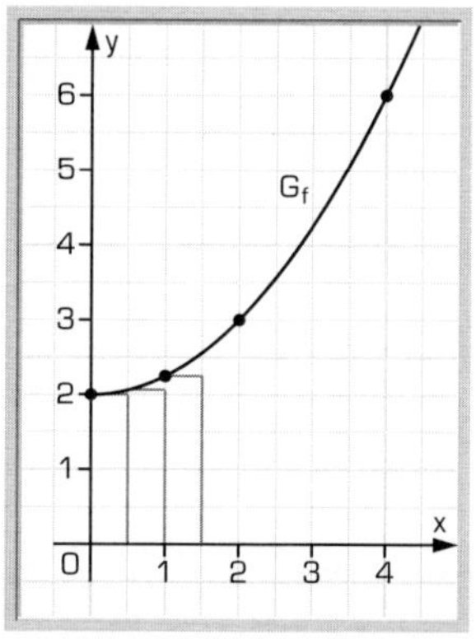

$U_8 = 0{,}5 \cdot (2 + 2{,}0625 + 2{,}25 + 2{,}5625 + 3 + 3{,}5625 + 4{,}25 + 5{,}0625)$
$= 12{,}375$

$O_8 = 0{,}5 \cdot (2{,}0625 + 2{,}25 + 2{,}5625 + 3 + 3{,}5625 + 4{,}25 + 5{,}0625 + 6)$
$= 14{,}375$

b)

x	1	1,25	1,5	1,75	2	2,25	2,5	2,75	3
f(x)	4,5	4,21875	3,875	3,46875	3	2,46875	1,875	1,21875	0,5

$O_8 = 0{,}25 \cdot (4{,}5 + \ldots + 1{,}21875) = 6{,}15625$
$U_8 = 0{,}25 \cdot (4{,}21875 + \ldots + 0{,}5) = 5{,}15625$

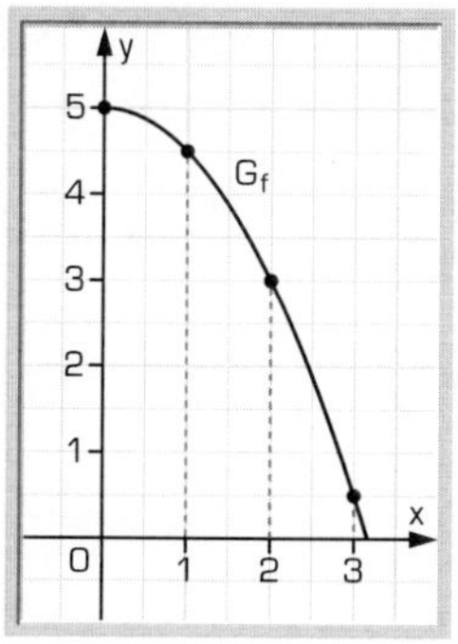

c) $O_8 = 6{,}15625$, $U_8 = 5{,}15625$ } genau wie b), nur um 2 nach rechts verschoben

d)

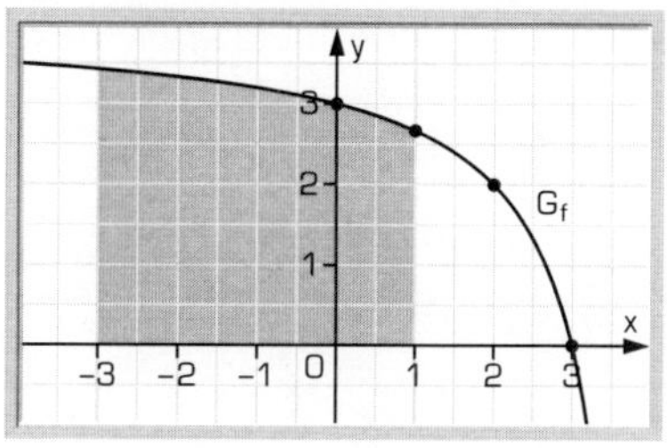

mit Wertetabelle erhält man:
$O_8 = 12{,}794$
$U_8 = 12{,}413$

S. 15 oder **6** a) $U_{10} = 0{,}2 \cdot (0 + 0{,}04 + \ldots + 3{,}24) = 2{,}28$

b) $\int_0^2 x^2\,dx = \frac{1}{n}\left(\frac{1}{n}\right)^2 + \frac{1}{n}\left(\frac{3}{n}\right)^2 + \ldots + \frac{1}{n} \cdot \left(\frac{2n-1}{n}\right)^2 = \frac{1}{n^3} \cdot \frac{1}{6} \cdot (2n-1)(2n)(4n-1) = \frac{1}{6}\left(\frac{2n-1}{n}\right) \cdot \frac{2n}{n} \cdot \left(\frac{4n-1}{n}\right)$

$\lim\limits_{n \to \infty} U_n = \frac{1}{6} \cdot 2 \cdot 2 \cdot 4 = \frac{8}{3}$

7 a) $\int_{-\sqrt{5}}^{5} (-0{,}5x^2 + 2{,}5)\,dx = 7{,}45$ b) $\int_{-3{,}23}^{0} (0{,}25x^3 + 0{,}5x^2 - x)\,dx \approx 4$ c) $\int_{-\frac{2}{3}}^{4} \left(\frac{-1}{x+2} + 0{,}75\right)dx \approx 2$

8 a) $v = 0$ wenn $t = 12{,}5$ b) $\int_0^{12{,}5} (-0{,}8t + 10)\,dt \approx 62{,}5\,\text{m}$

9 a) PC b) $\int_0^{24} (5\sin(0{,}25t) + 10)\,dt$ c) + d) $\int_0^{24} (5\sin(0{,}25t) + 10)\,dt \approx 240$

10 a) Weil der Abstand zum Ursprung nach Pythagoras immer 1 ist: $d = \left(\sqrt{1-x^2}\right)^2 + x^2 = 1$

b) + c) $\int_{-1}^{1} \sqrt{1-x^2}\,dx = 1{,}571 = \frac{\pi}{2}$

11 a) $f'(x) = 2x^2 - 8$
$\Rightarrow\ x_{1/2} = \pm 2$ sind Extremstellen.
$f(-2) \approx 9{,}7 \qquad f(2) \approx -11{,}7$
b) $f'(x) = \frac{1}{2}x^3 - \frac{9}{2}x = \frac{1}{2}x(x^2 - 9)$
$\Rightarrow\ x_1 = 0;\ x_{2/3} = \pm 3$ sind Extremstellen.
$f(0) = 4 \qquad f(-3) = f(3) = -6{,}125$

zu 11:

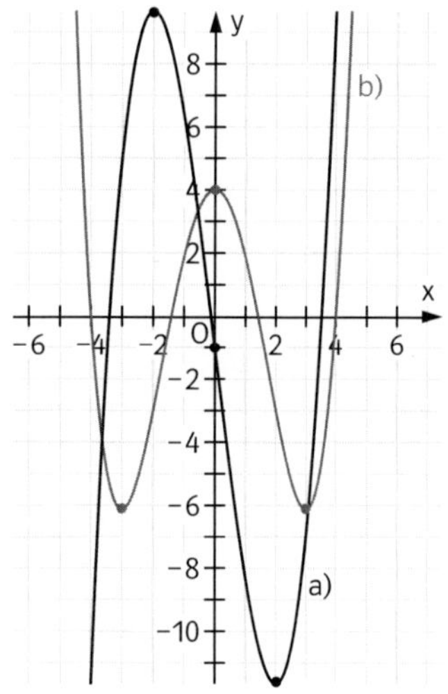

12 Individuelle Lösungen
z.B. $\Omega = \{1, 2, 3, 4, 5, 6\}$
A: gerade
B: {1, 2, 3}
$\Rightarrow\ P(A \cap B) = \frac{1}{6};\quad P_A(B) = \frac{P(A \cap B)}{P(A)} = \frac{\frac{1}{6}}{\frac{1}{2}} = \frac{1}{3}$
$P(A \cap B)$ bedeutet die Wahrscheinlichkeit, dass die gewürfelte Zahl gerade und kleiner als 4 ist.
$P_A(B)$ bedeutet dagegen, dass man bereits weiß, dass die Zahl gerade ist und unter dieser Voraussetzung nach der bedingten Wahrscheinlichkeit fragt, dass die Zahl dann kleiner als 4 ist.

3 Integral als Flächenbilanz

S. 16

1 a) Erst steigt die durchfließende Wassermenge pro Zeit, dann bleibt sie konstant, dann sinkt der Wert. Verläuft der Graph unterhalb de x-Achse, dann strömt das Wasser in die andere Richtung (d.h. läuft ab).
b) Die gefärbte Fläche gibt die Wassermenge an. Zum Zeitpunkt $t = 0$ ist keine Wasser hinter dem Damm des Kraftwerkes. Zum Zeitpunkt $t = 12$ ist noch die Wassermenge
$V = 0{,}5 \cdot (2 \cdot 10) + (2 \cdot 10 + 0{,}5 \cdot (2 \cdot 10) - 0{,}5 \cdot (2 \cdot 7{,}5) - 2 \cdot 7{,}5 - 0{,}5 \cdot 2 \cdot 7{,}5 = 10\,\text{cm}^3$ hinter dem Damm.

2 $\int_0^1 0{,}5x\,dx = 1 \qquad \int_0^2 0{,}5x\,dx = 4 \qquad \Rightarrow \qquad \int_0^b 0{,}5x\,dx = b^2$

S. 19

3 a) $\int_{-2}^{0} f(x)\,dx = -0{,}3 + 0{,}8 = 0{,}5$
b) $\ldots = 0{,}8 + 2{,}9 = 3{,}7$
c) $\ldots = 2{,}9 + 1{,}1 = 1{,}8$
d) $\ldots = -0{,}3 + 0{,}8 + 2{,}9 - 1{,}1 = 2{,}3$

4 a)

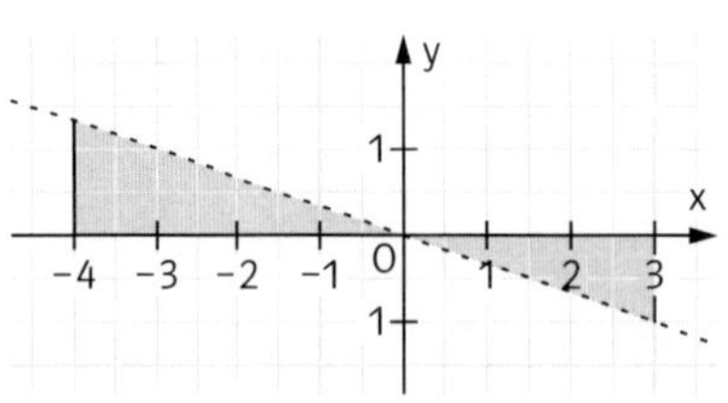

$\int_{-4}^{3} -\frac{1}{3}x\,dx = \frac{1}{2} \cdot \left(\frac{4}{3} \cdot 4 - 9 \cdot \frac{1}{3}\right) = 1\frac{1}{6}$

b)

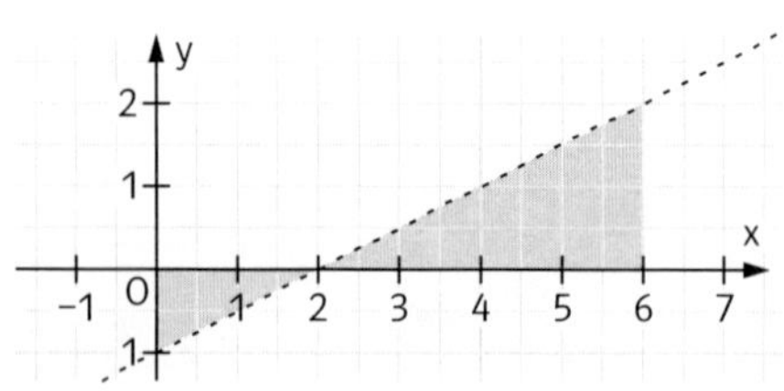

$\int_0^6 \left(\frac{1}{2}t - 1\right)dt = \frac{1}{2}(-1 \cdot 2 + 4 \cdot 2) = 3$

c)

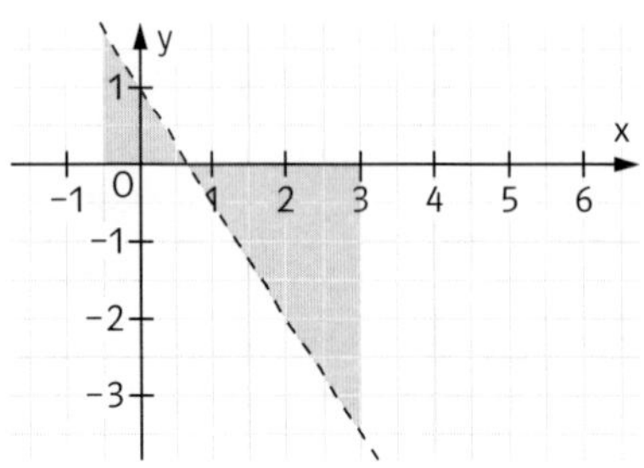

$\int_{-0{,}5}^{3} (-1{,}5z + 1)\,dz = \frac{1}{2}\left(1{,}75 \cdot 1\frac{1}{6} - 2\frac{1}{3} \cdot 3{,}5\right)$
$= -3{,}0625$

d)

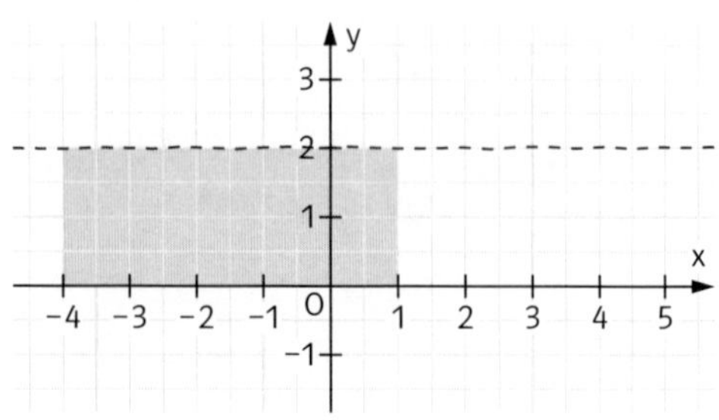

$\int_1^{-4} 2\,dx = -2 \cdot 5 = -10$
(Integrationsgrenzen sind vertauscht)

e)

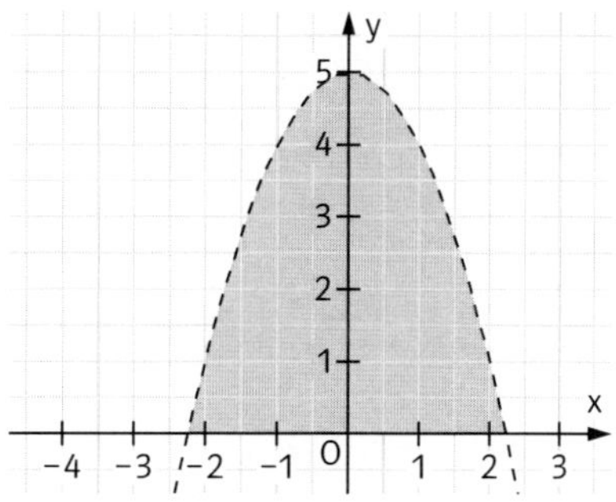

$$\int_{-\sqrt{5}}^{\sqrt{5}} (-x^2+5)\,dx \approx 14{,}9$$

f)

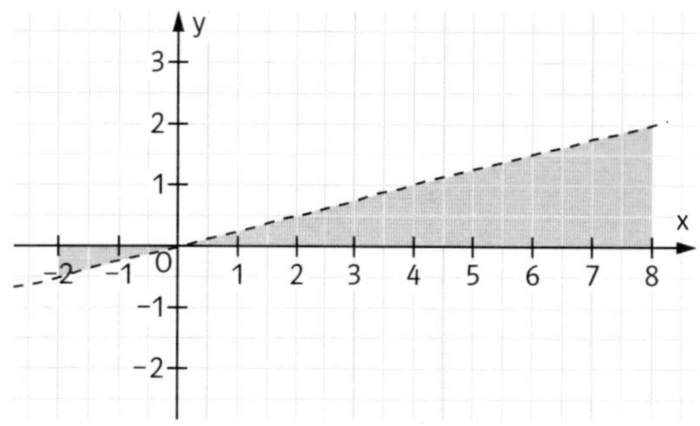

$$\int_{8}^{-2} \tfrac{1}{4} r\,dr = \left(-2\cdot\tfrac{1}{2}+8\cdot 2\right)\cdot\tfrac{1}{2} = -7{,}5$$

5 a) Positiv; da keine Nullstelle im Integrationsbereich und Graph oberhalb der x-Achse (links der Integrationsrichtung)
b) Negativ: keine Nullstelle; Graph unterhalb (rechts der Integrationsrichtung)
c) Null: da gleich große Flächen oberhalb und unterhalb der x-Achse
d) Negativ: die Fläche unterhalb der x-Achse ist größer als die oberhalb der x-Achse
e) Negativ: gesamte Fläche im Integrationsbereich rechts der Integrationsrichtung
f) Negativ: gesamter Graph liegt unterhalb der x-Achse

6 Individuelle Lösungen, z. B.

a)

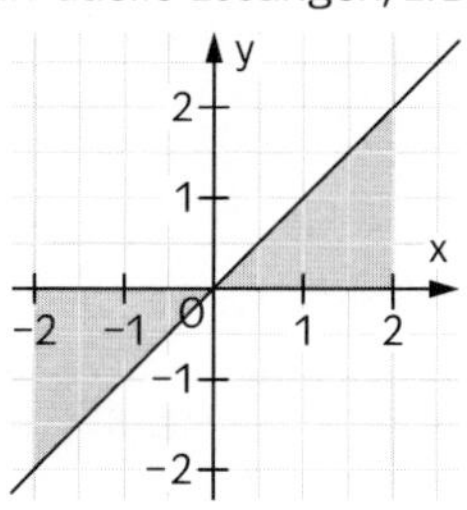

b)

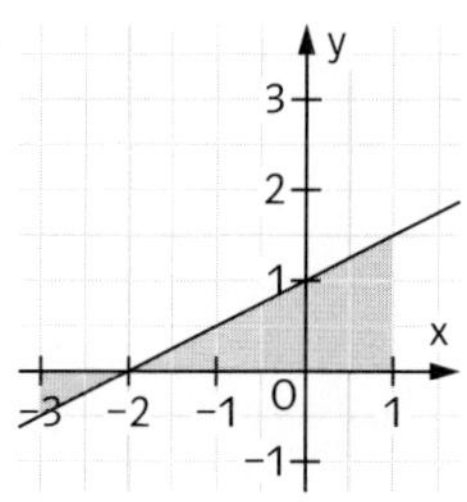

c)

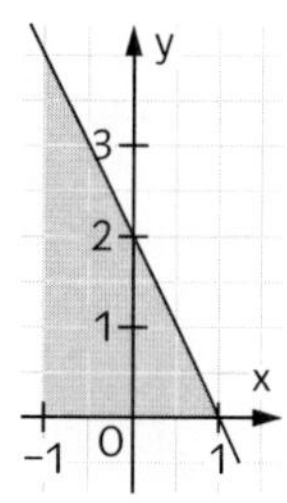

d)

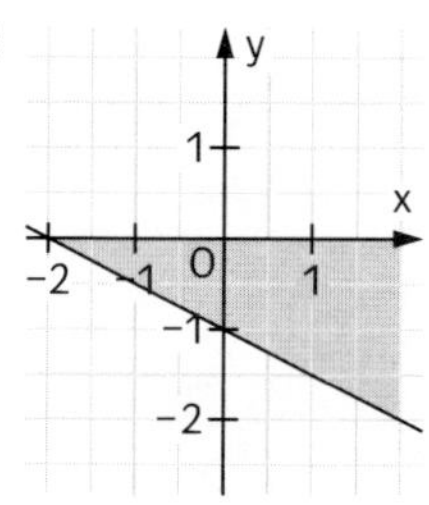

7 oder

a)

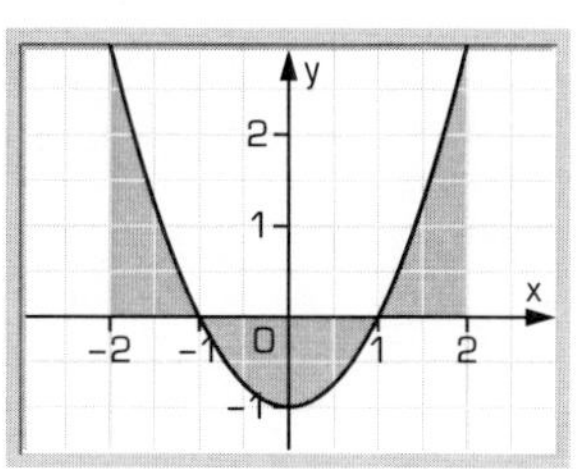

$$\int_{-2}^{2} (x^2-1)\,dx = 1\tfrac{1}{3}$$

b)

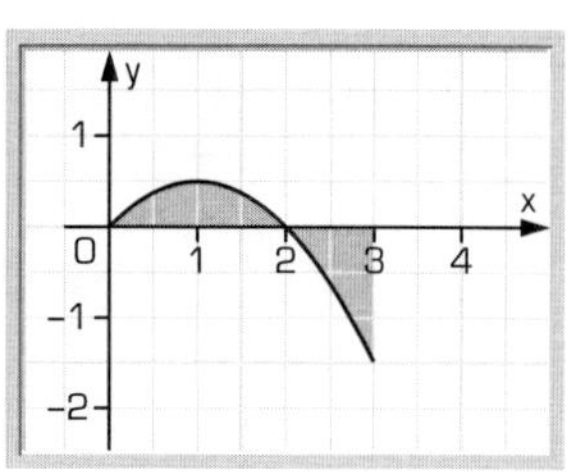

$$\int_{0}^{3} -0{,}5\,v(v-2)\,dv = 0$$

c)

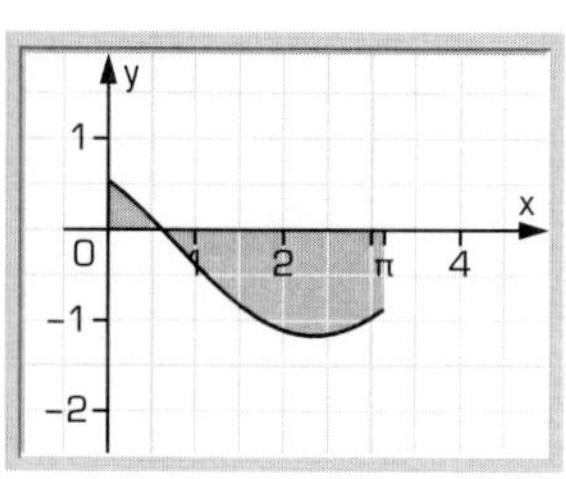

$$\int_{0}^{\pi} \cos\left(x+\tfrac{\pi}{4}\right)dx \approx -\sqrt{2}$$

d)

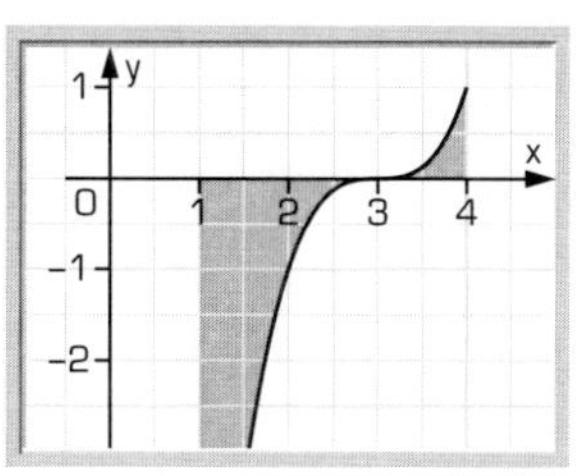

$$\int_{4}^{1} (x-3)^3\,dx = 3{,}75$$

e)

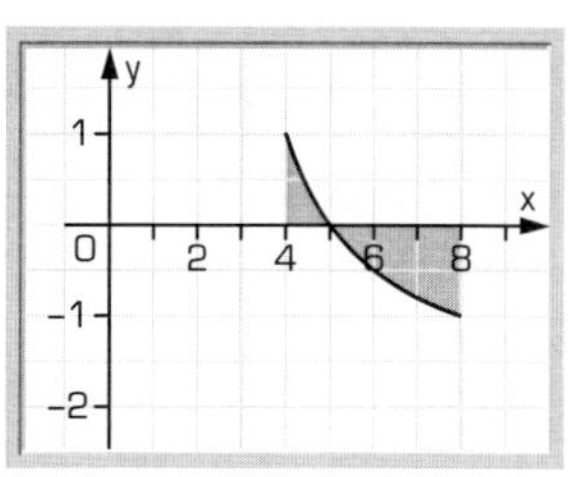

$$\int_{4}^{8} \left(\frac{6}{u-2}-2\right)du = -1{,}408$$

f)

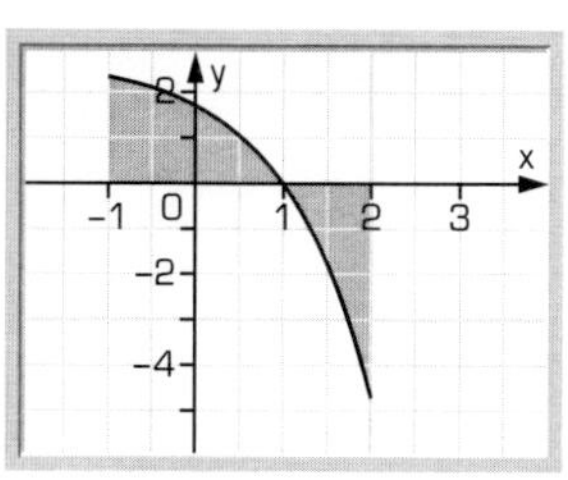

$$\int_{-1}^{2} (-e^x+e)\,dx = 1{,}13$$

8 a) $\int_0^3 |0{,}5(x+1)(x-2)|\,dx$ A = 2,59 b) $\int_{-1,5}^{3} |f(x)|\,dx = -0{,}28$ A = 3,48

c) $\int_{-1}^{1,75} |f(x)|\,dx$ A = 2,01 d) $\int_{-\frac{\pi}{2}}^{\frac{5}{4}\pi} |f(x)|\,dx$ A = 7

9 a)

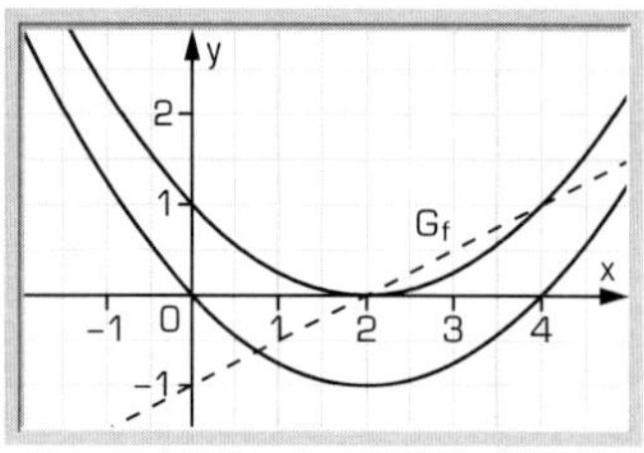

b)

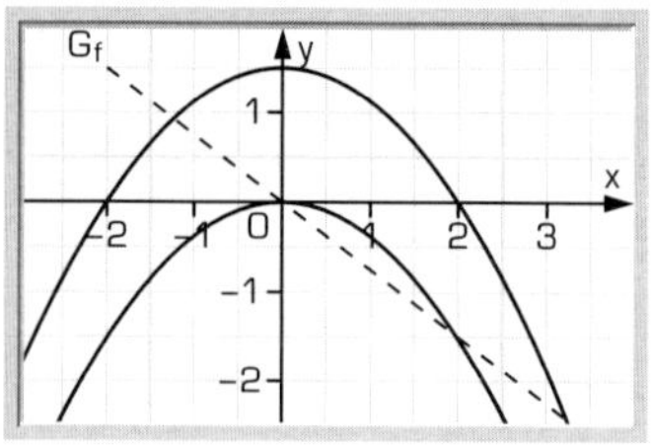

S. 20

10 a) $I_0(x) = 2x$ b) $I_0(x) = \frac{1}{2}x^2$ c) $I_0(x) = -x^2$ d) $I_0(x) = \frac{1}{2}x^2 + x$

11 4 ist I_0 zu G_f, da die Funktion x = 3 zunimmt und vorher ebenfalls positiv ist.
3 ist I_1 zu G_h, da die Funktion in −1, 1 und 3 Extrema hat und die höheren Werte besser zu G_h passen als die von 5.

12 links: Fläche oberhalb: 1,875; Fläche unterhalb: 2 } hat abgenommen
rechts: Flächenbilanz ist positiv, da die Fläche oberhalb der x-Achse deutlich größer ist (von 2 – 3).

13 a)

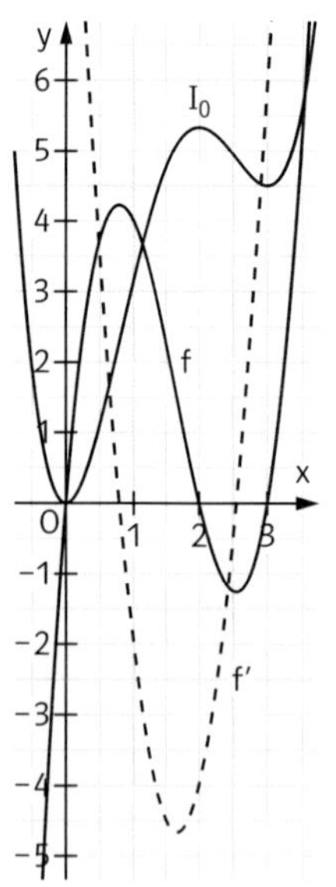

b)

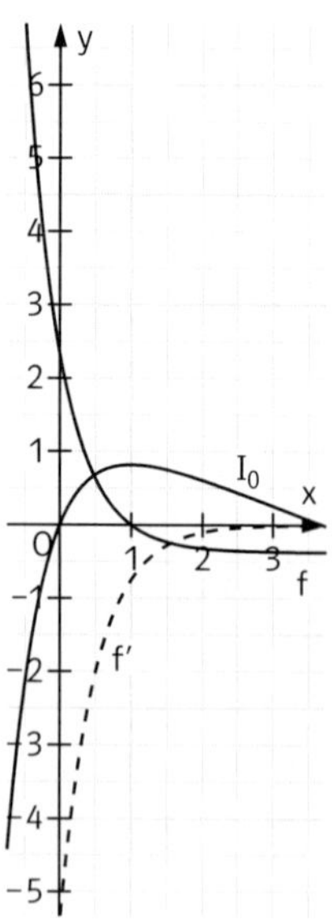

14 a) Abnahme von 0 bis 6 Uhr; dann Zunahme bis 18 Uhr und dann wieder Abnahme.
b) schnellste Änderung um 12 Uhr und um 0 Uhr
c) minimal t = 6; maximal t = 18
d) Differenz ist 8 °C.

15 ganzer Kreis: $A = r^2\pi \approx 706{,}86\,m^2$ ⇒ Teilkreis: $\frac{\frac{5\pi}{4}}{2\pi} \cdot A \approx 441{,}79\,m^2 = 44\,179\,dm^2 \approx 0{,}044\,ha$

16 a) $x = 1 \Rightarrow y = 3$ b) $x = 2 \Rightarrow y = 2$ c) $x = 0 \Rightarrow y = -2$ d) $x = -\frac{1}{2} \Rightarrow y = -\frac{5}{4}$

4 Hauptsatz

S. 21

1 a)

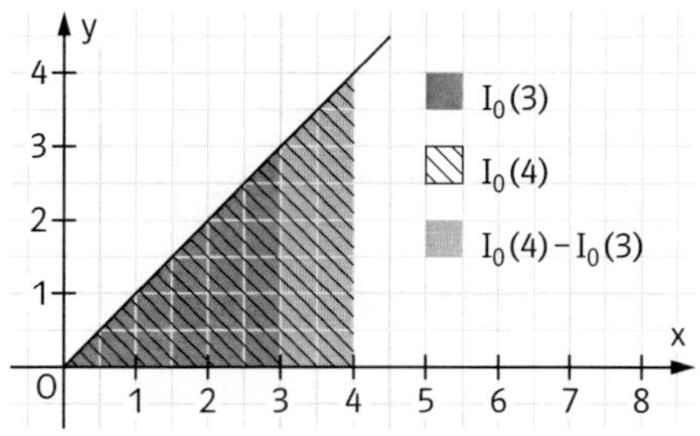

b) $I_0(3) = 4{,}5$
$I_0(4) = 8$
$I_0(4) - I_0(3) = 3{,}5$

c) $F(3) = 4{,}5 + c$
$F(4) = 8 + c$
$F(4) - F(3) = 3{,}5 = I_0(4) - I_0(3)$
$\Rightarrow$ Die Flächendifferenz bleibt gleich.

S. 23

2 a) $\int_0^4 2x\,dx = [x^2]_0^4 = 16$ b) $\int_0^4 -u\,du = \left[-\frac{1}{2}u^2\right]_0^4 = -8$ c) $8k - \frac{1}{2}k = 7\frac{1}{2}k$

d) 8 e) $\frac{k}{3}(4^3+8) = 24k$ f) $5k - 1k = 4k$

g) $\frac{a}{4}(16-16) = 0$ h) $[x^2 - x]_{-1}^{1} = 0 - 2 = -2$ i) $\left[\frac{1}{9}v^3\right]_{-2}^{-1} = \frac{7}{9} = 0{,}\overline{7}$

k) $\left[\frac{x}{2}6\right]_3^{-3} = 0$ l) $20 - 10 = 10$ m) $\frac{2}{3}k^4$

3 (1) f: Die Grenzen müssen in Klammern und „–" untere Grenze fehlt
(2) richtig
(3) „–" vor x^2 vergessen
(4) „–" vor dem ersten x^2 fehlt
(5) „–" vorne vergessen
(6) richtig – nur Schreibweise bei der ersten Grenze ist unvollständig.

4 $A_1 = \left[-\frac{1}{6}x^3 + 2x\right]_{0,5}^{2} = 1\frac{11}{16}$
$A_2 = \left[-\frac{1}{6}x^3 + 2x\right]_{2}^{3} = 1\frac{1}{6}$
$\frac{A_1}{A_2} = 1{,}446$
$\Rightarrow$ A_1 ist um 44,6% größer.

5 a) $x_p = \frac{1}{4}x^2 \quad y_g = 4 - x$
$\Rightarrow \frac{1}{4}x^2 + x - 4 = 0 \Rightarrow x_{1/2} = \frac{-1 \mp \sqrt{1+4}}{\frac{1}{2}} = -2 \mp 2\sqrt{5} \Rightarrow S(-2+2\sqrt{5}\,|\,1{,}53)$

b) $\int_0^{-2+2\sqrt{5}} \frac{1}{4}x^2\,dx + \int_{-2+2\sqrt{5}}^{4} (4-x)\,dx = \left[\frac{1}{12}x^3\right]_0^{-2+2\sqrt{5}} + \left[4x - \frac{x^2}{2}\right]_{-2+\sqrt{5}}^{4} = 1{,}259 + 8 - 6{,}833 = 2{,}426$

6 a) $F'(x) = 6x^2 + 4$; $[2x^3 + 4x - 1]_1^3 = 65 - 5 = 60$
bei den restlichen Aufgaben muss wie in a) durch Ableitung von F(x) wieder f(x) herauskommen. Im Folgenden werden nur noch die Ergebnisse der Integrale angegeben.
b) 0 c) −2 d) $\frac{8}{9}$ e) −7,27 f) 1,44 g) −27

S. 24

7 a) $\left[\frac{1}{8}x^2\right]_{-4}^{2} = \frac{1}{2} - 2 = -\frac{3}{2}$; es muss eine Nullstelle im Integrationsbereich geben.
b) $[-u^2 + 2u]_{-1}^{2} = 0 + 1 + 2 = 3$; Nullstelle liegt im Integrationsbereich.
c) $\left[\frac{3}{4}t^2 + 0{,}5t\right]_1^{-2} = 2 - \frac{5}{4} = \frac{3}{4}$; „untere" Fläche größer als „obere"
d) $\left[-\frac{x^3}{3} + 2x\right]_{-2}^{2,5} = -0{,}21 + 1{,}33 = 1{,}12$; „obere" Fläche größer als „untere"

8 a) $\int_{-2}^{x} 3t^2\,dt = [t^3]_{-2}^{x} = x^3+8 \Rightarrow x_0 = -2;$ Extremum in $x_E = 0$

b) $\int_{2}^{x} t^3\,dt = \left[\frac{t^4}{4}\right]_{2}^{x} = \frac{x^4}{4} - 4 \Rightarrow x_{1/2} = \pm 2;$ Extremum in $x_E = 0$

c) $\int_{-0,5}^{x} (-8t+1)\,dt = [-4t^2+t]_{-0,5}^{x} = -4x^2+x+1+0,5 = -4x^2+x+1,5 \Rightarrow x_1 = -\frac{1}{2};\ x_2 = -\frac{3}{4};\ x_E = \frac{1}{8}$

d) $\int_{2}^{x} (3t^2-2t)\,dt = [t^3-t^2]_{2}^{x} = x^3-x^2-4$

$x_1 = 2;$ $(x^3-x^2-4) : (x-2) = x^2+x+2$

$\underline{x^3-2x^2}$

x^2-4 $\Rightarrow$ keine weiteren Nullstellen

$\underline{x^2-2x}$

$2x-4$

$x_E = 0; \frac{2}{3}$

e) $\int_{-1}^{x} 3(t+1)(t-1)\,dt = \int_{-1}^{x} (3t^2-3)\,dt = [t^3-3t]_{-1}^{x} = x^3-3x-2$

$x_1 = -1;$ $(x^3-3x-2) : (x+1) = x^2-x-2$

$\underline{x^3+x^2}$

$-x^2-3x$ $x_1 = -1;\ x_2 = 2$

$\underline{x^2-\ x}$

$-2x-2$

$x_E = \pm 1$

9 a) $\int_{0}^{\ln 2} f(x)\,dx = F(\ln 2) - F(0) = 2 - 1,5 = 0,5$

Fläche = 0,5

b) $\int_{0,75}^{-1} f(x)\,dx = 1,6 - 0,2 = 1,4$

Fläche = 1,4

c) $\int_{-1,5}^{0,5} f(x)\,dx = 1,6 - 0,7 + 0,8 - 0,7 = 1$

Fläche = 1

d) $\int_{-1,5}^{0,5} f(x)\,dx = 0,3 - 1 = -0,7$

Fläche = 0,6 + 0,1 + 0,2 = 0,9

10 a) $-\frac{4}{x^2} = f(x) \Rightarrow f(8) - f(4) = \frac{3}{16}$

b) $f(-0,5) = -16 + c = -20 \Rightarrow c = -4 \Rightarrow f(10) = -\frac{4}{100} - 4 = -4,04$

11 $s(t) = \frac{1}{2} \cdot 9,81 \cdot t^2 \Rightarrow s(t) = 44,14\,m$

12

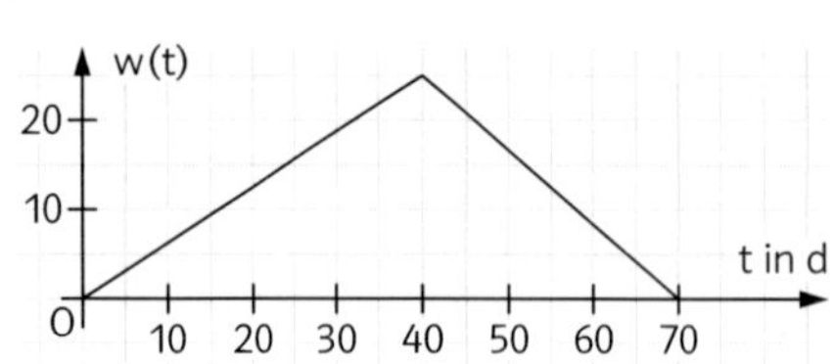

$L = \frac{1}{2} \cdot 40 \cdot 25\,cm + \frac{1}{2} \cdot 30 \cdot 25\,cm = 875\,cm$

13 a)

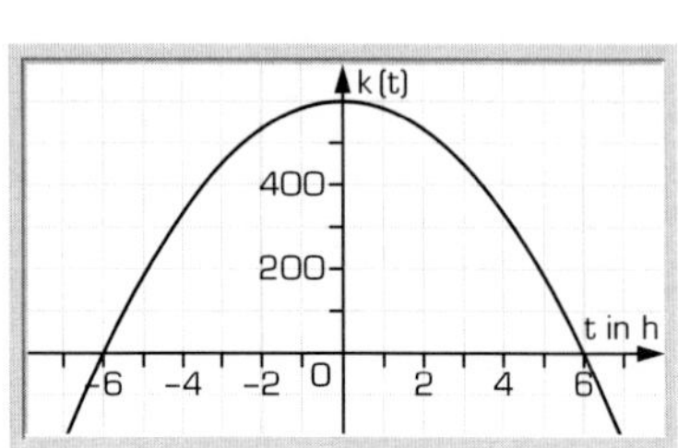

b) Kohlendioxidverbrauch pro m^2:

$\int_{-6}^{6} \left(600 - \frac{600}{36} t^2\right) dt = \left[600t - \frac{200}{36} t^3\right]_{-6}^{6} = 4800\,ml$

Die Oberfläche einer Buche beträgt $500\,m^2$, der Gesamtverbrauch also 4800 ml pro Tag.

14 a) $f'(x) = 8(3+x^4)x^3$ b) $f'(x) = 0{,}3x^{-0{,}7}$ c) $f'(x) = \frac{7}{4}x^{\frac{3}{4}}$ d) $g'(x) = -3x^{-4} - \sin\frac{1}{x} \cdot x^{-2}$

15 Das Spatprodukt gibt das Volumen des von $\vec{a}, \vec{b}$ und $\vec{c}$ aufgespannten Spats an. Damit dieses Volumen gleich null ist, müssen die 3 Vektoren in einer Ebene liegen.

16 a) $\alpha = 180°$ b) $\alpha = 0°; 180°; 360°$

5 Stammfunktionen

S. 25

1 $f_3(x)' = f_5(x) \Rightarrow f_3(x)$ ist Stammfunktion von $f_5(x)$;
$f_2(x)' = f_3(x) \Rightarrow f_2(x)$ ist Stammfunktion von $f_3(x)$;
$f_1(x)' = f_4(x) \Rightarrow f_1(x)$ ist Stammfunktion von $f_4(x)$

2 g hat in $x = 1$ und $x = 3$ Nullstellen $\Rightarrow$ F hat dort Extrema; ✓
g hat in $x = 2$ ein Minimum $\Rightarrow$ F hat dort einen Wendepunkt; ✓
g ist für $x < 1$ negativ $\Rightarrow$ F fällt nicht; $\Rightarrow$ ist keine Stammfunktion von g.
(F müsste an der x-Achse gespiegelt sein, damit sie Stammfunktion wäre.)

Fehler im *Schülerbuch*: Im Lösungssalat muss es anstatt −3,75 (Teilaufgabe b)) heißen: **−0,375** und anstatt 1636,72 (Teilaufgabe g)): **1636,67**.

S. 27

3 a) $\int_0^{4\pi} \cos x\,dx = [\sin x]_0^{4\pi} = 0$ b) $\left[-\frac{1}{2}x^{-2}\right]_{-2}^{-1} = -\frac{1}{2} + \frac{1}{8} = -\frac{3}{8}$ c) $[\ln x]_1^e = 1$
d) $[e^x]_4^{-1} = e^{-1} - e^4 = -54{,}23$ e) $[x\ln x - x]_4^1 = -1 - 4\ln 4 + 4 = -2{,}55$
f) $[\cos t]_{0,5}^{2\pi} = 1 - \cos 0{,}5 = 0{,}12$ g) $\left[\frac{1}{3}x^{\frac{3}{2}}\right]_0^{-289} = 1637\frac{2}{3}$ h) $\left[x^{0{,}75} \cdot \frac{4}{3}\right]_2^4 = 1{,}53$

4 a) $\frac{1}{8}x^8 + c$ b) $\frac{a^2}{-3}z^{-3} + c$ c) $-e^t + c$
d) $k\ln u + c$ e) $-\sin x + c$ f) $\frac{2}{7}r^{3{,}5} + c$

5 a) in e b) in a c) in a d) in b

6 a) $F(x) = \frac{1}{3}x^3 - x^2 + c \Leftrightarrow 2\frac{1}{3} = \frac{1}{3} - 1 + c \Rightarrow c = 3$
b) $G(t) = \frac{2}{3}t^{\frac{3}{2}} + c \Leftrightarrow -\frac{1}{6}\sqrt{8} = \frac{2}{3}2^{\frac{3}{2}} + c \Rightarrow c = -2{,}36$
c) $K(z) = z^2 + 5z + c \Leftrightarrow 5\frac{1}{4} = \left(2\frac{1}{2}\right)^2 r5 \cdot 2\frac{1}{2} + c \Rightarrow c = 13\frac{1}{2}$
d) $H(x) = x^5 + x^4 - 2x + c \Leftrightarrow 7 = -1 + 1 + 2 + c \Rightarrow c = 5$
e) $R(a) = 2a^2 + 4a + c \Leftrightarrow 2 = 18 - 12 + c \Rightarrow c = -4$

7 (1) stimmt, da die Ableitung f von F in diesem Intervall immer negativ ist.
(2) falsch – hier ist die Stelle größter negativer Steigung; außerdem ist hier ein Wendepunkt.
(3) stimmt, da die 1. Ableitung gleich Null ist und f von negativen Funktionswerten zu positiven Funktionswerten wechselt.
(4) nein – muss nicht sein – hängt von der Konstanten ab.

S. 28

8 a) 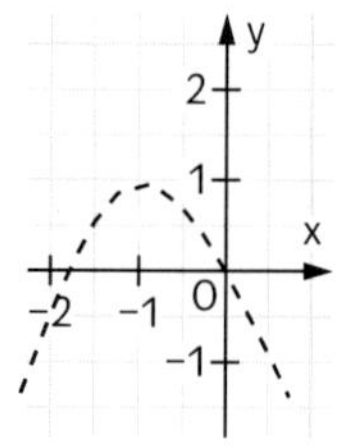

b) 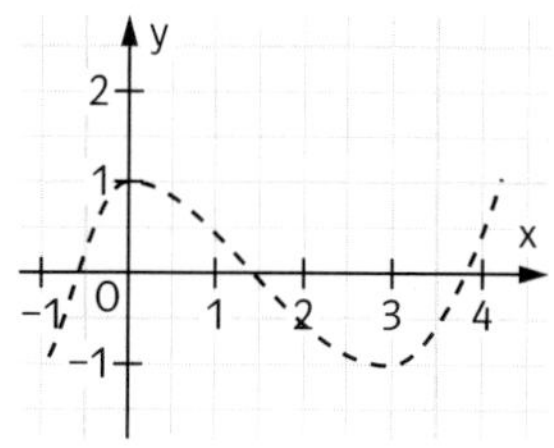

c) 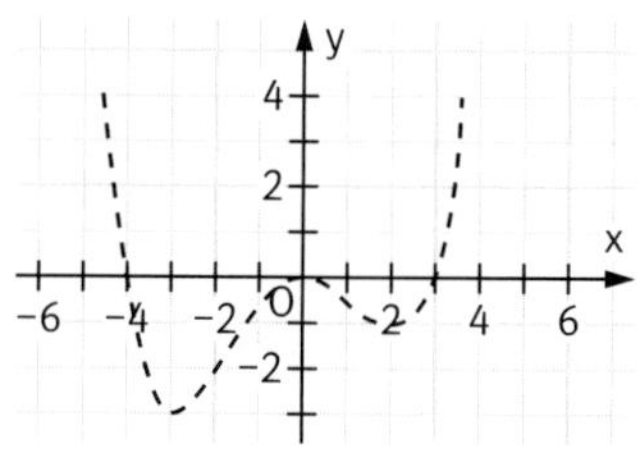

d) 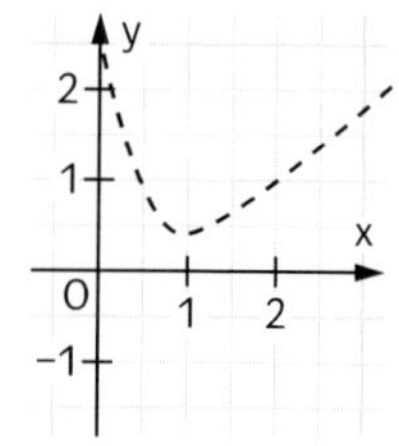

9 a) 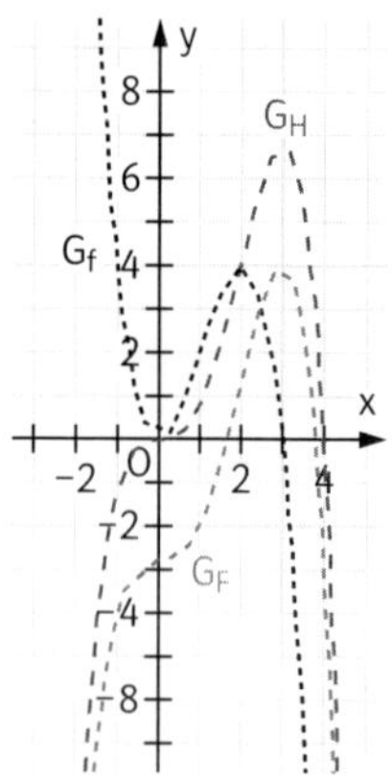

b) $f(0) = 0; \quad f(2) = 4; \quad f(1) = 2; \quad f'(2) = 0; \quad f'(0) = 0$

$\Rightarrow \quad f(x) = ax^3 + bx^2 + cx + d$

$f'(x) = 3ax^2 + 2bx + c$

I: $d = 0$

II: $4 = 8a + 4b + 2c$

III: $2 = a + b + c$

IV: $0 = 12a + 4b + c$

V: $0 = c \quad \Rightarrow \quad a = 2 - b$ in IV

$\Rightarrow \quad 0 = 24 - 12b + 4b \quad \Rightarrow \quad 0 = 24 - 8b \quad \Rightarrow \quad b = 3 \quad \Rightarrow \quad a = -1$

$\Rightarrow \quad f(x) = -x^3 + 3x^2 = x^2(3 - x)$

c) $H(x) = -\frac{1}{4}x^4 + x^3 + c; \quad H(3) = -\frac{81}{4} + 27 + c = 6{,}75 \quad \Rightarrow \quad c = 0$

d) $f(3) = 0$ und $f(x<3) > 0$ und $f(x>3) < 0$

$\Rightarrow$ $H(x<3)$ steigend und $H(x>3)$ fallend

e) $x_1 = 0$ mit Vielfachheit 3; $x_2 = 4$ mit Vielfachheit 1

f) im Koordinatensystem oben

g) gesucht: Entfernung $(2|4) \quad \Leftrightarrow \quad (3|6{,}75)$ mit Pythagoras $\Rightarrow \quad d_H = \sqrt{(3-2)^2 + (6{,}75 - 4)^2} \approx 2{,}93$

h) d minimal, wenn $K(3) = 4 \quad \Rightarrow \quad c = -2{,}75 \quad \Rightarrow \quad k(x) = -\frac{1}{4}x^4 + x^3 - 2{,}75$

10 a) weil der Definitionsbereich für den $\ln(kx)$ $\mathbb{R}^+$ ist (wenn $k \in \mathbb{R}^+$).

b) $f_k(1) = 1 \quad \Leftrightarrow \quad 1 = 1 + \ln(k \cdot 1) \quad \Leftrightarrow \quad \ln k = 0 \quad \Leftrightarrow \quad k = 1$

c) $\ln(kx) = -1 \quad \Leftrightarrow \quad kx = e^{-1} \quad \Rightarrow \quad x = \frac{e^{-1}}{k}$ hat immer Vielfachheit 2 wegen des Quadrats

d) Durch Zerlegen in Summen $\Rightarrow \quad \lim\limits_{x \to \infty} \left[\frac{1}{x} + \frac{2\ln x}{x} + \frac{(\ln(x_0))^2}{x}\right] = 0$

e) $f'(x) = \frac{2x(1+\ln(x)) \cdot \frac{1}{x} - (1+\ln(x))^2 \cdot 1}{x^2} = \frac{(1+\ln(x))\,[2 - 1 - \ln(x)]}{x^2}$

$\Rightarrow \quad x_1 = e^{-1}; \qquad x_2 = e$

$f(e^{-1}) = 0 \qquad f(e) = \frac{4}{e} \approx 1{,}47$

x		$\frac{1}{e}$		e	
f'(k)	< 0	0	> 0	0	> 0
f	↘	—	↗	—	↘
		Min		Max	

f) 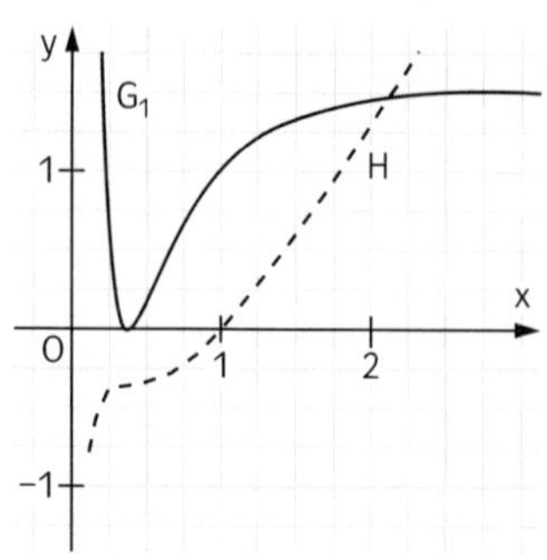

g) Weil die Ableitung $f(x)$ immer positiv ist, die Stammfunktion in $\mathbb{D}$ also streng monoton steigend ist.

h) $g_a(x) = a - f_1(x) \quad \Rightarrow \quad \lim\limits_{x \to \infty} g_a(x) = a;$

Hochpunkt $\left(\frac{1}{e}\middle|a\right)$; Tiefpunkt $\left(e\middle|a - \frac{4}{e}\right)$

für $a < 0 \quad \Rightarrow$ keine Nullstelle

für $a = 0 \quad \Rightarrow$ eine Nullstelle

für $a = \frac{e}{4} \quad \Rightarrow$ zwei Nullstellen

für $0 < a < \frac{4}{e} \quad \Rightarrow$ drei Nullstellen

für $a > \frac{4}{e} \quad \Rightarrow$ eine Nullstelle

11 a) $f'(x) = -x + 1 \;\Rightarrow\;$ Extremum in $(1\,|\,4{,}5)$

Nullstellen: $x_1 = 4$; $x_2 = -2$

b) Ansatz: $-\frac{1}{2}x^2 + x + 4 - mx - 2 = 0$

$\Rightarrow \quad x_{1/2} = \frac{-1 + m \pm \sqrt{(1-m)^2 + 4}}{-1}$

D: $(1-m)^2 + 4 > 0$ gilt für alle $m \in \mathbb{R}$, also gibt es stets 2 Lösungen.

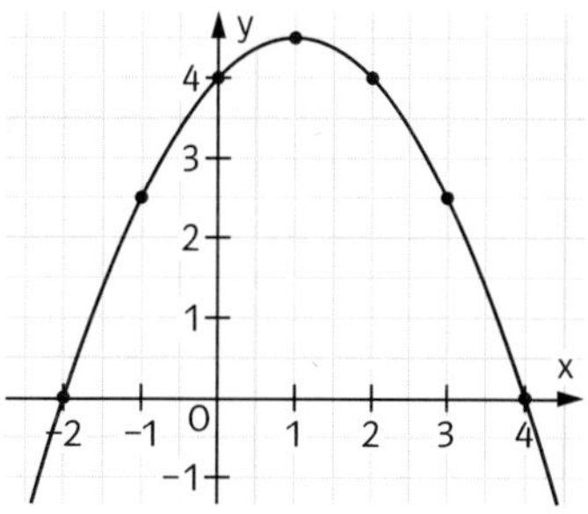

6 Eigenschaften von Stammfunktionen und Integralen

S. 29

1 a) $F(x) = \sin x + c \qquad G(x) = \frac{3}{2}x^2 + x + c$

b) $K(x) = \int \cos(3x+1)\,dx = \frac{1}{3}\sin(3x+1) + c$

$J(x) = \int 0{,}4 \cdot (3x+1)\,dx = 0{,}4 \cdot \left(\frac{3}{2}x^2 + x\right) + c$

$H(x) = \frac{3}{2}x^2 + x + \sin x + c$

$M(x) = \int \cos x \cdot (3x+1)\,dx = (3x+1) \cdot \sin x + 3 \cdot \cos x\ c$ (CAS)

2 $\int_1^3 (x^2 + 4x + 1)\,dx = 26\frac{2}{3}$; $\quad \int_1^3 x^2\,dx = 8\frac{2}{3}$; $\quad \int_1^3 (4x+1)\,dx = 18$

$\Rightarrow \quad \int_1^3 (x^2 + 4x + 1)\,dx = \int_1^3 x^2\,dx + \int_1^3 (4x+1)\,dx$

S. 31

3
a) $\left[x^3 - \frac{x^2}{2} + 2x\right]_{-2}^{1,2} = 17{,}41$
b) $3\left[5\ln z + z^2\right]_1^5 = 96{,}14$
c) $\left[\frac{1}{4}x^2(2+t)^2\right]_{-4}^{4} = 0$
d) $\frac{2}{3}\left[(2x+4)^{\frac{3}{2}}\right]_2^4 = 6{,}31$
e) $2\left[-\frac{1}{t} + \ln t\right]_{4,5}^{3} = -1{,}03$
f) $\left[-\frac{1}{4}x^4 + 2e^x\right]_{-3}^{-1} = 20{,}64$
g) $\left[\ln(z^2 + 2z + 1)\right]_4^1 = -1{,}83$
h) $\left[e^{6x-1}\right]_{-1}^{0,5} = 7{,}39$
i) $\left[2u^2 - 2(u\ln u - u)\right]_1^3 = 13{,}41$
k) $\left[\ln x - 2\cos x\right]_1^{\pi} = 4{,}23$
l) $\left[\ln(t^2+1)\right]_1^4 = 2{,}14$
m) $\left[\frac{2}{1-x}\right]_0^{-2} = -1\frac{1}{3}$

S. 32

4
(1) $\left[\frac{1}{2}x^4 + x^{-1}\right]_1^2 = 7$
(2) $\left[\frac{1}{4}\ln(4a^2+1)\right]_{-1}^{-2} = 0{,}31$
(3) CAS: 8,39
(4) $\left[x + \ln x\right]_2^4 = 2{,}69$
(5) CAS: 0,72
(6) $\left[\frac{1}{5}u^5 - u\right]_{-2}^{2} = 8\frac{4}{5}$
(7) $\left[\frac{1}{12}r^3 + \frac{e^2}{8}r^2\right]_0^3 = 10{,}56$
(8) $\left[\frac{4}{3}v^{\frac{3}{2}} - \frac{4}{5}v^{\frac{5}{2}}\right]_0^2 = -0{,}75$
(9) $\frac{1}{2}\left[\ln(2e^b + 2)\right]_{-1}^{-4} = -0{,}15$
(10) CAS: 6,71
(11) CAS: 6,22
(12) $\left[\frac{3}{4}x^4 + \frac{1}{2}x^2\right]_{-2}^{2} = 0$

5 a)

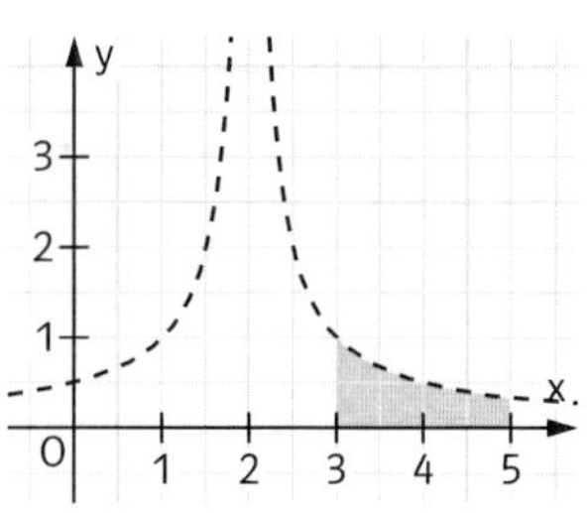

$\left[\ln(x-2)\right]_3^5 = 1{,}10$

b)

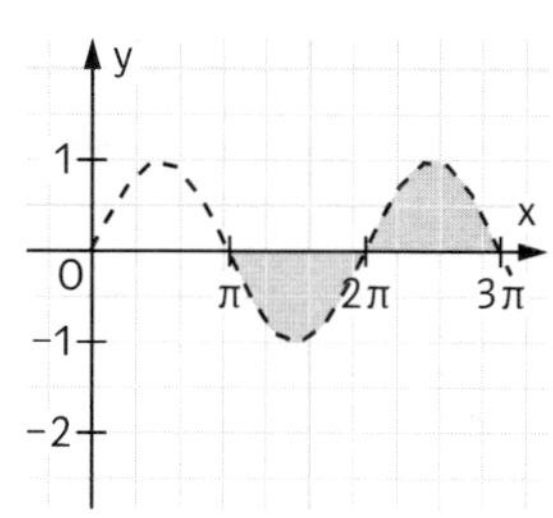

$\left[2\sin\left(t - \frac{\pi}{2}\right)\right]_{\pi}^{3\pi} = 0$

c) 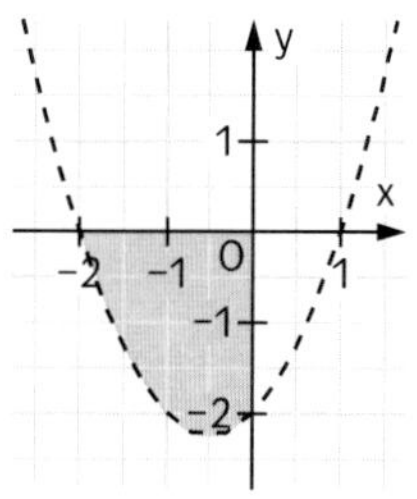

$\left[\frac{1}{3}x^3+\frac{x^2}{2}-2x\right]_{-2}^{0}=-3\frac{1}{3}$

d) 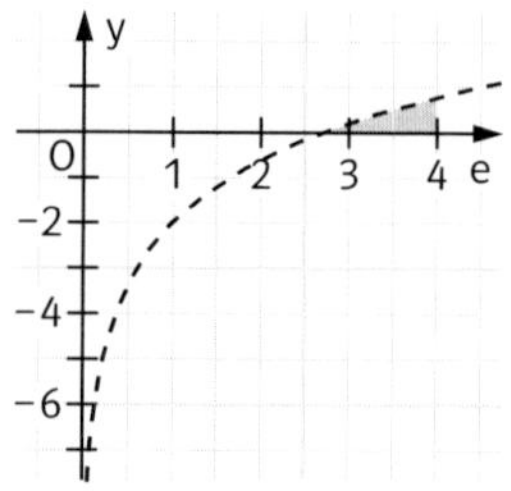

$[2u\ln v-2u-2u]_e^4=0{,}53$

6 a) $-\frac{1}{2}e^{2-2t}+c$ b) $\sin(4x)+c$ c) $\frac{2}{3}a^3=10 \Rightarrow a=\sqrt[3]{15}=2{,}47$ d) $\frac{1}{2}\ln t+c$ e) $-2\cos(3t+3)+c$

f) $\frac{1}{16}a^4-4a^2-\frac{1}{16}+4=-4 \Rightarrow a_{1/2}=\pm1{,}432;\ a_{3/4}=\pm7{,}87$

g) $\left[\frac{2}{u}+u^2\right]_{-2}^{a}=\frac{2}{a}+a^2-3=3 \Rightarrow a\approx-2{,}602$

h) $[-3\cos x]_{-\pi}^{a}=-3(\cos a\Phi+1)=0 \Rightarrow \alpha=109{,}5°=0{,}15\pi;$ oder triviale Lösung: $a=-\pi$

7 a) $\int_{-3}^{3}x^2\,dx=\left[\frac{1}{3}x^3\right]_{-3}^{3}=9+9=18$

$2\cdot\int_{0}^{3}x^2\,dx=2\cdot\left[\frac{1}{3}x^3\right]_{0}^{3}=2\cdot9=18$

Der Graph von $f(x)=x^2$ ist symmetrisch zur y-Achse. Wenn man die Integrationsgrenzen symmetrisch wählt, dann wird die Fläche von der y-Achse halbiert.

b) Individuelle Lösung; Beispiel in a) (Funktion muss symmetrisch zur y-Achse sein.)

8 a) $f(x)=ax^3+bx^2+cx+d$

$f(0)=0 \Rightarrow d=0$

$f(-3)=0 \Rightarrow -27a+9b-3c=0$

$f(3)=0 \Rightarrow 27a+9b+3c=0$

$\Rightarrow b=0$

$f(1)=-1 \Rightarrow -1=a+c \Rightarrow c=-1-a$

$\Rightarrow 27a-3-3a=24a-3=0 \Rightarrow a=\frac{1}{8} \Rightarrow c=-\frac{9}{8}$

b) $f(x)=\frac{1}{8}x^3-\frac{9}{8}x=-f(x)$

c) Wegen Punktsymmetrie sind die Flächen unterhalb und oberhalb der x-Achse jeweils gleich groß.

d) Weil die Fläche $\int_{-1}^{1}f(x)\,dx=0$ ist (wegen c)).

9 a) $\left[\frac{6}{t}+x^3+3t\right]_2^x=\frac{6}{x}+x^3+3x-17$

b) $\frac{6}{x}+x^3+3x+0$

c) $6+x^4+3x^2=0 \Leftrightarrow D=\sqrt{9-24} \Rightarrow$ keine Nullstellen!

$\Rightarrow$ Eine Integralfunktion muss mindestens eine Nullstelle haben.

d) $c\leqq-10$ da Minimum von $F(x)$ in $(1|10)$

oder $c\geqq+10$ da Maximum von $F(x)$ in $(-1|-10)$

10 Die Ereignisse Be: „Mängel an Beleuchtung" und Br: „Mängel an den Bremsen" sind unabhängig, wenn gilt: $P(Br)=P_{Be}(Br)$

	Be	$\overline{Be}$	
Br	5%		?
$\overline{Br}$			
	25%		1

$P_{Be}(Br)=\frac{5\%}{25\%}=0{,}2=20\%$

$\Rightarrow$ 20% von 200 = 40

40 Räder müssen Mängel an den Bremsen haben.

7 Flächenberechnungen mit dem Integral

S. 33

1 Nullstellen $x_1 = -1{,}25;\ x_2 = 0{,}25$

$$\Rightarrow\quad F = \left|\int_{-1{,}25}^{0{,}25}\left(x^2+x-\tfrac{5}{16}\right)dx\right| + \left|\int_{0{,}25}^{1}\left(x^2-x-\tfrac{5}{16}\right)dx\right| = 0{,}56+0{,}56 = 1{,}12$$

2 a) $F = \int_{-\frac{\pi}{2}}^{0}\cos x\,dx$ b) $F = \int_{0}^{\frac{\pi}{4}}\cos x\,dx - \int_{0}^{\frac{\pi}{4}}\sin x\,dx$

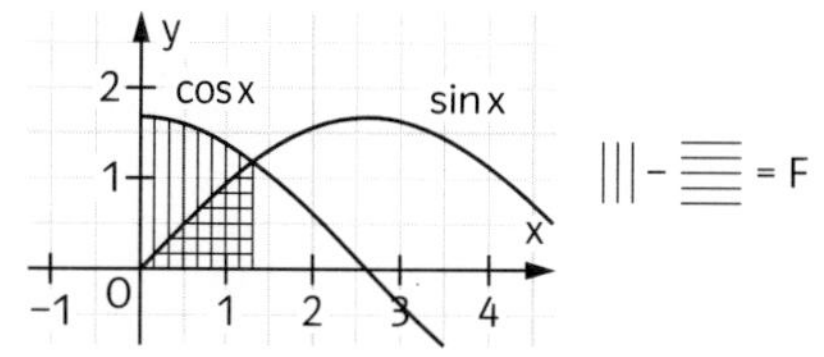

S. 36

3 a) Nullstellen: $x = 0;\ \pm 2$

$$\Rightarrow\quad A = \left|\int_{-1}^{0}f(x)\,dx\right| + \left|\int_{0}^{2}f(x)\,dx\right| + \left|\int_{2}^{3}f(x)\,dx\right| = \left|\left[\tfrac{1}{8}x^4-x^2\right]_{-1}^{0}\right| + \left|\left[\tfrac{1}{8}x^4-x^2\right]_{0}^{2}\right| + \left|\left[\tfrac{1}{8}x^4-x^2\right]_{2}^{3}\right|$$

$$= 0{,}875 + 2 + 3{,}125 = 6$$

b) Nullstellen: $x = -2;\ 1 \quad\Rightarrow\quad A = 3{,}67+9+17{,}33 = 30$

c) Nullstellen: $x = 1;\ 3 \quad\Rightarrow\quad A = 0{,}42+0{,}2+0{,}31 = 0{,}93$

d) Nullstellen: $x = -1;\ 0;\ 4 \quad\Rightarrow\quad A = 2{,}38+0{,}38+12{,}38 = 15{,}14$

e) Nullstellen: $x = \frac{\pi}{4};\ \ldots \quad\Rightarrow\quad A = 3{,}99+1{,}78 = 5{,}77$

f) Nullstelle: $x = -4 \quad\Rightarrow\quad A = 1{,}17$

g) Nullstelle: $x = 0{,}5 \quad\Rightarrow\quad A = 1{,}15+0{,}28 = 1{,}43$

4 a) Nullstellen: $x = 0;\ \pm 2$ $\quad A = \left|\int_{-2}^{0}(-x^3+4x)\,dx\right| + \int_{0}^{2}(-x^3+4x)\,dx = 2\cdot\left[-\tfrac{1}{4}x^4+2x^2\right]_0^2 = 8$

b) Nullstellen: $x = 1;\ 3$ $\quad A = \left|\int_{1}^{3}(x^2-4x+3)\,dx\right| = \left|\left[\tfrac{1}{3}x^3-2x^2+3x\right]_1^3\right| = 1\tfrac{1}{3}$

c) Nullstellen: $x = \pm\sqrt{2}$ $\quad A = 2\cdot\left[-\tfrac{1}{3}x^3+2x\right]_0^{\sqrt{2}}dx = 3{,}77$

d) Nullstellen: $x = 2\pm\sqrt{3}$ $\quad A = \left|\left[\tfrac{1}{2}x^2+\ln x-4x\right]_{2-\sqrt{3}}^{2+\sqrt{3}}\right| \approx 4{,}294$

e) Nullstellen: $x = 0;\ \pm 2$ $\quad A = 2\cdot\left|\left[\tfrac{1}{5}x^5-\tfrac{4}{3}x^3\right]_0^2\right| = 8{,}53$

f) Nullstellen: $x = 0{,}25;\ 2{,}25$ $\quad A = \left|\left[-\tfrac{3}{2}\sqrt{x}+\tfrac{2}{3}x^{\frac{3}{2}}-2x\right]_{0{,}25}^{2{,}25}\right| = 0{,}33$

5 a) $\left[-0{,}25x^2+2x\right]_0^k = -\frac{k^2}{4}+2k = k\left(-\frac{k}{4}+2\right) = 0 \quad\Rightarrow\quad k = 8$

b) $\left[\frac{1}{3}x^3-x^2-3x\right]_0^k = \frac{1}{3}k^3-k^2-3k = k\left(\frac{1}{3}k^2-k-3\right) = 0 \quad\Rightarrow\quad k = \frac{3}{2}+\frac{3}{2}\sqrt{5} \approx 4{,}854$

(die anderen möglichen Lösungen sind 0 und $\frac{3}{2}-\frac{3}{2}\sqrt{5}$ – also nicht die gesuchte)

c) $\left[\frac{1}{4}x^2-x\right]_0^k = \frac{1}{4}k^2-k = \frac{1}{4}k(k^3-4) = 0 \quad\Rightarrow\quad k = \sqrt[3]{4} \approx 1{,}32$

d) $\left[\frac{1}{4}x^4+\frac{3}{4}x^2-2x\right]_0^k = \frac{1}{4}k^4+\frac{3}{4}k^2-2k = 0 \quad\Rightarrow\quad k \approx 1{,}512$ (mit CAS durch Probieren)

oder **6** a)

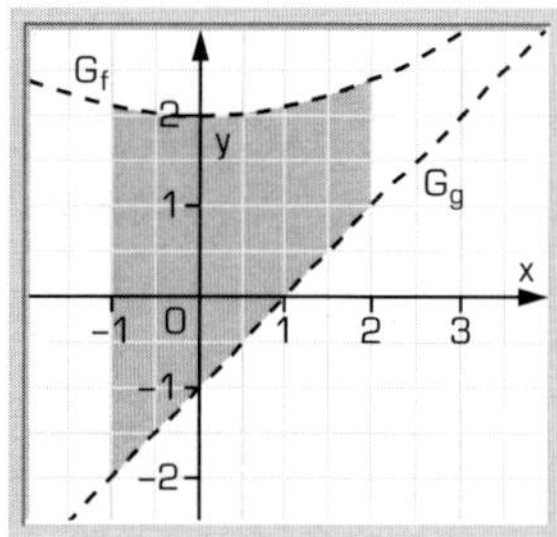

$A = \int_{-1}^{2}(0{,}1x^2 - x + 1)\,dx$

$= \left[\frac{1}{30}x^3 + 3x - \frac{1}{2}x^2\right]_{-1}^{2} = 7{,}8$

b)

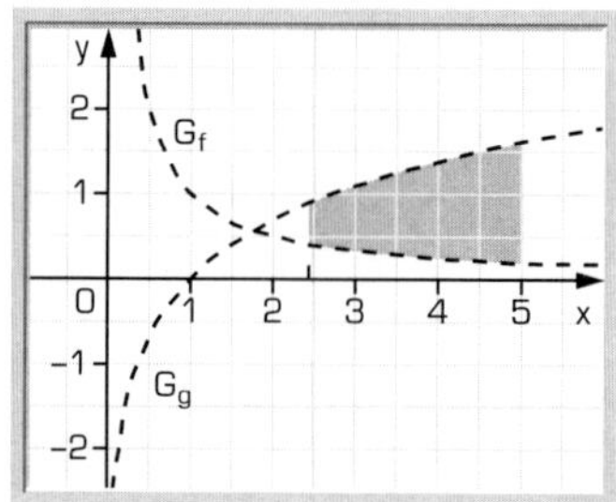

$A = \int_{e}^{5}\left(\ln x - \frac{1}{x}\right)dx$

$= [x\ln x - x - x]_e^5 = 2{,}44$

c)

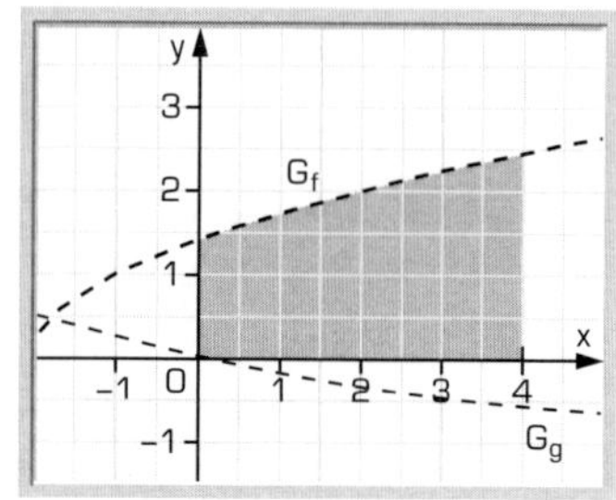

$A = \int_{0}^{4}(\sqrt{x+2} - e^{-0{,}2x} + 1)\,dx$

$= \left[\frac{2}{3}(x+2)^{\frac{3}{2}} + 5e^{-0{,}2x} + x\right]_0^4 = 9{,}16$

oder **7** a) $g'(x) = x \Rightarrow g'(3) = 3 \Rightarrow 4{,}5 = 3 \cdot 3 + t \Rightarrow t = 4{,}5 \Rightarrow t(x) = 3x - 4{,}5$

$\Rightarrow A = \int_0^3 0{,}5x^2\,dx - \int_{1{,}5}^{3}(3x - 4{,}5)\,dx = \left[\frac{1}{6}x^3\right]_0^3 - \left[\frac{3}{2}x^2 - 4{,}5x\right]_{1{,}5}^{3} = 1{,}125$

b) $g'(x) = 4(x-2)^3 \Rightarrow g'(0) = -32 \Rightarrow 16 = -32 \cdot 0 + t \Rightarrow t = 16 \Rightarrow t(x) = -32x + 16$

$\Rightarrow A = \int_0^2 (x-2)^4\,dx - \int_0^{0{,}5}(-32x + 16)\,dx = \left[\frac{1}{5}(x-2)^5\right]_0^2 - [-16x^2 + 16x]_0^{0{,}5} = 6{,}4 - 4 = 2{,}4$

c) $g'(x) = -2x^{-3} \Rightarrow g'(0{,}5) = -16 \Rightarrow 3{,}75 = -16 \cdot 0{,}5 + t \Rightarrow t = 11{,}75 \Rightarrow t(x) = -16x + 11{,}75$

$\Rightarrow A = \int_{0{,}5}^{3{,}75}(x^{-2} - 0{,}25)\,dx - \int_{0{,}5}^{\frac{47}{64}}(-16x + 11{,}75)\,dx = [-x^{-1} - 0{,}25x]_{0{,}5}^{3{,}75} - [-8x^2 + 11{,}75x]_{0{,}5}^{\frac{47}{64}}$

$= 0{,}96 - 0{,}44 = 0{,}52$

8 a)

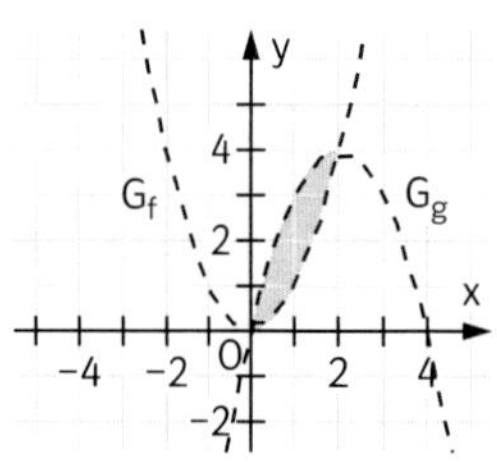

$A = \int_0^2(-x^2 + 4x - x^2)\,dx$

$= \left[-\frac{2}{3}x^3 + 2x^2\right]_0^2 = 2\frac{2}{3}$

b)

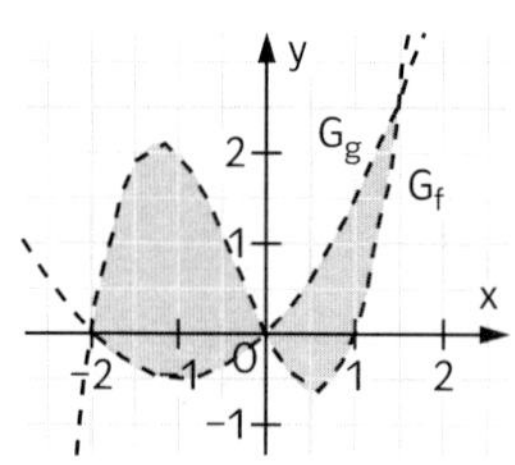

Schnittpunkte:
x = −2; 0; 1,5

$A = \int_{-2}^{0}(x^3 + x^2 - 2x - x - 0{,}5x^2)\,dx + \int_0^{1{,}5}(-x^3 - 0{,}5x^2 + 3x)\,dx$

$= 3{,}33 + 1{,}55 = 4{,}88$

c)

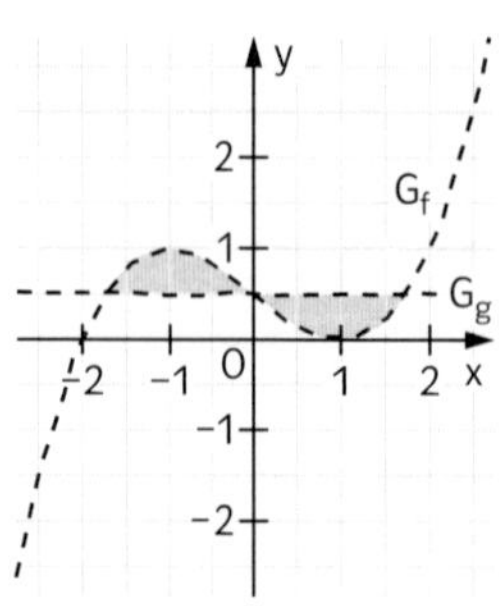

Schnittpunkte: x = −1,73; 0; 1,73

$A = 2 \cdot \int_0^{1{,}73}\left(0{,}5 - \frac{1}{4}(x+2)(x-1)^2\right)dx$

$= 1{,}12$

d)

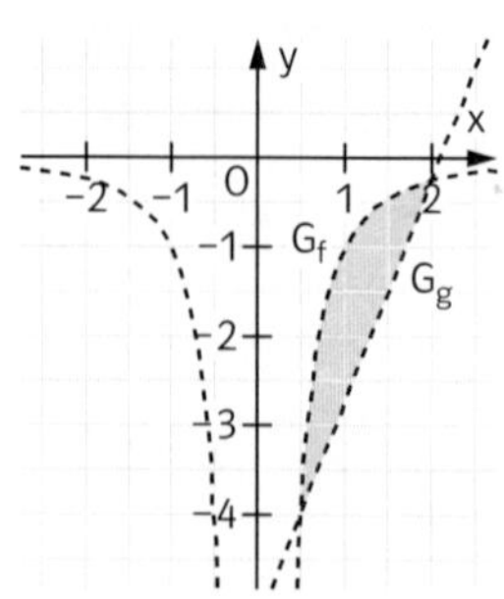

Schnittpunkte: x = 0,5; 2

$A = \int_{0{,}5}^{2}\left(-\frac{1}{x^2} - 2{,}5x + 5{,}25\right)dx$

$= 1{,}69$

e)

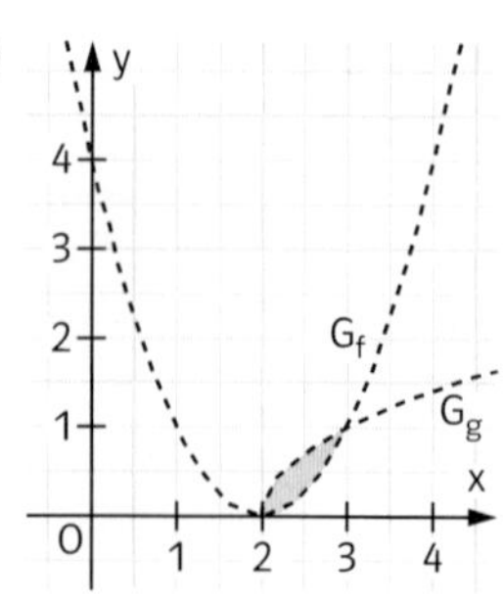

Schnittpunkte: x = 2; 3

$A = \int_2^3(\sqrt{x-2} - (x-2)^2)\,dx$

$= 0{,}33$

9 a) $A = \int_{-1}^{7} \sqrt{x+2}\,dx - \frac{1}{2}\cdot 1\cdot 2 - \frac{1}{2}\cdot 3\cdot 3 + \frac{1}{2}\cdot 1\cdot 3 = \left[\frac{2}{3}(x+2)^{\frac{3}{2}}\right]_{-1}^{7} - 4 = \frac{52}{3} - 4 = 13\frac{1}{3}$

b) Parabelgleichung: $y = a(x-3)^2 + 1$

$\Rightarrow\ 1{,}5 = a(5-3)^2 + 1 \ \Rightarrow\ a = \frac{1}{8} \ \Rightarrow\ t(x) = \frac{1}{8}(x-3)^2 + 1$

$f'(x) = \frac{1}{4}(x-3)\quad f'(5) = \frac{1}{2} \ \Rightarrow\ g(x) = 0{,}5x - 1$

$\Rightarrow\ \int_0^5 \left(\frac{1}{8}(x-3)^2 + 1 - 0{,}5x + 1\right)dx = 5{,}21$

10 a) $A(t) = \int_1^2 \frac{t}{x^2}\,dx = \left[-\frac{t}{x}\right]_1^2 = -\frac{t}{2} + t = \frac{t}{2};\qquad A(t) = 8 \ \Leftrightarrow\ t = 16$

b) Nullstellen: $x = \pm t$

$A(t) = 2\cdot\int_0^t (x^2 - t^2)\,dx = 2\left|\left(\frac{t^3}{3} - t^3\right)\right| = \frac{4}{3}t^3;\quad A(t) = 36 \ \Leftrightarrow\ t = 3$

S. 37

11 a), c)

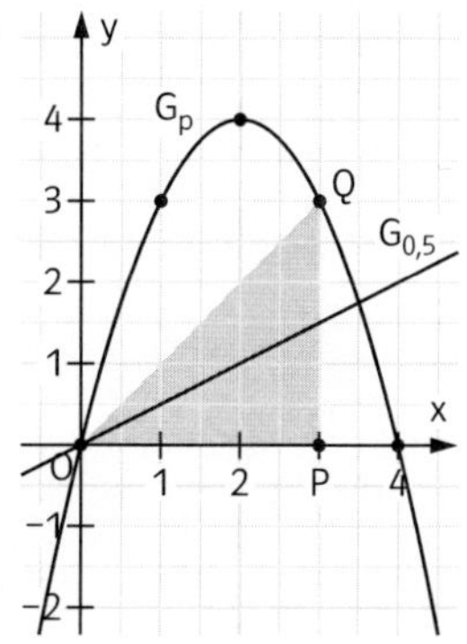

b) $U_4 = 0 + 3 + 3 + 0 = 6$

$\int_0^4 (-x^2 + 4x)\,dx = 10\frac{2}{3} \ \Rightarrow$ Abweichung um 43,75 %

d) A liegt für $0 \leqq a < 4$ im I. Quadranten.

e) Schnittpunkt:

$-x^2 + 4x - ax = 0 \ \Rightarrow\ -x(x - 4 + a) = 0 \ \Rightarrow\ x_1 = 0;\ x_2 = 4 - a$

$\int_0^{4-a} (-x^2 + 4x - ax)\,dx = -\frac{1}{3}(4-a)^3 + 2(4-a)^2 - \frac{a}{2}(4-a)^2 = \frac{1}{6}(4-a)^3$

f) $F_{\Delta OPQ} = \frac{1}{2}\cdot 3\cdot 3 = 4{,}5$

g) $F'_{\Delta OPQ} = -\frac{3}{2}x^2 + 4x = 0 \ \Leftrightarrow\ (x_1 = 0)$ oder $x_2 = 2\frac{2}{3}$

12 a) Volumen = Gesamtfläche · Länge

Parabelgleichung: $y = \frac{1}{20}x^2 - 80$

Parabelfläche: $A = 100^2 + 2\int_0^{40}\left(\frac{1}{20}x^2 - 80\right)dx = 4266\frac{2}{3}\,\text{cm}^2$

Restgrundfläche: $G = 5733\frac{1}{3}\,\text{cm}^2 \ \Rightarrow$ Volumen: $V = 573{,}3\,\text{dm}^3 \approx 0{,}57\,\text{m}^3 \ \Rightarrow$ Masse: $m \approx 1{,}3\,t$

b) Parabelgleichung: $y = -\frac{1}{40}(x-100)(x-300)$

Parabelfläche: $A = 3\frac{1}{3}\,\text{m}^2$

Restfläche: $9{,}67\,\text{m}^2 \ \Rightarrow$ Volumen: $V = 96{,}7\,\text{m}^3 \ \Rightarrow$ Masse: $m \approx 222{,}3\,t$

13 a) $A = \int_0^4 \frac{1}{4}x^2\,dx = \left[\frac{1}{12}x^3\right]_0^4 = 5\frac{1}{3}\qquad$ gesucht: a, damit $\frac{1}{12}a^3 = 2\frac{2}{3} \ \Rightarrow\ a = \sqrt[3]{32} \approx 3{,}175$

b) Grenze: $\frac{1}{4}x_1^2 = a \ \Rightarrow\ x_1 = \sqrt{4a}\qquad A_2 = \int_{\sqrt{4a}}^4 \left(\frac{1}{4}x^2 - a\right)dx = \frac{8}{3} \ \Rightarrow\ a = 1$

14 a) $f_a(x) = \frac{1}{a}x^2 - a = 0 \ \Rightarrow\ x = \pm a$

b) $f_a(-x) = f_a(x)$ und $h_a(-x) = h_a(x)$

c) $h_a(x) = 0 \ \Leftrightarrow\ x = \pm a \ \Rightarrow$ beide haben gleiche Nullstellen

d) $A(a) = 2\cdot\int_0^a \left(\frac{1}{a}x^2 - a - \frac{1}{3}x^2 + \frac{1}{3}a^2\right)dx = 2\left[\frac{1}{3}a^2 - a^2 - \frac{1}{9}a^3 + \frac{1}{3}a^3\right] = -\frac{4}{3}a^2 + \frac{4}{9}a^3$

$A'(a) = -\frac{8}{3}a + \frac{4}{3}a^2 = 0 \ \Leftrightarrow\ a_1 = 0$

$= -\frac{4}{3}a(2-a) \ \Leftrightarrow\ a_2 = 2$

a	< 2	2	> 2
A'(a)	< 0	0	> 0
A(a)	↘	—	↗

$\Rightarrow$ Minimum der Fläche in $\left(2\middle|1\frac{7}{9}\right)$

15 a) $I(a) = -\frac{1}{a}+1$

b) $\lim\limits_{a\to\infty} I(a) = 1 \quad \Rightarrow$ die Fläche, die ins Unendliche reicht, hat den endlichen Wert 1.

c) $\lim\limits_{a\to 0} \int_a^4 \frac{1}{\sqrt{x}}\,dx = \lim\limits_{a\to 0} 2\cdot(2-\sqrt{a}) = 4 \quad \Rightarrow$ „unendliche" Fläche mit endlichem Inhalt

16 $f(x) = ax^4+bx^3+cx^2+dx+e$

$f'(x) = 4ax^3+3bx^2+2cx+d$

$f(3) = 27 \Rightarrow$ (I) $27 = 81a+27b+9c+3d+e$

$f(0) = 0 \Rightarrow$ (II) $e = 0$

$f'(0) = 0 \Rightarrow$ (III) $d = 0$

$f(2) = 16 \Rightarrow$ (IV) $16 = 16a+8b+4c$

$f'(2) = 0 \Rightarrow$ (V) $0 = 32a+12b+4c$

(IV)−(V): $16 = -16a-4b \Rightarrow b = -4-4a$ in (V)

(Va): $0 = 32a-48-48a+4c \Rightarrow c = 4a+12$ in (I)

(Ia): $27 = 81a-108-108a+36a+108 \Rightarrow a = 3$

$\Rightarrow b = -16;\ c = 24 \Rightarrow f(x) = 3x^4-16x^3+24x^2$

Vorzeichenuntersuchung von $f'(x) = 12x^3-48x^2+48x$ bei $x = 2$ zeigt, dass (2|16) kein Hochpunkt, sondern ein Terrassenpunkt ist. Es gibt also keine Funktion mit den gewünschten Eigenschaften.

8 Ins Unendliche reichende Flächen

S. 38

1 $1+\frac{1}{2}+\frac{1}{4}+\frac{1}{8}+\ldots$ = sehr groß?

Trick:

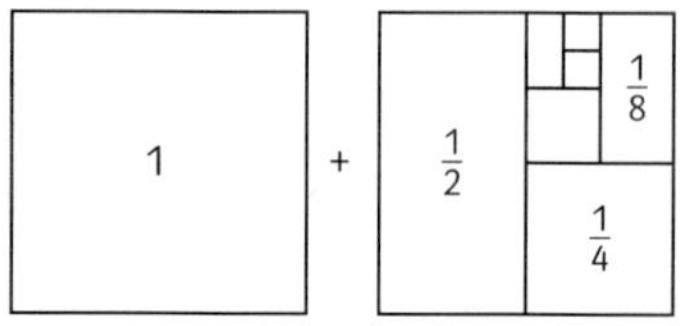

→ 2 als Endwert

S. 39

2 a) $\lim\limits_{a\to\infty}\left[-\frac{1}{x+1}\right]_1^a = \frac{1}{2}$ b) $\lim\limits_{a\to\infty}\left[-2e^{-\frac{1}{2}x}\right]_2^a = 2e^{-1} \approx 0{,}74$ c) $\lim\limits_{a\to 0}\left[-\frac{1}{k^2}\right]_{-a}^1 = \infty$ d) $\lim\limits_{a\to 0}\left[8\sqrt{x}\right]_a^4 = 16$

3 a) $\lim\limits_{a\to\infty}[3\cdot\ln x]_1^a = \lim\limits_{a\to\infty} 3\ln a = \infty$ b) $\lim\limits_{a\to-\infty}[2e^x]_a^0 = 2$ c) $\lim\limits_{a\to-\infty}[2x^{-2}]_a^{-1} = 2$

4 a) Asymptote $y = \frac{1}{2}x$

$\lim\limits_{a\to\infty}\int_2^a \frac{2}{x^2}\,dx = \lim\limits_{a\to\infty}\left[-\frac{2}{x}\right]_2^a = 1$

b) Asymptote ($y = e^x$ für $x\to+\infty$) $y = -\frac{1}{3}x$ für $x\to-\infty$

$\lim\limits_{a\to-\infty}\int_a^1 e^x\,dx = \lim\limits_{a\to-\infty}[e^x]_a^1 = e$

5 a) $W = \int_R^{h_2}\gamma\frac{mM}{x^2}\,dx = \left[-\gamma\frac{mM}{x}\right]_R^{h^2} =$

$= 6{,}67\cdot10^{-11}\frac{m^3}{kg\cdot s^2}\cdot1000\,kg\cdot5{,}97\cdot10^{24}\,kg\cdot\left(\frac{1}{6370\cdot10^3\,m}-\frac{1}{4{,}22\cdot10^7\,m}\right) = 5{,}31\cdot10^{10}\,J$

b) $W = \lim\limits_{h_2\to\infty}\int_R^{h_2}\gamma\frac{mM}{x^2}\,dx = 6{,}67\cdot10^{-11}\frac{m^3}{kg\cdot s^2}\cdot1000\,kg\cdot\frac{5{,}97\cdot10^{24}\,kg}{6370\cdot10^3\,m} = 6{,}25\cdot10^{10}\,J$

6

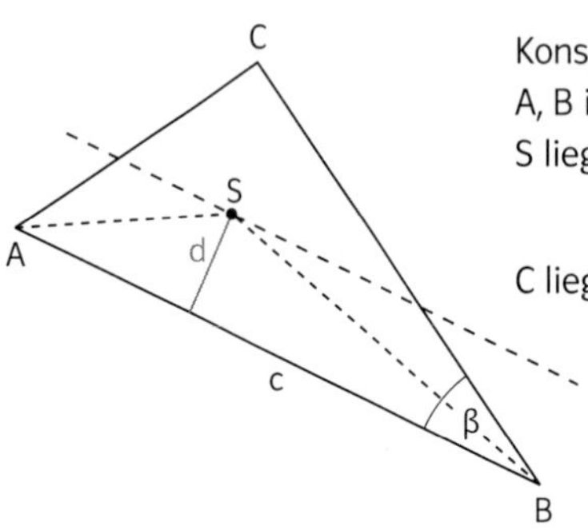

Konstruktionsbeschreibung:

A, B ist durch $\overline{AB} = c$ gegeben.

S liegt (1) auf der Parallelen zu AB im Abstand d;

(2) auf dem freien Schenkel des Winkels $\frac{\beta}{2}$ in B angetragen.

C liegt (1) auf dem freien Schenkel des Winkels β in B angetragen;

(2) auf dem freien Schenkel des Winkels α in A angetragen.

($\frac{\alpha}{2}$ ist durch ∢ BAS gegeben.)

II Weitere Eigenschaften von Funktionen und deren Graphen

1 Die zweite Ableitung

S. 44

1

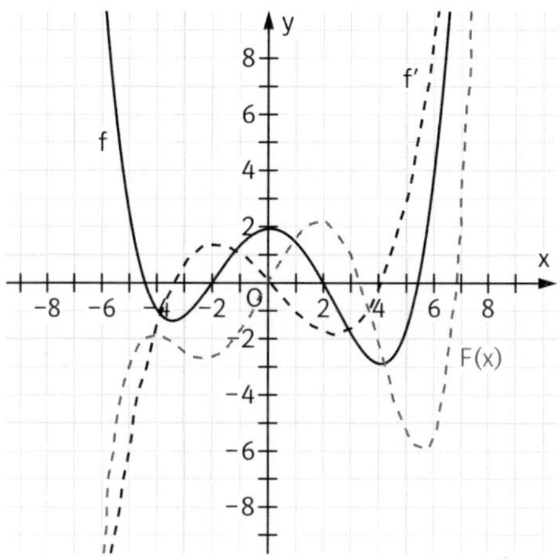

Um den Graphen der Ableitung f' zu skizzieren, sucht man zuerst die Punkte mit waagrechten Tangenten. so erhält man die Nullstellen der Ableitung bei etwa −3,5; 0,1 und 4. An dazwischenliegenden Punkten liest man die Tangentensteigung ab, z. B. bei $x = -4{,}5$ etwa Steigung −3, bei $x = -2$ etwa die Steigung 1,5 usw.

Um den Graphen der Integralfunktion $F(x) = \int_0^x f(t)\,dt$ zu skizzieren, sucht man zuerst die Nullstellen von f. Dort hat die Integralfunktion Extremstellen. In den Bereichen, in denen $f > 0$ steigt die Integralfunktion und in den Bereichen, in denen $f < 0$ fällt die Integralfunktion. Die Wendestellen von f sind die Extremstellen der Integralfunktion.

S. 45

2

a) $f'(x) = 15x^2 + \frac{1}{x}$; $f''(x) = 30x - x^{-2}$; $f''(1) = 29$

b) $f'(x) = 2x^{-3} + 3e^{3x-3}$; $f''(x) = -6x^{-4} + 9e^{3x-3}$; $f''(1) = 3$

c) $f'(x) = 6\cdot(3x-5)$; $f''(x) = 18$; $f''(1) = 18$

d) $f'(x) = -\sin(x-1)$; $f''(x) = -\cos(x-1)$; $f''(1) = -1$

e) $f'(x) = f''(x) = 0$; $f''(1) = 0$

f) $f'(x) = \frac{9}{2}x^2\cdot(x^3+3)^{\frac{1}{2}}$; $f''(x) = \frac{27}{4}x^4\cdot(x^3+3)^{-\frac{1}{2}} + 9x\cdot(x^3+3)^{\frac{1}{2}}$; $f''(1) = \frac{27}{8} + 18 = 21\frac{3}{8}$

g) $f'(x) = \frac{4x^2+8x}{(x+1)^2}$; $f''(x) = \frac{8}{(x+1)^3}$; $f''(1) = 1$

h) $f'(x) = \frac{-x-3}{(x-3)^3}$; $f''(x) = \frac{2x+12}{(x-3)^4}$; $f''(1) = \frac{7}{8}$

3

$f'(x) = 30x^5 + 3x^2$; $f''(x) = 150x^4 + 6x$; $f'''(x) = 600x^3 + 6$;
$f^{(4)}(x) = 1800x^2$; $f^{(5)}(x) = 3600x$; $f^{(6)}(x) = 3600$
$f^{(n)}(x) = 0 \ (n > 6)$

4

a) $f'(x) = 4x^3 + \cos x$; $f''(x) = 12x^2 - \sin x$;

b) $f'(t) = -4t^{-5} + 0{,}8t^3$; $f''(t) = 20t^{-6} + 2{,}4t^2$

c) $f'(x) = 4x^3 + 27x^2 + 54x + 27$; $f''(x) = 12x^2 + 54x + 54$

d) $f_t'(x) = 3tx^2 + 1$; $f_t''(x) = 6tx$

e) $f_a'(x) = a^2$; $f_a''(x) = 0$

f) $h'(x) = \left(2x^3 - \frac{1}{2}\sin x\right)\cdot(x^4+\cos x)^{-\frac{1}{2}}$;

$h''(x) = \left(6x^2 - \frac{1}{2}\cos x\right)\cdot(x^4+\cos x)^{-\frac{1}{2}} - \frac{1}{2}\cdot\left(2x^3 - \frac{1}{2}\sin x\right)\cdot(4x^3 - \sin x)\cdot(x^4+\cos x)^{-\frac{3}{2}}$

g) $p(t) = t^3 - t^{-1}$; $p'(t) = 3t^2 + t^{-2}$; $p''(t) = 6t - 2t^{-3}$

h) $g(x) = 2x^4 + 3x^3 - 1$; $g'(x) = 8x^3 + 9x^2$; $g''(x) = 24x^2 + 18x$

i) $h(z) = 8z^{-3} + 12z^{-2} + 6z^{-1} + 1$; $h'(z) = -24z^{-4} - 24z^{-3} - 6z^{-2}$; $h''(z) = 96z^{-5} + 72z^{-4} + 12z^{-3}$

k) $f'(z) = 5z^4 - \frac{3}{z^4} - \frac{16}{3z^5}$; $f''(z) = 20z^3 + \frac{12}{z^5} + \frac{80}{3z^6}$

5 a) $f'(x) = 6x^2+2x+1$; $f''(x) = 12x+2$

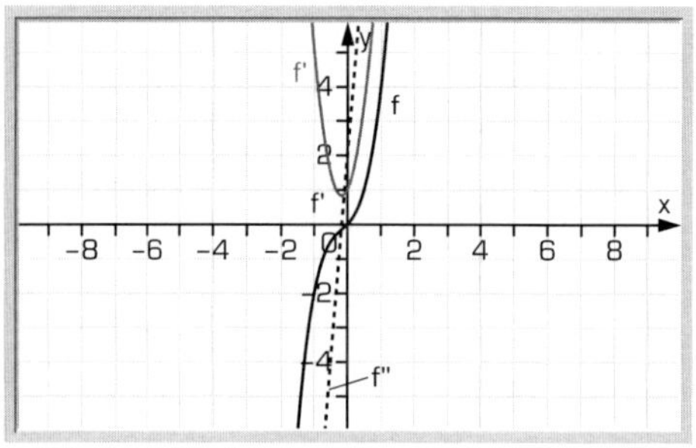

b) $f'(x) = -\sin x+\cos x$; $f''(x) = -\cos x-\sin x$

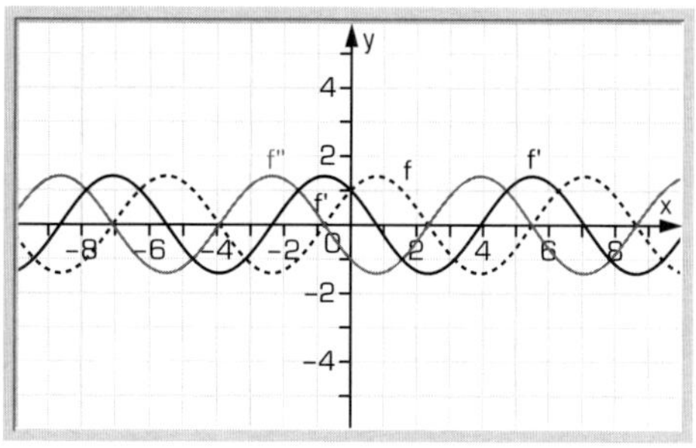

c) $f'(x) = -2x^{-3} = -\frac{2}{x^3}$; $f''(x) = 6x^{-4} = \frac{6}{x^4}$

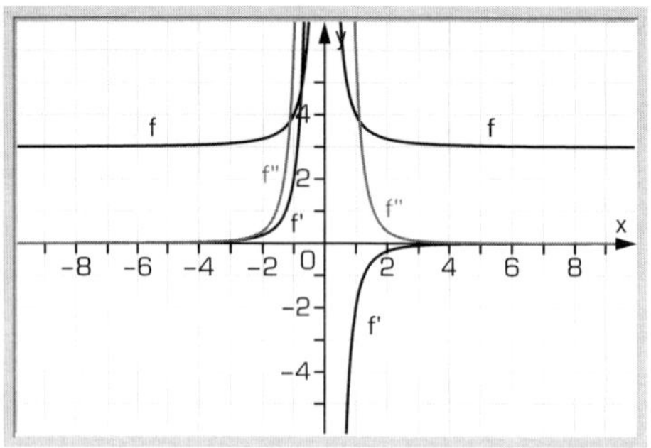

d) $f'(x) = 5+e^x$; $f''(x) = e^x$

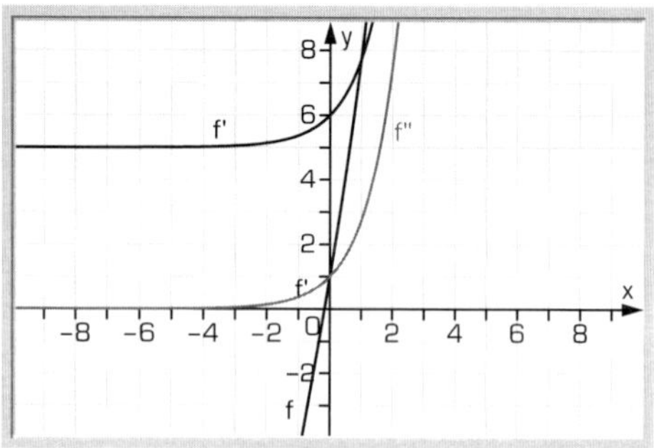

6 Individuelle Lösungen, z.B.

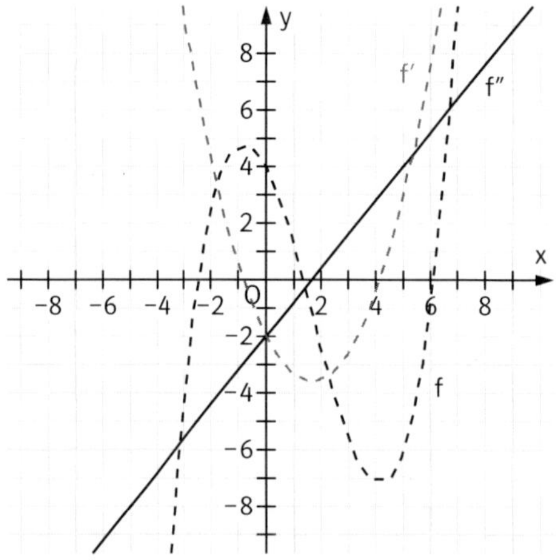

7 a) $f(x) = e^x$ b) f: $f(x) = \sin x$ oder f: $f(x) = \cos x$ oder f: $f(x) = e^x$ oder f: $f(x) = a$

8 a) Funktion zur Berechnung der Kreisfläche
$A'(r) = 2r\pi$; $A''(r) = 2\pi$

b) Funktion zur Berechnung des Umfangs eines Rechtecks in Abhängigkeit von der Seitenlänge a
$U'(a) = 2$; $U''(a) = 0$

c) Funktion zur Berechnung der Oberfläche eines Zylinders in Abhängigkeit von der Höhe
$O'(h) = 2\pi r$; $O''(h) = 0$

d) Funktion zur Berechnung des Kegelvolumens eines Kegels mit der Höhe 4r
$V'(r) = 4\pi r^2$; $V''(r) = 8\pi r$

e) Funktion zur Berechnung des Kegelvolumens in Abhängigkeit von der Höhe
$V'(h) = \frac{1}{3}\pi r^2$; $V''(h) = 0$

f) Funktion zur Berechnung der Oberfläche eines Kegels in Abhängigkeit vom Radius der Grundfläche
$O'(r) = \pi s+2r\pi$; $O''(r) = 2\pi$

9 a) $f''(x) = 2 \cdot \cos x$ (III) b) $f''(x) = -\sin x$ (II) c) $f''(x) = -\sin x - \cos x$ (I)

10 Einfacher werden: $3x^5 - x^4$; $7x^3 + x^2 + 5$
Schwieriger werden: $\frac{1}{\sin x}$; $\frac{1}{x}$; $\frac{x+1}{x-1}$; $x^2 - x$; $x^2 \cdot (1 - \cos x)$

11 a) Der rot gezeichnete Graph ist der Graph der 1. Ableitung, der orange gezeichnete Graph ist der Graph der 2. Ableitung.
b) Der rot gezeichnete Graph ist der Graph der 1. Ableitung, der orange gezeichnete Graph ist **nicht** der Graph der 2. Ableitung, da z.B. $f''(1) \neq 1$.
a) Der rot gezeichnete Graph ist der Graph der 1. Ableitung, der orange gezeichnete Graph ist **nicht** der Graph der 2. Ableitung, da der rot eingezeichnete Graph keine konstante Steigung hat.

12 a)
$$\lg(6 \cdot 2{,}4^x) = \lg(30 \cdot 0{,}6^x)$$
$$\lg 6 + x \cdot \lg 2{,}4 = \lg 30 + x \cdot \lg 0{,}6$$
$$x(\lg 2{,}4 - \lg 0{,}6) = \lg 30 - \lg 6$$
$$x = \frac{\lg 30 - \lg 6}{\lg 2{,}4 - \lg 0{,}6} \approx 1{,}161$$
b) Substitution: $0{,}4^x = u$
$u - 6 \cdot u^{-1} = 1 \quad | \cdot u$
$u^2 - u - 6 = 0$
$u_1 = 3$; $0{,}4^x = 3 \Rightarrow x \lg 0{,}4 = \lg 3 \Rightarrow x = \frac{\lg 3}{\lg 0{,}4} \approx -1{,}199$
$u_2 = -2$; $0{,}4^x = -2$; diese Gleichung ist unlösbar, somit ist $x \approx -1{,}199$ einzige Lösung.

2 Krümmung von Graphen

S. 46

1 Strecke ③ entspricht dem Aufschrieb.

S. 48

2 $g'(x) = -52x^3$; da g′ eine streng monoton fallende Funktion ist, ist der Graph von g rechtsgekrümmt.

3 $f'(x) = 10x^4 + 12x^3 - 2$; $f''(x) = 40x^3 + 36x^2$
$p'(x) = 5x^4 + 6x^3$; $p''(x) = 20x^3 + 18x^2$
$h'(x) = 10x^4 + 12x^3$; $h''(x) = 40x^3 + 36x^2$
$g'(x) = 20x^4 + 24x^3 + 3$; $g''(x) = 80x^3 + 72x^2$
$k'(x) = 25x^4 + 30x^3 + 2$; $k''(x) = 100x^3 + 90x^2$
Ja, er hat recht. Die zweiten Ableitungen sind Vielfache des Terms $T(x) = 10x^3 + 9x^2$.
Es gilt $T(x) > 0$ ($T(x) < 0$) falls $x > -0{,}9$ ($x < -0{,}9$). Damit sind die Graphen im Intervall $]-0{,}9; \infty[$ ($]-\infty; -0{,}9[$) links-(rechts-)gekrümmt.

4 Individuelle Lösungen, z.B. f: $x \mapsto e^x$ mit $D_f = \mathbb{R}$ oder g: $x \mapsto x^2$ mit $D_g = \mathbb{R}$ oder h: $x \mapsto x^4$ mit $D_h = \mathbb{R}$ oder k: $x \mapsto \frac{1}{x}$ mit $D_k = \mathbb{R}^+$.

5 a) $]-6; -4[$, $]-1; 1[$, $]4; \infty[$ b) Individuelle Lösungen

6 a) Graph linksgekrümmt in Intervallen $]-\infty; -1{,}5[$ und $]1{,}5; \infty[$, Graph rechtsgekrümmt im Intervall $]-1{,}5; 1{,}5[$.
b) $f'(x) = \frac{1}{3}x^3 - \frac{9}{4}x$; $f''(x) = x^2 - \frac{9}{4}$
$f''(x) > 0$ falls $x^2 > \frac{9}{4}$; also $|x| > \frac{3}{2}$, d.h. Graph linksgekrümmt falls $x \in]-\infty; -1{,}5[$ oder $x \in]1{,}5; \infty[$.
$f''(x) < 0$ falls $|x| < \frac{3}{2}$, d.h. Graph rechtsgekrümmt falls $x \in]-1{,}5; 1{,}5[$.

7 a) $f''(x) = 1 > 0$, also Graph von f linksgekrümmt

b) $f''(x) = -\frac{1}{4} < 0$, also Graph von f rechtsgekrümmt

c) $f''(x) = 36x^2+4 > 0$, da $x^2 > 0$ für alle $x \in \mathbb{D}_f$, also Graph von f linksgekrümmt

d) $f''(x) = -300x^2 < 0$, da $x^2 > 0$ für alle $x \in \mathbb{D}_f$, also Graph von f rechtsgekrümmt

e) $f''(x) = 4 \cdot e^{2x} > 0$, also Graph von f linksgekrümmt

f) $f''(x) = 6x+6 > 0$ für $x > -1$, also Graph dann linksgekrümmt

8 a) Zum Beispiel:

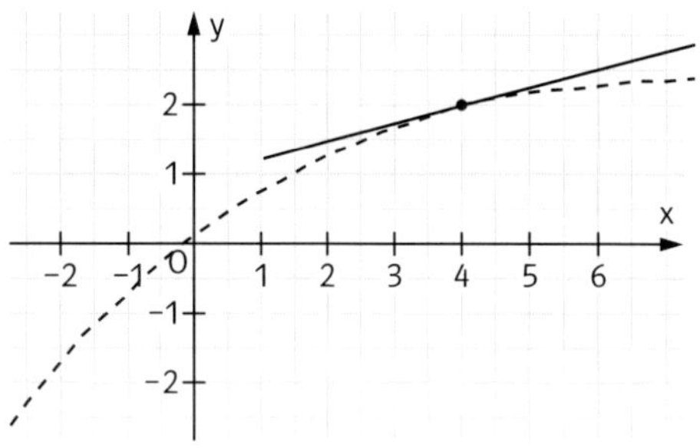

b) Da die Funktion streng monoton wachsend ist, kann der Graph höchstens einen Schnittpunkt mit der x-Achse haben.

c) Da das Vorzeichen der ersten Ableitung aufgrund der strengen Monotonie nicht wechselt, hat die Funktion keine Extrema.

d) Ja. Der Graph müsste allerdings stärker gekrümmt sein als beim Beispiel bei a).

S. 49

9 a) Gegenbeispiel: $f: x \mapsto x^2$ für $x \in \mathbb{R}^-$. $f'(x) = 2x < 0$, also f streng monoton fallend für $x < 0$, obwohl $f': x \mapsto 2x$ für $x < 0$ streng monoton wachsend ist.

b) Gegenbeispiel: $f: x \mapsto -x^4$; für $x = 0$ gilt $f''(0) = 0$.

c) Gegenbeispiel: $f: x \mapsto x^3$; $f''(x) = 6x$. Es gilt $f'(0) = 0$ und $f''(0) = 0$.

d) Gegenbeispiel: $f: x \mapsto \cos x$; $F(x) = \sin x$ und $f'(x) = -\sin x$ sind bezüglich der x-Achse zueinander symmetrisch und haben so unterschiedliches Krümmungsverhalten.

10 a) Falsch. Graph von f″ ist eine Gerade, also muss der Graph von f′ eine Parabel sein, deren Monotonieverhalten beim Extremum wechselt.

b) Keine Aussage möglich. Aus dem Graphen von f″ kann man nur etwas über das Monotonieverhalten von f′ aussagen, nicht aber etwas über die Funktionswerte.

c) Richtig. Da $f''(x) > 0$ für $x > 0$ ist der Graph von f linksgekrümmt.

d) Richtig. Man betrachtet die 2. Ableitung von f′, also f‴. Es gilt $f'''(x) > 0$ für alle x, also ist f′ linksgekrümmt.

e) Falsch. Z. B. $F(x) = \frac{1}{48}x^4 - \frac{1}{2}x^2 + 2x$ mit $F''(x) = f'(x) = \frac{1}{4}x^2 - 1$; G_F linksgekrümmt in $]-\infty;-2[$ und $]2;-\infty[$ und rechtsgekrümmt in $]-2;2[$, $f'(x) = \frac{1}{2}x$ wie in der Zeichnung.

f) Falsch, da F mindestens ein Extremum hat und dort das Monotonieverhalten wechselt.

11 a) $f'(x) = 3x^2+6x+3$; $f''(x) = 6x+6$
$f''(x) > 0$ falls $x > -1$, also G_f in $]-1;\infty[$ linksgekrümmt;
$f''(x) < 0$ falls $x < -1$, also G_f in $]-\infty;-1[$ rechtsgekrümmt.

b) $f'(x) = (2x)^{-\frac{1}{2}}$; $f''(x) = -(2x)^{-\frac{3}{2}}$
$f''(x) < 0$ für alle $x > 0$, also G_f in $]0;\infty[$ rechtsgekrümmt

c) $f'(x) = 7-5e^{5x}$; $f''(x) = -25e^{5x}$
$f''(x) < 0$ für alle $x \in \mathbb{R}$, also G_f überall rechtsgekrümmt

d) $f'(x) = 4x^3-12x^2+1$; $f''(x) = 12x^2-12$
$f''(x) > 0$ für $x > 1$, also G_f in $]1;\infty[$ linksgekrümmt;
$f''(x) < 0$ für $-1 < x < 1$, also G_f in $]-1;1[$ rechtsgekrümmt;
$f''(x) > 0$ für $x < 1$, also G_f in $]-\infty;1[$ linksgekrümmt.

e) $f'(x) = x^3+6{,}75x^2-30x+8$; $f''(x) = 3x^2+13{,}5x-30$
$f''(x) > 0$ falls $x < -6{,}13$, also G_f in $]-\infty;\approx-6{,}13[$ linksgekrümmt;
$f''(x) < 0$ für $-6{,}13 < x < 1{,}63$, also G_f in $]\approx-6{,}13;\approx1{,}63[$ rechtsgekrümmt.
$f''(x) > 0$ für $x > 1{,}63$, also G_f in $]\approx1{,}63;+\infty[$ linksgekrümmt.

f) $f'(x) = 3x^4 + 4x^3 - 12x^2 + 4x$; $f''(x) = 12x^3 + 12x^2 - 24x + 4$ (Nullstellen über CAS/Funktionsplotter)
$f''(x) < 0$ für $x < -2{,}05$, also G_f in $]-\infty; \approx -2{,}05[$ rechtsgekrümmt;
$f''(x) > 0$ für $-2{,}05 < x < 0{,}19$, also G_f in $]\approx -2{,}05; \approx 0{,}19[$ linksgekrümmt;
$f''(x) < 0$ für $0{,}19 < x < 0{,}87$, also G_f in $]\approx 0{,}19; \approx 0{,}87[$ rechtsgekrümmt;
$f''(x) > 0$ für $x > 0{,}87$, also G_f in $]\approx 0{,}87; \infty[$ linksgekrümmt.

g) $f'(x) = -3x^2 + 8x + 9$; $f''(x) = -6x + 8$
$f''(x) > 0$ falls $x < \frac{4}{3}$, also G_f in $\left]-\infty; \frac{4}{3}\right[$ linksgekrümmt;
$f''(x) < 0$ falls $x > \frac{4}{3}$, also G_f in $\left]\frac{4}{3}; \infty\right[$ rechtsgekrümmt.

h) $f'(x) = -\frac{1}{2}\sin x$; $f''(x) = -\frac{1}{2}\cos x$
$f''(x) > 0$ für $\frac{\pi}{2} < x < \frac{3}{2}\pi$, also G_f in $\left]\frac{\pi}{2}; \frac{3}{2}\pi\right[$ linksgekrümmt;
$f''(x) < 0$ für $\frac{3}{2}\pi < x < \frac{5}{2}\pi$, also G_f in $\left]\frac{3}{2}\pi; \frac{5}{2}\pi\right[$ rechtsgekrümmt.

12

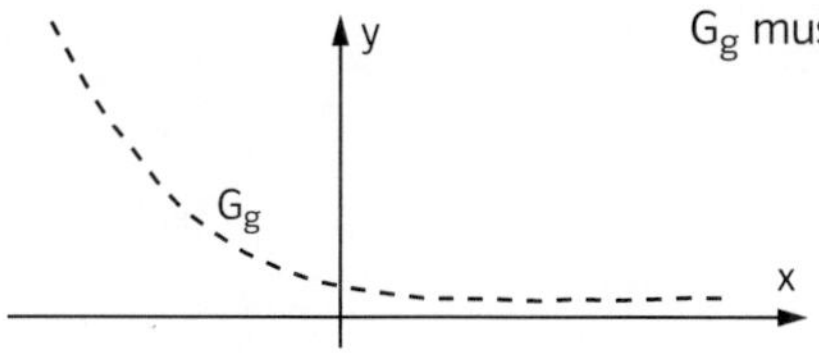

G_g muss monton fallend und linksgekrümmt sein.

13 Ja, er hat recht.

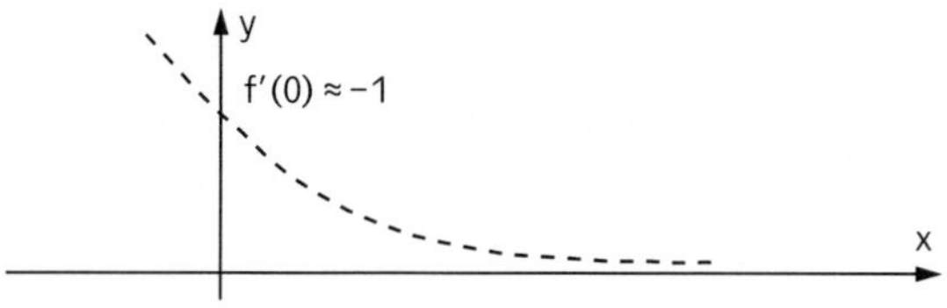

14

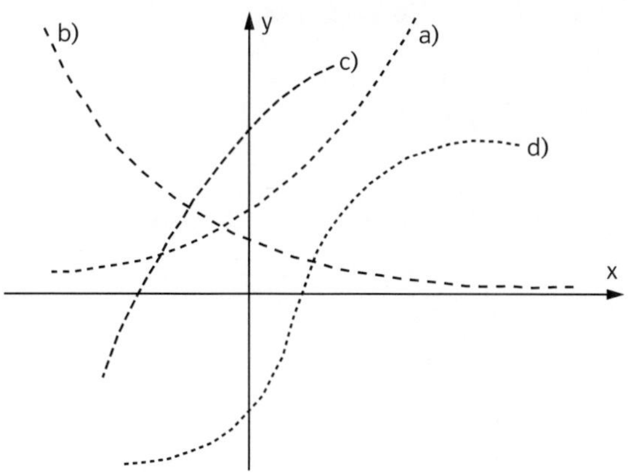

15

$n = 0$:	$x \mapsto a$;	$f''(x) = 0$;	keine Krümmung
$n = 1$:	$x \mapsto ax$;	$f''(x) = 0$;	keine Krümmung
$n = 2$:	$x \mapsto ax^2$;	$f''(x) = 2a$;	$a > 0$ linksgekrümmt, $a < 0$ rechtsgekrümmt
$n = 3$:	$x \mapsto ax^3$;	$f''(x) = 6ax$;	$a > 0$: für $x > 0$ linksgekrümmt, für $x < 0$ rechtsgekrümmt $a < 0$: für $x < 0$ linksgekrümmt, für $x > 0$ rechtsgekrümmt

...

allgemein: Für $n = 0$ und $n = 1$ keine Krümmung
für n gerade: $a > 0$ linksgekrümmt, $a < 0$ rechtsgekrümmt
für n ungerade: $a > 0$ für $x > 0$ linksgekrümmt, für $x < 0$ rechtsgekrümmt
$a < 0$ für $x < 0$ linksgekrümmt, für $x > 0$ rechtsgekrümmt.

16 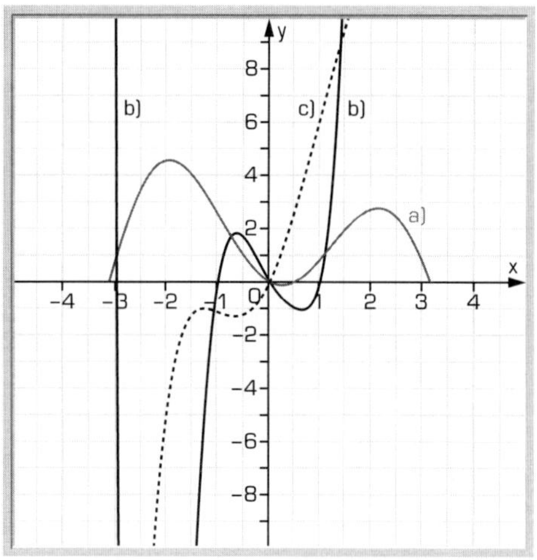

CAS liefert Wendestellen.

a) $]-\pi; -0{,}94509...[$ rechtsgekrümmt;
$]-0{,}94509...; 1{,}22363...[$ linksgekrümmt;
$]1{,}22363...; \pi[$ rechtsgekrümmt

b) $]-\infty; -1{,}97492...[$ linksgekrümmt;
$]-1{,}97492...; -0{,}24115...[$ rechtsgekrümmt;
$]-0{,}24115...; \infty[$ linksgekrümmt

c) $]-\infty; -1[$ rechtsgekrümmt;
$]-1; 1[$ linksgekrümmt;
$]1; 2[$ rechtsgekrümmt

17 a) $f(x)$ ist an der Stelle x_3 am größten.
b) $f'(x)$ ist an der Stelle x_6 am größten.
c) $f'(x)$ ist an der Stelle x_1 am kleinsten.
d) $f''(x)$ ist an der Stelle x_2 am größten.
e) $f''(x)$ ist an der Stelle x_4 am kleinsten.
f) $F_{x_1}(x)$ ist an der Stelle x_6 am größten.

18

	B	$\overline{B}$	
A	**0,2**	10 % = 0,1	**0,3**
$\overline{A}$	**0,2**	**0,5**	0,7
	$\frac{2}{5} = 0{,}4$	**0,6**	**1**

$P(A \cap B) = 0{,}2;$

$P_A(B) = \frac{P(A \cap B)}{P(A)} = \frac{0{,}2}{0{,}3} = 0{,}\overline{6}$

3 Wendepunkte, Art der Extrema

S. 50

1 Die Abtragung wechselt an den Stellen des Flusses, wo die Linkskrümmung (-biegung) in eine Rechtskrümmung (-biegung) wechselt und umgekehrt.

S. 52

2 a) $f''(x) = 36x^2 - 4;$ $f'''(x) = 72x;$ $f''(x) = 0$ für $x = \frac{1}{3}$ und $x = -\frac{1}{3}$
$f'''\left(\frac{1}{3}\right) \neq 0;$ $f'''\left(-\frac{1}{3}\right) \neq 0,$ also Wendestellen $\frac{1}{3}$ und $-\frac{1}{3}$

b) $f''(x) = 40x^3 - 36x^2;$ $f'''(x) = 120x^2 - 72x;$ $f''(x) = 0$ für $x = 0$ und $x = 0{,}9;$
$f''(0) = 0$ und $f''(0)$ hat keinen Vorzeichenwechsel; $f'''(0{,}9) \neq 0,$ also Wendestelle $x = 0{,}9$

c) $f''(x) = 42x + 6;$ $f'''(x) = 42;$ $f''(x) = 0$ für $x = -\frac{1}{7}$
$f'''\left(-\frac{1}{7}\right) \neq 0,$ also Wendestelle $-\frac{1}{7}$

d) $f''(x) = 2 - \frac{1}{4}x^{-\frac{3}{2}};$ $f'''(x) = \frac{3}{8}x^{-\frac{5}{2}}$ $f''(x) = 0$ für $x = \frac{1}{4}$ $f'''\left(\frac{1}{4}\right) \neq 0,$ also Wendestelle $\frac{1}{4}$

e) $f''(x) = 6x^2 - 30;$ $f'''(x) = 12x;$ $f''(x) = 0$ für $x = \sqrt{5}$ und $x = -\sqrt{5}$
$f'''(\sqrt{5}) \neq 0;$ $f'''(-\sqrt{5}) \neq 0,$ also Wendestellen $\sqrt{5}$ und $-\sqrt{5}$

f) $f''(x) = -12x^2 - 1;$ $f'''(x) = -24x;$ $f''(x) = 0$ hat keine Lösung, also keine Wendestelle.

3

	Wendepunkte	Linkskrümmung	Rechtskrümmung
a)	$(-2 \mid 1{,}7)$, $(1 \mid 0{,}3)$, $(4 \mid -1{,}5)$	$]-2; 1[$; $]4; \infty[$	$]-\infty; -2[$; $]1; 4[$
b)	$(2 \mid 1)$, $(4 \mid 1{,}5)$, $(6 \mid 3)$, $(8 \mid 0)$	$]-\infty; 2[$; $]4; 6[$; $]8; +\infty[$	$]2; 4[$; $]6; 8[$

4 a) $f'(x) = 6x^2$; $f''(x) = 12x$; $f'''(x) = 12$
keine Extremstelle
Wendestelle: $x = 0$ $(f'''(0) \neq 0)$
Linkskrümmung im Intervall: $]0;\infty[$; Rechtskrümmung im Intervall: $]-\infty;0[$

b) $f'(x) = -625x^4+1$; $f''(x) = -2500x^3$
Extremstellen: $x_1 = -\frac{1}{5}$; $x_2 = \frac{1}{5}$ Extrempunkte: $\left(-\frac{1}{5}\middle|-\frac{4}{25}\right)$; $\left(\frac{1}{5}\middle|\frac{4}{25}\right)$
Wendestelle: $x = 0$; $f''(0)$ hat Vorzeichenwechsel
Linkskrümmung im Intervall: $]-\infty;0[$; Rechtskrümmung im Intervall: $]0;\infty[$

c) $f'(x) = 2(x-4)$; $f''(x) = 2$
Extremstelle: $x = 4$ Extrempunkt: $(4\,|\,0)$
kein Wendepunkt, der Graph ist überall linksgekrümmt.

d) $f'(x) = e^x-1$; $f''(x) = e^x$
Extremstelle: $x = 0$ Extrempunkt: $(0\,|\,1)$
kein Wendepunkt, der Graph ist überall linksgekrümmt.

e) $f'(x) = -1-2x$; $f''(x) = -2$
Extremstelle: $x = -\frac{1}{2}$ Extrempunkt: $\left(-\frac{1}{2}\middle|\frac{25}{4}\right)$
kein Wendepunkt, der Graph ist überall rechtsgekrümmt.

f) $f'(x) = 6x(x^2-3)$; $f''(x) = 18x^2-18$; $f'''(x) = 36x$
Extremstellen: $x_1 = 0$; $x_2 = -\sqrt{3}$; $x_3 = \sqrt{3}$
Extrempunkte: $(0\,|\,13{,}5)$; $(-\sqrt{3}\,|\,0)$; $(\sqrt{3}\,|\,0)$
Wendestellen: $x_4 = 1$; $x_5 = -1$ $(f'''(1) \neq 0,\ f'''(-1) \neq 0)$
Linkskrümmung: $]-\infty;-1[$; $]1;\infty[$; Rechtskrümmung: $]-1;1[$

g) $f'(x) = \frac{2x^2-2x-3}{(2x-1)^2}$; $f''(x) = \frac{14}{(2x-1)^3}$
Extremstellen: $x_1 = \frac{1}{2}+\frac{1}{2}\sqrt{7}$; $x_2 = \frac{1}{2}-\frac{1}{2}\sqrt{7}$; Extrempunkte: $\left(\frac{1}{2}+\frac{1}{2}\sqrt{7}\middle|\frac{2\sqrt{7}}{7}\right)$; $\left(\frac{1}{2}-\frac{1}{2}\sqrt{7}\middle|-\frac{2\sqrt{7}}{7}\right)$
kein Wendepunkt
Linkskrümmung: $\left[-\frac{1}{2};+\infty\right[$; Rechtskrümmung: $\left]-\infty;\frac{1}{2}\right]$

h) $f'(x) = 4x(x^2-1)$; $f''(x) = 12x^2-4$; $f'''(x) = 24x$
Extremstellen: $x_1 = 0$; $x_2 = -1$; $x_3 = 1$ Extrempunkte: $(0\,|\,1)$; $(-1\,|\,0)$; $(1\,|\,0)$
Wendestellen: $x_4 = \sqrt{\frac{1}{3}}$; $x_5 = -\sqrt{\frac{1}{3}}$ $\left(f'''\left(\sqrt{\frac{1}{3}}\right) \neq 0;\ f'''\left(-\sqrt{\frac{1}{3}}\right) \neq 0\right)$
Linkskrümmung: $\left]-\infty;-\sqrt{\frac{1}{3}}\right[$; $\left]\sqrt{\frac{1}{3}};\infty\right[$ Rechtskrümmung: $\left]-\sqrt{\frac{1}{3}};\sqrt{\frac{1}{3}}\right[$

5 a) $f''(x) = -\sin x$
Wendepunkte: $W_1(0\,|\,0)$, $W_2(\pi\,|\,0)$, $W_3(2\pi\,|\,0)$
Linkskrümmung: $]\pi;2\pi[$ Rechtskrümmung: $]0;\pi[$

b) $f''(x) = -\cos x-\sin x$
Wendepunkte: $W_1\left(\frac{3}{4}\pi\middle|0\right)$, $W_2\left(\frac{7}{4}\pi\middle|0\right)$
Linkskrümmung: $\left]\frac{3}{4}\pi;\frac{7}{4}\pi\right[$ Rechtskrümmung: $\left]0;\frac{3}{4}\pi\right[$; $\left]\frac{7}{4}\pi;2\pi\right[$

c) $f''(x) = -2\cos x$
Wendepunkte: $W_1\left(\frac{\pi}{2}\middle|0\right)$, $W_2\left(\frac{3}{2}\pi\middle|0\right)$
Linkskrümmung: $\left]\frac{\pi}{2};\frac{3}{2}\pi\right[$ Rechtskrümmung: $\left]0;\frac{\pi}{2}\right[$; $\left]\frac{3}{2}\pi;2\pi\right[$

d) $f''(x) = -\sin x$
Wendepunkte: $W_1(0\,|\,0)$, $W_2\left(\pi\middle|\frac{1}{2}\pi\right)$, $W_3(2\pi\,|\,\pi)$
Linkskrümmung: $]\pi;2\pi[$ Rechtskrümmung: $]0;\pi[$

6 a) Der Graph hat Ende September die größte Steigung, sodass etwa hier die größte Umsatzsteigerung war, der größte Umsatzrückgang war Ende Januar.

b) Da der Graph rechtsgekrümmt ist, wird der Umsatz zunächst immer langsamer weiter wachsen. Im ungünstigsten Fall kann er auf Dauer wieder sinken.

7 a) $f'(x) = 2ax + b$; $f''(x) = 2a$

Ist $a > 0$, so ist $f''(x) = 2a > 0$ für alle $x \in \mathbb{R}$, damit ist der Graph von f überall linksgekrümmt.

Ist $a < 0$, so ist $f''(x) = 2a < 0$ für alle $x \in \mathbb{R}$, damit ist der Graph von f überall rechtsgekrümmt.

b) $f'(x) = -\frac{n}{x^{n+1}}$; $f''(x) = \frac{n(n+1)}{x^{n+2}}$

$f''(x) > 0$ für gerades n. Damit ist für gerades n der Graph von f in $\mathbb{R}\setminus\{0\}$ überall linksgekrümmt.

8 $f_a'(x) = 3x^2 - 2ax$; $f_a''(x) = 6x - 2a$

$f_a''(x) = 0$ liefert $x = \frac{1}{3}a$

Da f_a'' bei $x = \frac{1}{3}a$ einen Vorzeichenwechsel hat, hat f an der Stelle $x = \frac{1}{3}a$ einen Wendepunkt.

$W\left(\frac{1}{3}a \middle| -\frac{2}{27}a^3\right)$

S. 53

9 a) Falsch. Für $x \in]-0{,}5; 2[$ nimmt $f''(x)$ sowohl Werte größer als auch kleiner Null an.

b) Richtig. f″ hat an der Stelle $x = 2$ eine Nullstelle mit Vorzeichenwechsel von+ nach –.

c) Ja, $P(0 \mid f(0))$ kann ein Terrassenpunkt sein.

d) Falsch. Wenn der Graph von f an der Stelle $x = 0{,}8$ sein Krümmungsverhalten ändert, also dort eine Wendestelle besitzt, muss $f''(0{,}8) = 0$ sein. f ändert sein Krümmungsverhalten an der Stelle 0,8 nicht.

10 a) $f'(x) = 3x^2$; $f''(x) = 6x$

Wendepunkt $W(0 \mid 0)$ ist Terrassenpunkt, da $f'(0) = 0$ und $f'(x)$ keinen Vorzeichenwechsel hat.

Wendetangente: $y = 0$; $\mathbb{D}_f = \mathbb{R}$

b) $f'(x) = 6x^4 - 3x^2 - 1$; $f''(x) = 24x^3 - 6x$

Wendepunkte: $W_1(0 \mid 0)$, $W_2(0{,}5 \mid -0{,}5875)$, $W_3(-0{,}5 \mid 0{,}59375)$

Wendetangenten: $y = -x$; $y = -\frac{11}{8}x + 0{,}1$; $y = -\frac{11}{8}x - 0{,}1$ $\mathbb{D}_f = \mathbb{R}$

c) $f'(x) = 10x^4 + 0{,}1$; $f''(x) = 40x^3$

Wendepunkt: $W(0 \mid 0)$

Wendetangente: $y = 0{,}1x$ $\mathbb{D} = \mathbb{R}$

d) $f'(x) = 4x^3 - 12x$; $f''(x) = 12x^2 - 12$

Wendepunkte: $W_1(1 \mid 4)$, $W_2(-1 \mid 4)$

Wendetangenten: $y = -8x + 12$; $y = 8x + 12$ $\mathbb{D} = \mathbb{R}$

e) $f'(x) = 15x^2 + 6x - 1$; $f''(x) = 30x + 6$

Wendepunkt: $W\left(-\frac{1}{5} \middle| 0{,}28\right)$

Wendetangente: $y = -1{,}6x - 0{,}04$; $\mathbb{D} = \mathbb{R}$

f) $f'(x) = -5x^{-6}$; $f''(x) = 30x^{-7}$

kein Wendepunkt $\mathbb{D} = \mathbb{R}\setminus\{0\}$

g) $f'(x) = \frac{x^2 + 18x + 2}{(x+9)^2}$; $f''(x) = \frac{158}{(x+9)^3}$

kein Wendepunkt $\mathbb{D} = \mathbb{R}\setminus\{-9\}$

h) $f'(x) = -\frac{12}{7}x^3 + \frac{4}{7}x$; $f''(x) = -\frac{36}{7}x^2 + \frac{4}{7}$

Wendepunkte: $W_1\left(\frac{1}{3} \middle| \frac{5}{189}\right)$; $W_2\left(-\frac{1}{3} \middle| \frac{5}{189}\right)$

Wendetangenten: $y = \frac{8}{63}x - \frac{1}{63}$; $y = -\frac{8}{63}x - \frac{1}{63}$ $\mathbb{D} = \mathbb{R}$

i) $f'(x) = -4x^{-5} + 1{,}2x$; $f''(x) = 20x^{-6} + 1{,}2$

kein Wendepunkt $\mathbb{D} = \mathbb{R}\setminus\{0\}$

k) $f'(x) = \frac{-x^2 - 6x - 1}{(x+3)^2}$; $f''(x) = \frac{-16}{(x+3)^3}$

kein Wendepunkt $\mathbb{D}_f = \mathbb{R}\setminus\{-3\}$

l) $f'(x) = -\sin x$; $f''(x) = -\cos x$

Wendepunkt: $W\left(\frac{1}{2}\pi \middle| 0\right)$

Wendetangente: $y = -x + \frac{1}{2}\pi$ $\mathbb{D} = \mathbb{R}$

11 a) Die Zunahme der Tierpopulation ist an der Wendestelle am größten. (etwa bei $x = 1{,}8$)
b) Die Gerade $y = s$ ist die Wachstumsschranke, sie begrenzt die maximale Größe der Tierpopulation.

12 CAS (Bestimmung der Nullstellen der 2. Ableitung und Vorzeichenwechselverhalten dort) liefert Wendepunkte.
a) $W_1(-1{,}0292\ldots \mid 4{,}3525\ldots)$, $W_2(0{,}6683\ldots \mid -0{,}1804\ldots)$, $W_3(0 \mid 0)$
b) $W_1(0{,}3202\ldots \mid 1{,}4225\ldots)$
c) $W_1(-0{,}8044\ldots \mid 5{,}0824\ldots)$
d) $W(1 \mid -2)$

13 a) z.B. $f(x) = x^2$ (oder $f(x) = 2x^2 - 3$)
b) z.B. $f(x) = -x^5$ (oder $f(x) = 2x^5 + 4$)
c) z.B. $f(x) = \sin x$ (oder $f(x) = 2\cos x - 1$)
d) z.B. $f(x) = x$ (oder $f(x) = x^3$)

14 a) $f(x) = ax^3 + bx^2 + cx + d$; $f'(x) = 3ax^2 + 2bx + c$; $f''(x) = 6ax + 2b$
Aus $f''(x) = 6ax + 2b = 0$ folgt $x_0 = -\frac{b}{3a}$; es muss $a \neq 0$ gelten, sonst wäre der Grad der Funktion nicht 3. Wegen des Vorzeichenwechsels liegt ein Wendepunkt vor.
b) Wegen $b = 0$ ergibt sich $x_0 = 0$. Damit liegt der Wendepunkt auf der y-Achse.
c) $f(x) = ax^5 - bx^3 + cx$; $f'(x) = 5ax^4 - 3bx^2 + c$; $f''(x) = 20ax^3 - 6bx$
Aus $f''(x) = 0$ folgt $x_1 = 0$; $x_2 = -\sqrt{\frac{3b}{10a}}$; $x_3 = \sqrt{\frac{3b}{10a}}$. Wegen des Vorzeichenwechsels liegen jeweils Wendepunkte vor. Da der Graph symmetrisch zum Ursprung ist, liegen die Wendepunkte auf einer Ursprungsgeraden; ihre Gleichung ist $y = \left(c - \frac{21b^2}{100a}\right) \cdot x$.

15

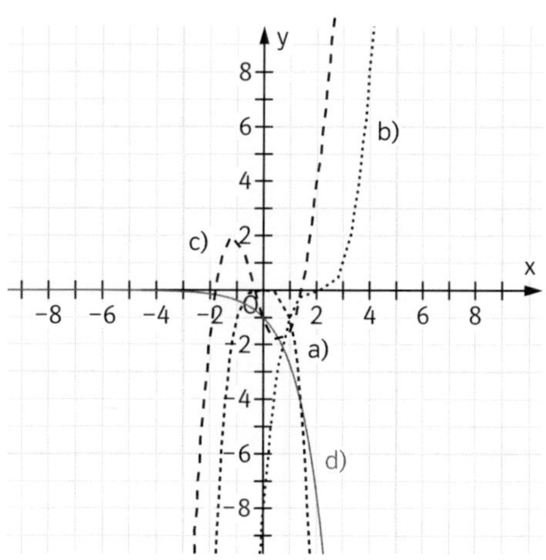

z.B.
a) $f(x) = -x^4$
b) $f(x) = (x-2)^3$
c) $f(x) = x^3 - 3x$
d) $f(x) = -e^x$

16 a) (1) Extremstellen: Minimum bei $x \approx -1{,}4$; Maximum bei $x \approx 1{,}4$;
Wendestelle bei $x = 0$
(2) Extremstellen: Minimum bei $x = -0{,}5$;
keine Wendestelle
(3) Extremstellen: Minimum bei $x = 1$
(4) Extremstellen: Minimum bei $x = 1{,}4$; Maximum bei $x = -1{,}4$;
Wendestelle bei $x = 0$
(5) Extremstellen: Minimum bei $x = 2$
Terrassenpunkt bei $x = 0$
Wendestelle bei $x = 1{,}5$

b)

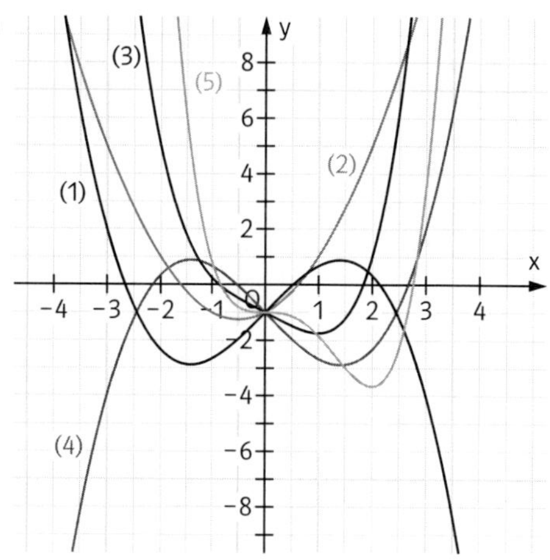

S. 54

17 $f'(x) = 3x^2+2bx+c$; $f''(x) = 6x+2b$

Es muss gelten: $f'(x) = 0$ und $f''(x) = 0$.

Also (I) $3x^2+2bx+c = 0$

(II) $6x + 2b = 0 \Rightarrow x = -\frac{1}{3}b$

x in (I): $3\cdot\left(-\frac{1}{3}b\right)^2 + 2b\left(-\frac{1}{3}b\right) + c = 0 \Rightarrow c = \frac{1}{3}b^2$

18 a) Richtig. Wenn $f(x) = \cos x$ auf ganz $\mathbb{R}$ definiert ist, hat f, da der Graph periodisch verläuft, unendlich viele Wendepunkte. $f''(x) = -\cos x$ hat unendlich viele Nullstellen $x_n = \frac{2n+1}{2}\cdot\pi$, $n \in \mathbb{Z}$, also hat f unendlich viele Wendestellen.

b) Falsch. Gegenbeispiel: $f(x) = x^3$ mit Wendepunkt $(0|0)$.
$f'\left(\frac{1}{2}\right) = \frac{3}{4}$, $f'(2) = 12$, aber $f'(0) = 0$.

c) Richtig. $f(x) = ax^2+bx+c$, $a \neq 0$; $f'(x) = 2ax+b$; $f''(x) = 2a$; also gibt es keinen Wendepunkt.

d) Falsch. Beispiel: $f(x) = x^5$ mit $f''(x) = 20x^3$ hat nur einen Wendepunkt $(0|0)$.

e) Falsch, da bei ganzrationalen Funktionen zwei Terassenpunkte ohne Extrempunkt möglich sind. Beispiel: $f(x) = \frac{3}{8}x^5 - \frac{15}{8}x^4 + \frac{5}{2}x^3$.

zu e)

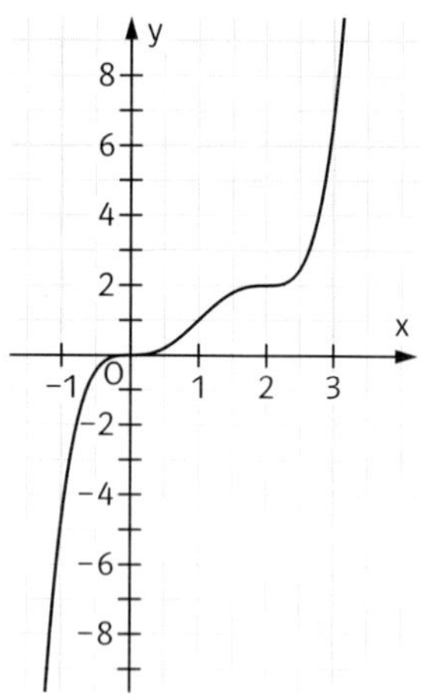

19

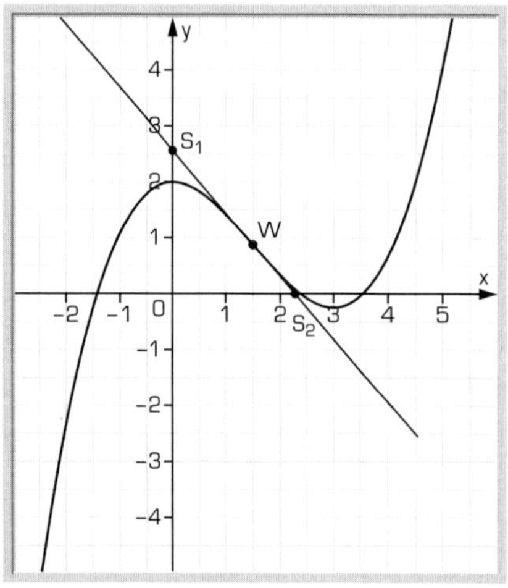

a) $f'(x) = \frac{1}{2}x^2 - \frac{3}{2}x$; $f''(x) = x - \frac{3}{2}$; $W(1{,}5|0{,}875)$

Wendetangente t: $y = -1{,}125x + 2{,}5625$

b) Schnittpunkte: $S_1(0|2{,}5625)$, $S_2(2{,}276|0)$

$A = 0{,}5\cdot g\cdot h = 0{,}5\cdot 2{,}278\cdot 2{,}5625 \approx 2{,}92$

c) Stammfunktion von f: z.B. $F(x) = \frac{1}{24}x^4 - \frac{1}{4}x^3 + 2x$

$\int_{-3}^{0} f(t)\,dt = F(0) - F(-3) = \left[\frac{1}{24}x^4 - \frac{1}{4}x^3 + 2x\right]_{-3}^{0}$

$= 0 - \left(\frac{27}{8} + \frac{27}{4} - 6\right) = -\frac{33}{8} = -4{,}125$

20 a) $f_a'(x) = 3x^2 - 2ax$; $f_a''(x) = 6x - 2a$

i) $f_a'(x) = 0 \Leftrightarrow x(3x-2a) = 0 \Rightarrow x = 0$ oder $x = \frac{2}{3}a$

$f_a''\left(\frac{2}{3}a\right) = 2a$

$f_a''\left(\frac{2}{3}a\right) > 0$ für $a > 0$. Also $T\left(\frac{2}{3}a \middle| f_a\left(\frac{2}{3}a\right)\right)$ Tiefpunkte für $a > 0$

Ortslinienbestimmung: $x = \frac{2}{3}a \Rightarrow a = \frac{3}{2}x$, $a > 0$: $f_{\frac{3}{2}x}(x) = -\frac{1}{2}x^3 + 1$

t_1: $x \mapsto -\frac{1}{2}x^3 + 1$ Ortslinie aller Tiefpunkte

ii) Analog i)

$H\left(\frac{2}{3}a \middle| f_a\left(\frac{2}{3}a\right)\right)$ Hochpunkte für $a < 0$

t_2: $x \mapsto -\frac{1}{2}x^3 + 1$ Ortslinie aller Hochpunkte

iii) $f_a''(x) = 0 \Leftrightarrow x = \frac{1}{3}a$; $f_a'''(x) = 6 \neq 0$ für alle $x \in \mathbb{D}_{f_a}$

Ortslinienbestimmung: $x = \frac{1}{3}a \Rightarrow a = 3x$; $f_{3x}(x) = -2x^3 + 1$

t_3: $x \mapsto -2x^3 + 1$ Ortslinie aller Wendepunkte

b) $f_a'(x) = 3x^2 - 2ax$; $f_a''(x) = 6x - 2a$

$W_a\left(\frac{1}{3}a \,\middle|\, 1 - \frac{2}{27}a^3\right)$

Wendetangente t: $y = -\frac{1}{3}a^2x + \frac{1}{27}a^3 + 1$

Wendetangente durch (0 | 0): $\frac{a^3}{27} + 1 = 0$, also $a_0 = -3$

c)

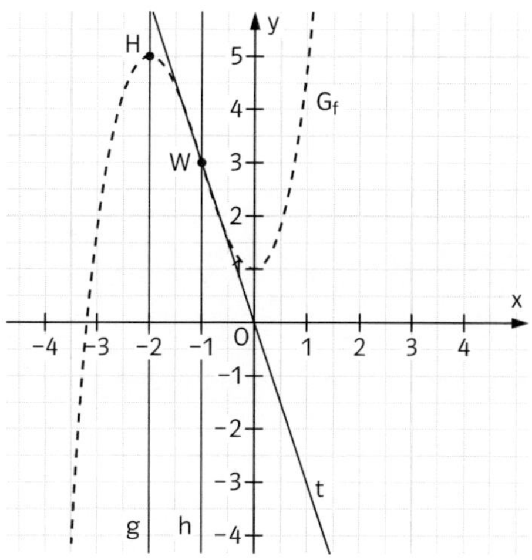

T(0 | 1)
H(−2 | 5)
W(−1 | 3)
t; y = −3x

d) $A = \int_{-2}^{-1} (t^3 + 3t^2 + 1)\,dt = \left[\frac{1}{4}t^4 + t^3 + t\right]_{-2}^{-1} = -1\frac{3}{4} + 6 = 4{,}25$

21 a) $G(x) = 19{,}95x - (0{,}001x^3 - 0{,}05x^2 + 2x + 0{,}5)$
$= -0{,}001x^3 + 0{,}05x^2 + 17{,}95x - 0{,}5$

b) $G'(x) = -0{,}003x^2 + 0{,}1x + 17{,}95$

$G'(x) = 0 \Rightarrow x_1 = -62{,}460516\ldots,\ x_2 = 95{,}793849\ldots$

$G(x_2) = 1298{,}77409\ldots$

H(95,79… | 1298,77…)

Bei 96 Packungen macht die Firma den größten Gewinn, nämlich etwa 1300 €.

c) Nullstellen $N_1(0 | -0{,}5)$ und $N_2(161{,}3\ldots | 0)$

Produziert die Firma mehr als 162 Packungen, so macht sie Verlust.

22 a) Die Population startet mit 3500 Tieren, wächst dann bis zu 4500 Tieren zur Jahresmitte, um dann wieder auf 3500 Tiere zurückzufallen.

b) H(0,5 | 4500), $T_1(0 | 3500)$, $T_2(1 | 3500)$

Nach einem halben Jahr hat die Population ihre Bestandsspitze bei 4500 Tieren, ein Bestandsminimum gibt es zu Beginn bzw. am Ende eines Jahres mit 3500 Tieren.

c) Das größte Wachstum hat die Population nach einem Vierteljahr (Wendepunkt $W_1(0{,}25 | f(0{,}25))$, die größte Abnahme nach einem Dreivierteljahr (Wendepunkt $W_2(0{,}75 | f(0{,}75))$.

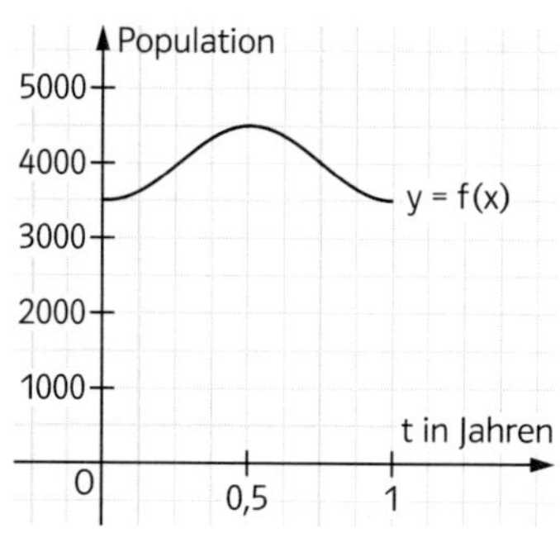

23 a) $f_t'(x) = \frac{1}{2}x^2 + \left(3 + \frac{1}{5}t\right)x + 5$; $f_t''(x) = x + 3 + \frac{1}{5}t$

Wendepunkt auf der x-Achse, dann W(0 | f(0)), also $f_t''(0) = 3 + \frac{1}{5}t \Rightarrow t = -15$

b) $F(x) = \frac{1}{24}x^4 + \left(\frac{1}{2} + \frac{1}{30}t\right)x^3 + \frac{5}{2}x^2 + 2tx$

c) $\int_{-2}^{0} f(s)\,ds = \left[\frac{1}{24}x^4 + \left(\frac{1}{2} + \frac{1}{30}t\right)x^3 + \frac{5}{2}x^2 + 2tx\right]_{-2}^{0} = -\left(\frac{2}{3} - \left(\frac{1}{2} + \frac{1}{30}t\right)\cdot 8 + 10 - 4t\right) = -6\frac{2}{3} + 4\frac{4}{15}t$

Aus $\int_{-2}^{0} f(s)\,ds = -14\frac{4}{9}$ folgt $-6\frac{2}{3} + 4\frac{4}{15}t = -14\frac{4}{9}$, also $t = -1\frac{79}{96}$

24 Es ist $\overrightarrow{OC} = 2{,}5 \cdot \overrightarrow{OA}$ und $\overrightarrow{OD} = 2{,}5 \cdot \overrightarrow{OB}$

Wegen $\overrightarrow{AB} = \begin{pmatrix} -3 \\ -2 \\ -1 \end{pmatrix}$ und $\overrightarrow{CD} = \begin{pmatrix} -7{,}5 \\ -2{,}5 \\ -5 \end{pmatrix}$ gilt auch $\overrightarrow{CD} = 2{,}5 \cdot \overrightarrow{AB}$, d.h. die Dreiecke stimmen im Verhältnis ihrer Seiten überein, also folgt mit dem S:S:S-Satz: $\triangle OAB \sim \triangle OCD$.

25 a) $(20-19) + 4\sqrt{7} - 2\sqrt{7} = 1 + 2\sqrt{7}$

b) $2 - \sqrt[3]{9} + 5^2 + 2\sqrt[3]{9} - 27 = \sqrt[3]{9}$

c) $\sqrt[5]{5} \cdot (5 + 2\sqrt{15} + 3) \cdot \sqrt{15} \cdot \sqrt[5]{5^4} = \sqrt[5]{5^5}(8 + 2\sqrt{15}) \cdot \sqrt{15} = 5(8\sqrt{15} + 30) = 40\sqrt{15} + 150$

Thema: Hinreichende und notwendige Bedingungen

S. 55

1 a) Wenn die Ampel Rot zeigt, dann muss man an der Ampel anhalten. $A_1 \Rightarrow A_2$
Wenn man an der Ampel anhalten muss, dann zeigt die Ampel Rot. Dies gilt nicht unbedingt.
$A_2 \not\Rightarrow A_1$
Die Aussage A_2 ist notwendig für die Aussage A_1.

b) Wenn Sarah eine Lateinarbeit schreibt, dann hat Sarah ihre Latein-Vokabeln gelernt. $A_1 \Rightarrow A_2$
Wenn Sarah ihre Latein-Vokabeln gelernt hat, dann schreibt sie eine gute Lateinarbeit.
$A_2 \Rightarrow A_1$
Die Aussage A_2 ist hinreichend und notwendig für die Aussage A_1.

c) Wenn f monoton steigend in I ist, dann hat f eine Nullstelle in I.
Das gilt nicht unbedingt; z.B. $I = [2;4]$; $f(x) = x2$; f ist monoton steigend in I,
aber f(x) hat eine Nullstelle in I.
Wenn f eine Nullstelle in I hat, dann ist f monoton steigend in I.
Das gilt nicht unbedingt; z.B. $I = [-1;1]$; $f(x) = x^2$; f hat eine Nullstelle in I,
aber f ist nicht monoton steigend in I.
Die Aussage A_2 ist weder hinreichend noch notwendig für die Aussage A_1.

2 a) (1) Wenn ein lokales Maximum bei x_0 vorliegt, dann ist $f'(x_0) = 0$. wahr
Wenn $f'(x_0) = 0$, dann liegt ein lokales Maximum vor. falsch
Bedingung (1) ist notwendig, aber nicht hinreichend.

(2) Wenn ein lokales Maximum bei x_0 vorliegt, dann ist $f'(x_0) = 0$ und $f'(x)$ hat bei x_0 einen Vorzeichenwechsel von + nach –. wahr
Die Umkehrung stimmt auch.
Bedingung (2) ist notwendig und hinreichend.

(3) Wenn ein lokales Maximum bei x_0 vorliegt, dann ist $f'(x_0) = 0$ und $f''(x_0) < 0$. wahr
Die Umkehrung stimmt auch.
Bedingung (3) ist notwendig und hinreichend.

b) (1) Wenn $f'(x_0) \neq 0$ und $f''(x_0) = 0$ dann liegt eine Wendestelle bei x_0 vor. falsch
z.B. $f'(x) = 4x^3 + 4$; $f''(x) = 12x$; $f'''(x) = 24x$;
an der Stelle $x_0 = 0$ liegt keine Wendestelle vor.
Bedingung (1) ist nicht hinreichend.

(2) Wenn $f''(x_0) = 0$ und f″ einen Vorzeichenwechsel hat, dann liegt eine Wendestelle bei x_0 vor. wahr
Bedingung (2) ist hinreichend.

(3) Wenn $f'(x_0) = f''(x_0) = 0$ dann liegt eine Wendestelle bei x_0 vor. falsch
z.B. $f'(x) = x^4$; $f''(x) = 4x^3$; $f'''(x) = 12x^2$;
an der Stelle $x_0 = 0$ liegt keine Wendestelle vor.
Bedingung (3) ist nicht hinreichend.

(4) Wenn $f''(x_0) = 0$ und $f'''(x_0) \neq 0$ dann liegt eine Wendestelle bei x_0 vor. wahr
Bedingung (4) ist hinreichend.

III Zufallsgrößen und Binomialverteilung

1 Zufallsgrößen

S. 60

1 a) $\Omega = \{(00), (01), (10), (03), (30), (11), (13), (31), (33)\}$
b) Minimaler Gewinn: $\{(00), (01), (10), (03), (30)\}$; Maximaler Gewinn: $\{(33)\}$

S. 61

2 a)

ω	1	2	3	4	5	6	7	8	9	10	11	12	13	14	15	16
X(ω)	1	2	2	3	2	4	2	4	3	4	2	6	2	4	4	5

b) $(X = 2) = \{2;3;5;7;11;13\}$ → Primzahlen
$(X = 3) = \{4;9\}$ → Quadratzahlen
$(X = 4) = \{6;8;10;14;15\}$
c) $P(X = 2) = 37{,}5\,\%$; $P(X = 3) = 12{,}5\,\%$;

3 a)

ω	ABC	ACB	BAC	BCA	CAB	CBA
G(ω)	2	2	1	−3	1	−3

b) $G = 2$: Man gewinnt 2 €, wenn A als erster Buchstabe gezogen wird;
$G = -3$: Man verliert 3 €, wenn A als letzter Buchstabe gezogen wird;
$G \leqq 2$: Jedes Ereignis kann eintreten.
c) $P(G \leqq 1) = \frac{2}{3}$

4 a) $\Omega = \{GGGG; \underbrace{\overline{G}GGG, G\overline{G}GG, \ldots,}_{4\times} \underbrace{\overline{G}\overline{G}GG, \overline{G}G\overline{G}G, \ldots,}_{6\times} \underbrace{\overline{GGG}G, \ldots;}_{4\times} \underbrace{\overline{GGGG}}_{1\times}\} \Rightarrow |\Omega| = 16$ (oder 2^4)
b) $(X = 0) = \{\overline{GGGG}\}$ Herbert trifft nie ins Gelbe;
$(X = 2) = \{\overline{GG}GG, \ldots, GG\overline{GG}\}$ Herbert trifft genau zweimal Gelb;
$(X \leqq 1) = \{\overline{GGGG}; \overline{GGG}G, \ldots, G\overline{GGG}\}$ Herbert trifft höchstens einmal ins Gelbe.
c) $P(X=0) = \frac{1}{16}$; $P(X=2) = \frac{6}{16} = 37{,}5\,\%$; $P(X \leqq 1) = \frac{5}{16} = 31{,}25\,\%$

5 a) $f'(x) = \frac{-4}{(x-1)^2} < 0$ für alle x; also ist f streng monoton (abnehmend), also umkehrbar
$f^{-1}(x) = \frac{4}{x} + 1$ $D_{f^{-1}} = \mathbb{R} \setminus \{0\}$ $W_{f^{-1}} = \mathbb{R} \setminus \{1\}$
b) $f'(x) = \frac{1}{x^2} > 0$ für alle x; also ist f streng monoton (zunehmend), also umkehrbar
$f^{-1}(x) = \frac{1}{7-x}$ $D_{f^{-1}} = \mathbb{R} \setminus \{7\}$ $W_{f^{-1}} = \mathbb{R} \setminus \{0\}$
c) $f'(x) = 2x - 4 > 0$ für $x > 2$; also ist f dort streng monoton, also umkehrbar
$f^{-1}(x) = \sqrt{x} + 2$ $D_{f^{-1}} = \mathbb{R}^+$ $W_{f^{-1}} = [2; +\infty[$
d) $f'(x) = \frac{-2}{(x-5)^2} < 0$ für alle x; also ist f umkehrbar
$f^{-1}(x) = 5 + \frac{2}{x}$ $D_{f^{-1}} = \mathbb{R} \setminus \{0\}$ $W_{f^{-1}} = \mathbb{R} \setminus \{5\}$

6 abgelesene Werte: A: 27; B: 64; C: 49
Seitenlängen für Quadrate: A: $\sqrt{27} \approx 5{,}2$; B: 8; C: 7
(Seitenlängen für Würfel: A: 3; B: 4; C: $\sqrt[3]{49} \approx 3{,}7$)
Die gegebenen Säulen sind bereits Rechtecke mit gleicher Breite.
(Eine Darstellung mit Quadern wird erleichtert, indem alle Quader mit gleicher Breite und Höhe, aber verschiedenen Längen 27; 64 und 49 gewählt werden.)
Das Berechnen von Seitenlängen mit Wurzeln entfällt somit.

2 Wahrscheinlichkeitsverteilung einer Zufallsgröße

S. 62

1 a) Für den Spieler kann die Zufallsgröße „Auszahlung" oder „Gewinn" von Interesse sein. Meist ist die Zufallsgröße „Gewinn" von größerer Bedeutung.
Werte der Zufallsgröße G (Gewinn) in €: 4; 1; −1

b) $P(G=4) = P(\{rrr\}) = \frac{2}{6} \cdot \frac{2}{4} \cdot \frac{1}{3} = \frac{1}{18}$

$P(G=1) = P(\{rr\bar{r}, r\bar{r}r, \bar{r}rr\}) = \frac{2}{6} \cdot \frac{2}{4} \cdot \frac{2}{3} + \frac{2}{6} \cdot \frac{2}{4} \cdot \frac{1}{3} + \frac{4}{6} \cdot \frac{2}{4} \cdot \frac{1}{3} = \frac{5}{18}$

$P(G=-1) = 1 - [P(G=4) + P(G=1)] = 1 - \left[\frac{1}{18} + \frac{5}{18}\right] = \frac{12}{18} = \frac{2}{3}$

S. 64

2 $(P(w) = 0{,}3;\ \ P(r) = 0{,}6;\ \ P(s) = 0{,}1)$

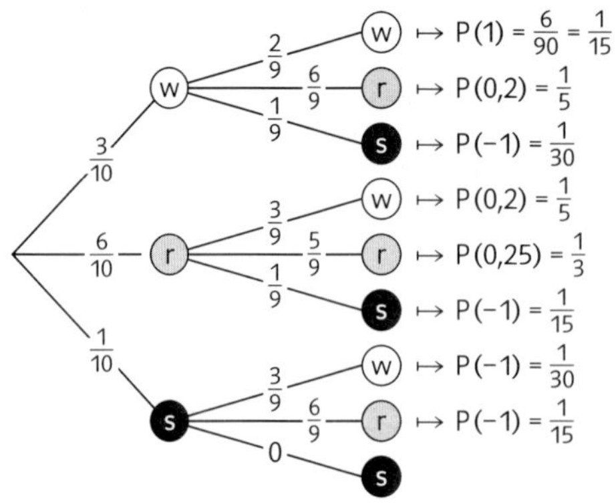

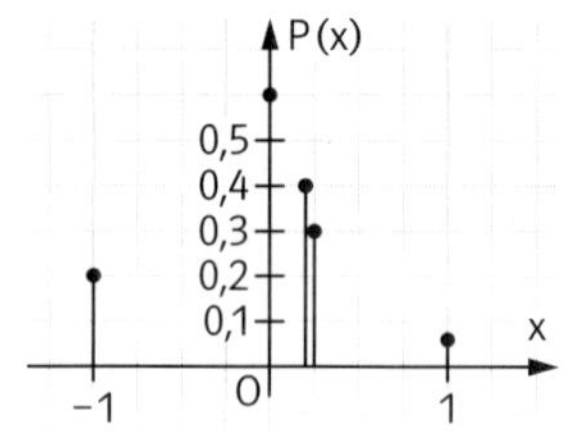

$P(-1) = \frac{1}{5};\quad P(0{,}2) = \frac{2}{5};\quad P(0{,}25) = \frac{1}{3};\quad P(1) = \frac{1}{15}$

3 $P(X \geqq x)$ ist die Wahrscheinlichkeit, dass X mindestens so groß wie ein vorgegebener Wert x ist.

4 Durch „Addition der Werte":
Der Graph der kumulativen Verteilungsfunktion verläuft auf der x-Achse bis zum ersten Stab des zugehörigen Stabdiagramms. An dieser Stelle springt der Graph gerade um die Höhe des Stabes in y-Richtung (auf der die Wahrscheinlichkeit $P(X \leqq x)$ angetragen ist), um dann parallel zur x-Achse bis zur Stelle des nächsten Stabes zu laufen. Nun springt der Graph erneut um die Höhe des dortigen Stabes in y-Richtung, um anschließend wieder parallel zur x-Achse zu laufen. Dieser Prozess wiederholt sich bei jedem Stab des Stabdiagramms. Am letzten Stab springt der Graph der kumulativen Verteilungsfunktion schließlich auf den Wert 1.

S. 65

5 a)

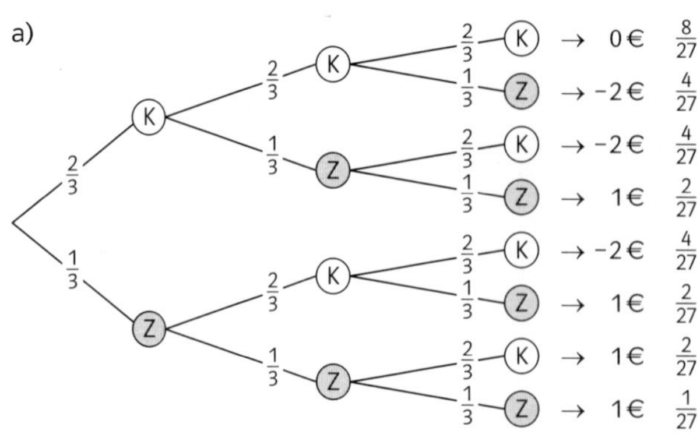

b)

X_i	−2	1	0
$P(X=x_i)$	$\frac{12}{27}$	$\frac{7}{27}$	$\frac{8}{27}$

6 a) $P(1) = \frac{1}{6} \cdot \left(\frac{5}{6}\right)^2 \cdot 3 = 34{,}7\,\%;\quad P(-1) = \left(\frac{5}{6}\right)^3 = 0{,}579 = 57{,}9\,\%;$

$P(2) = \left(\frac{1}{6}\right)^2 \cdot \frac{5}{6} \cdot 3 = 6{,}9\,\%;\quad P(3) = \left(\frac{1}{6}\right)^3 = 4{,}6\,‰ = 0{,}46\,\%$

b) $P(X \geqq 2) = 6{,}9\,\% + 0{,}46\,\% = 7{,}36\,\% = \frac{2}{27}$

c) Individuelle Lösungen

7 a)

X	3	2	1	0
P(X)	$0{,}6^3$ $= 21{,}6\,\%$	$0{,}4 \cdot 0{,}6^2 \cdot 3$ $= 43{,}2\,\%$	$0{,}4^2 \cdot 0{,}6 \cdot 3$ $= 28{,}8\,\%$	$0{,}4^3$ $= 6{,}4\,\%$

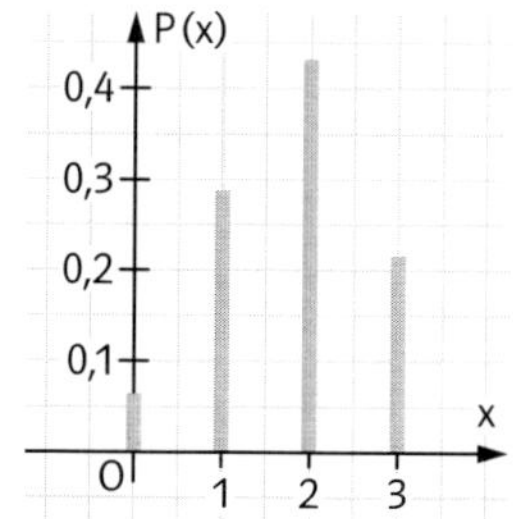

b) $P(X \geqq 2) = 0{,}216 + 0{,}432 = 0{,}648 = 64{,}8\,\%$

8 a) $P(X \leqq 2) = 0{,}6$;
$P(X > 3) = 1 - 0{,}9 = 0{,}1$

b) $P(0 < x \leqq 4) = 1 - 0{,}1 = 0{,}9$

c)

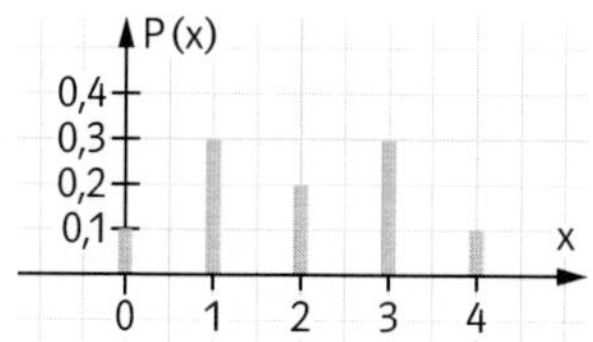

9 a) Es gibt $4 + 3 + 2 + 1 = 10$ Möglichkeiten oder: $5 \cdot 4 : 2 = 10$

b)

Summe X	3	4	5	6	7	8	9
P(X = x)	$\frac{1}{10}$	$\frac{1}{10}$	$\frac{2}{10}$	$\frac{2}{10}$	$\frac{2}{10}$	$\frac{1}{10}$	$\frac{1}{10}$

da $3 = 1+2 = 2+1$
$4 = 1+3 = 3+1$
$5 = 1+4 = 3+2 = 4+1 = 2+3$
$6 = 1+5 = 2+4 = 5+1 = 4+2$
$7 = 5+2 = 2+5 = 3+4 = 4+3$
$8 = 3+5 = 5+3$
$9 = 4+5 = 5+4$

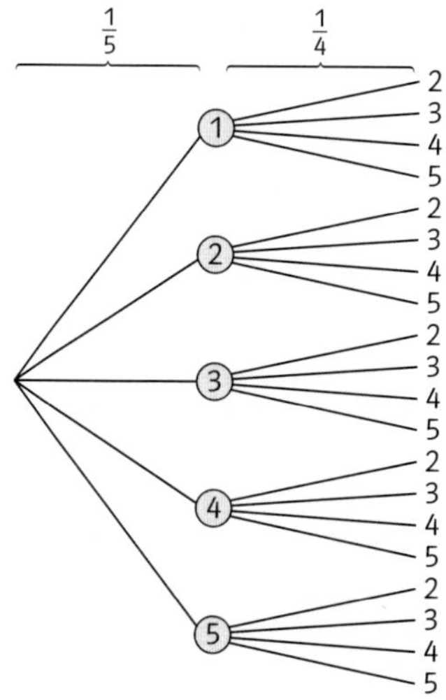

10 a)

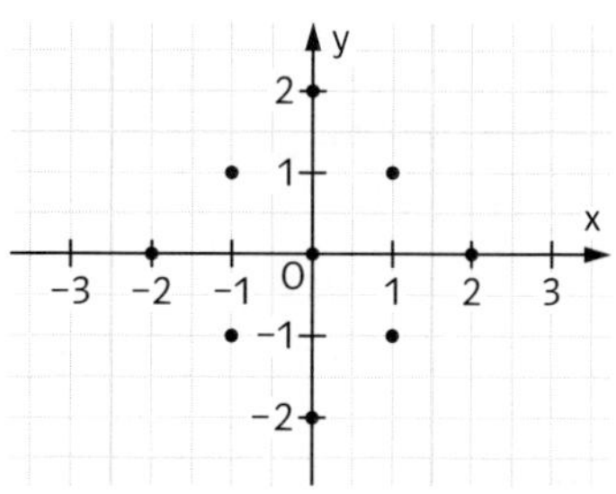

$\{(0|0), (0|2), (0|-2), (2|0), (-2|0),$
$(1|1), (1|-1), (-1|1), (-1|-1)\}$
$P(0|0) = 4 \cdot \frac{1}{16} = \frac{1}{4}$
$P(0|2) = \frac{1}{16} = P(0|-2) = P(2|0) = P(-2|0)$
$P(1|1) = P(-1|1) = P(1|-1) = P(-1|-1) = 2 \cdot \frac{1}{16} = \frac{1}{8}$

b)

X	0	$\sqrt{2}$	2
P(x)	$\frac{1}{4}$	$\frac{4}{8} = \frac{1}{2}$	$\frac{4}{16} = \frac{1}{4}$

c)

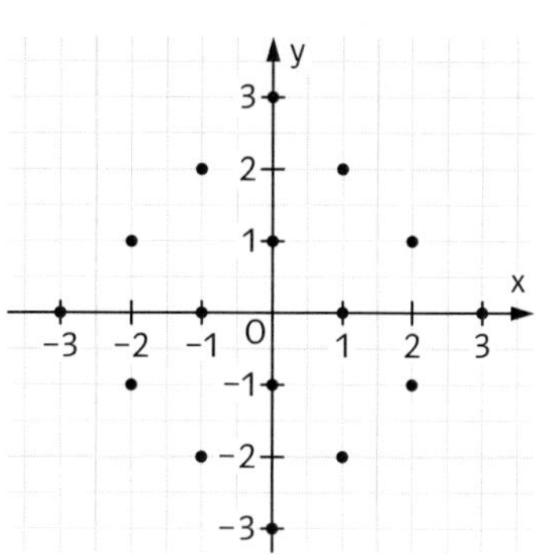

Es gibt insgesamt 64 (= 4^3) mögliche Wege, die alle gleichwahrscheinlich sind. Die Wahrscheinlichkeit an einem bestimmten Punkt anzukommen wird durch die Anzahl der möglichen Wege festgelegt.

$P[(0|3), (0|-3), (3|0), (-3|0)] = P(3) = 4 \cdot \frac{1}{64} = \frac{1}{16}$
$P[(2|1), (1|2), (-1|2), (2|-1), (-2|1), (1|-2), (-2|1), (-1|-2)]$
$= P(\sqrt{5}) = 8 \cdot 3 \cdot \frac{1}{64} = \frac{3}{8}$
$P[(1|0), (-1|0), (0|-1), (0|1)] = P(1) = 4 \cdot 9 \cdot \frac{1}{64} = \frac{9}{16}$

11

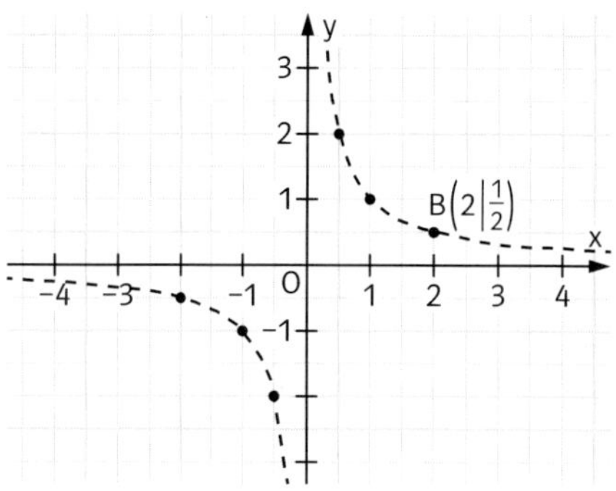

$f(2) = \frac{1}{2}$

$f'(2) = -\frac{1}{2^2} = -\frac{1}{4}$

Ansatz für Tangente: $\frac{1}{2} = -\frac{1}{4}\cdot 2 + t \;\Rightarrow\; t = 1$

$\Rightarrow$ Tangentengleichung: $y = -\frac{1}{4}x + 1$

Für die Steigung m der Normalen gilt:

$m\cdot\left(-\frac{1}{4}\right) = -1 \;\Rightarrow\; m = 4$

Ansatz für Normale: $\frac{1}{2} = 4\cdot 2 + t \;\Rightarrow\; t = -7{,}5$

$\Rightarrow$ Normalengleichung: $y = 4x - 7{,}5$

3 Erwartungswerte

S. 66

1 $P(3\text{ Wappen}) = \left(\frac{1}{2}\right)^3 = \frac{1}{8}$; $P(2\text{ Wappen}) = 3\cdot\left(\frac{1}{2}\right)^3\cdot\frac{1}{2} = \frac{3}{8}$;

$P(1\text{ Wappen}) = 3\cdot\frac{1}{2}\cdot\left(\frac{1}{2}\right)^3 = \frac{3}{8}$; $P(\text{kein Wappen}) = \left(\frac{1}{2}\right)^3 = \frac{1}{8}$

Durchschnittlicher Gewinn bei 80 Spielen:

$10\cdot(3€-1{,}60€) + 30\cdot(2€-1{,}60€) + 30\cdot(1€-1{,}60€) + 10\cdot(0€-1{,}60€) = -8€$

$\Rightarrow$ Gewinne pro Spiel: $\frac{-8€}{80} = -0{,}1€$

$\Rightarrow$ Auf Dauer wird man bei diesem Spiel verlieren;

$\Rightarrow$ besser keine Beteiligung.

S. 67

2 $E(X) = \frac{1}{6}\cdot(1+2+3+4+5+6) = \frac{21}{6} = 3{,}5$

3 a) $E(X) = 0{,}25(10+20+30+40) = 25$

b) $E(X) = 0{,}05\cdot 15 + 0{,}2\cdot 20 + 0{,}5\cdot 25 + 0{,}2\cdot 30 + 0{,}05\cdot 35 = 25$

4

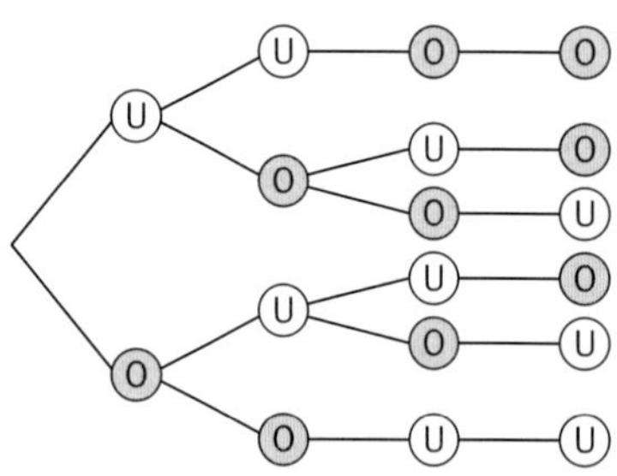

a) Maximal 3-mal ziehen

b) $P(\text{1-mal}) = 0{,}5$

$P(\text{3-mal}) = \frac{1}{6}$

$P(\text{2-mal}) = \frac{1}{3}$

$\Rightarrow$ $E(X) = 0{,}5\cdot 1 + \frac{1}{3}\cdot 2 + \frac{1}{6}\cdot 3 = \frac{5}{3}$

5 a) $P(X \geqq 1) = 0{,}7$

b) $\Omega = \{(0000), (1000), (0100), (0010), (0001), (1100), (1010), (1001), (0110), (0101), (0011), (1110), (1101), (1011), (0111), (1111)\}$

1 ≙ Haushalt „besitzt“; 0 ≙ „keiner da“

c) $P(0) = 0{,}3$ $P(1) = 0{,}3$ $P(2) = 0{,}2$ $P(3) = 0{,}1$ $P(4) = 0{,}1$

$\Rightarrow$ $E(X) = 0\cdot 0{,}3 + 1\cdot 0{,}3 + 2\cdot 0{,}2 + 3\cdot 0{,}1 + 4\cdot 0{,}1 = 1{,}4$

S. 68

6

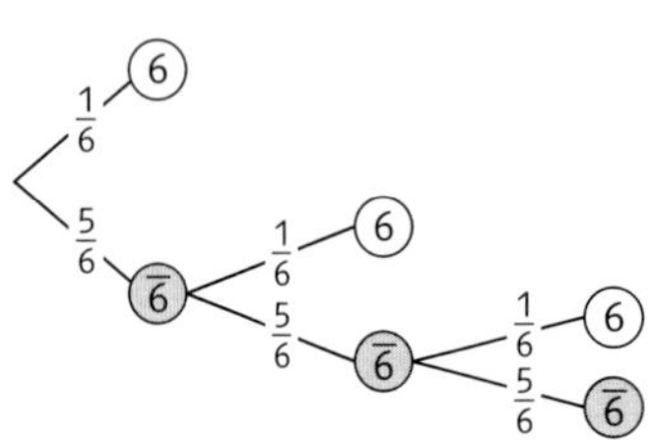

a) $P(1) = \frac{1}{6}$; $P(2) = \frac{5}{6}\cdot\frac{1}{6} = \frac{5}{36}$; $P(3) = \frac{5}{6}\cdot\frac{5}{6} = \frac{25}{36}$

b) $E(V) = 1\cdot\frac{1}{6} + 2\cdot\frac{5}{6}\cdot\frac{1}{6} + 3\cdot\left(\frac{5}{6}\right)^2 = \frac{91}{36} \approx 2{,}5$

$\Rightarrow$ Auf lange Sicht muss man im Durchschnitt 25-mal würfeln, obwohl dann immer noch nicht sicher ist, ob man ins Spiel kommt oder nicht.

7 a) $E(X) = 2\cdot\frac{1}{4}+4\cdot\frac{1}{4}+8\cdot\frac{1}{4} = 3{,}5 \Rightarrow$ Man müsste 3,5 € zahlen.

b) Einsatz verringern bedeutet z. B. den Sektor „8" verkleinern und den Sektor „0" vergrößern.

$\Rightarrow$ I: $P(-2{,}5) + \frac{1}{4}\cdot(2-2{,}5) + \frac{1}{4}\cdot(4-2{,}5) + q(8-2{,}5) = 0$

II: $p+q = \frac{1}{2} \Rightarrow q = \frac{1}{2}-p$ in I

$\Rightarrow p = \frac{3}{8} \Rightarrow$ Sektor „0": $360°\cdot\frac{3}{8} = 135°$; Sektor „8": $360°\cdot\frac{1}{8} = 45°$.

Die anderen beiden Sektoren bleiben unverändert bei 90°.

8

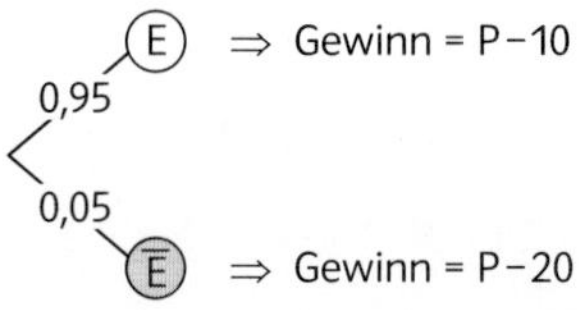

P ≙ Verkaufspreis; Erwarteter Gewinn: 0,5

Erwartungswert: $(P-10)\cdot 0{,}95+(P-20)\cdot 0{,}05$

$\Rightarrow 0{,}5 = (P-10)\cdot 0{,}95+(P-20)\cdot 0{,}05$

$\Rightarrow P = 11$ Man muss das Teil zu 11 € verkaufen.

9 $P(X=1) = 1-(0{,}05+0{,}25+0{,}45) = 0{,}25$

$E(X) = -2\cdot 0{,}05+1\cdot 0{,}25+3{,}5\cdot 0{,}45 = 1{,}725$

10 Die Werte der Zufallsgröße können ganzzahlig sein, aber durch Multiplikation mit den Wahrscheinlichkeiten sind „krumme" Werte möglich.

11 Strategie 1:

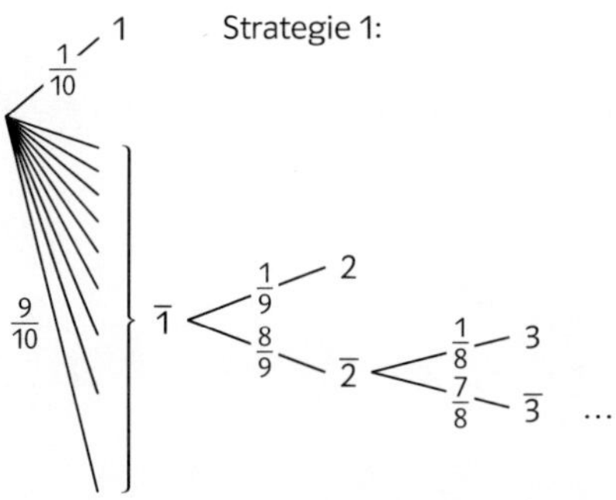

Strategie 2:

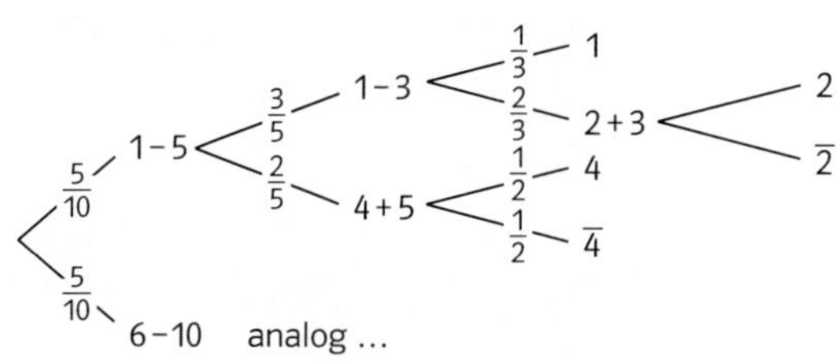

$\Rightarrow$ Maximal 9 Fragen, minimal 1 Frage

$$E(x) = 1\cdot\frac{1}{10}+2\cdot\frac{9}{90}+3\cdot\frac{72}{720} + 4\cdot\frac{9\cdot8\cdot7}{10\cdot9\cdot8\cdot7}+\ldots+9\cdot\frac{9\cdot8\cdot7\cdot\ldots\cdot2}{10\cdot9\cdot8\cdot\ldots\cdot3} = \frac{1}{10}\cdot(1+2+3+4+5+\ldots 9\cdot 2) = \frac{1}{10}\cdot 54 = 5{,}4$$

$\Rightarrow$ Maximal 4 Fragen, minimal 3 Fragen

$$E(x) = \left[3\cdot\left(\frac{5}{10}\cdot\frac{3}{5}\cdot\frac{1}{3}\right)+\left(\frac{5}{10}\cdot\frac{2}{5}\cdot\frac{1}{2}+\frac{5}{10}\cdot\frac{2}{5}\cdot\frac{1}{2}\right) + 4\cdot\left(\frac{5}{10}\cdot\frac{3}{5}\cdot\frac{2}{3}\right)\right]\cdot 2 = \left[3\cdot\left(\frac{1}{10}+\frac{1}{10}+\frac{1}{10}\right)+4\cdot\frac{1}{5}\right]\cdot 2 = 3{,}4$$

$\Rightarrow$ Strategie 2 ist günstiger, da der Erwartungswert kleiner ist.

12 $E(X) = 1\cdot\frac{4-1}{b}+2\cdot\frac{4-2}{b}+3\cdot\frac{4-3}{b} = \frac{1}{b}(3+4+3) = \frac{10}{b}$;

da $\frac{3}{b}+\frac{2}{b}+\frac{1}{b} = 1$ sein muss $\Rightarrow b = 6 \Rightarrow E(X) = \frac{5}{3}$

13 Weil sich dann Gewinn und Verlust genau aufgleichen und das Spiel „fair" ist.

14 $E(X) = 1\cdot 0{,}25+2\cdot 0{,}25+4\cdot 0{,}25 = \frac{7}{4} = 1{,}75 \Rightarrow$ Mindestens 1,75 €

15 Umgekehrt proportionale Zuordnungen haben die Form $x \mapsto \frac{p}{x}$. Dies ist (für jedes p) eine gebrochen rationale Funktion.

Z. B. $\frac{2x+4}{4x-2}$ ist nicht umgekehrt proportional, denn das Produkt einander zugeordneter Größen ist nicht konstant: $\frac{2x+4}{4x-2}\cdot x \neq p \in \mathbb{R}$.

16

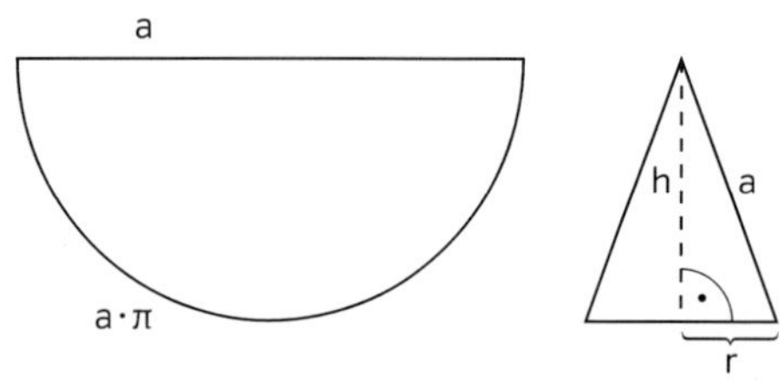

$a\cdot\pi = 2r\pi$

$\Rightarrow\; r = \frac{a}{2} \;\Rightarrow\; G = \left(\frac{a}{2}\right)^2\cdot\pi$

$h = \sqrt{a^2-\frac{a^2}{4}} = a\frac{\sqrt{3}}{2}$

$\Rightarrow\; V_{Kegel} = \frac{1}{3}\cdot\frac{a^2\pi}{4}\cdot a\cdot\frac{\sqrt{3}}{2} = a^3\cdot\frac{\sqrt{3}}{24}\cdot\pi \approx 0{,}227a^3$

4 Varianz

S. 69

1 $E(X) = 1\cdot0{,}25+2\cdot0{,}2+3\cdot0{,}15+4\cdot0{,}05+5\cdot0{,}2+6\cdot0{,}15 = 3{,}2$

$E(Y) = 1\cdot0{,}1+2\cdot0{,}15+3\cdot0{,}35+4\cdot0{,}3+5\cdot0{,}05+6\cdot0{,}05 = 3{,}2$

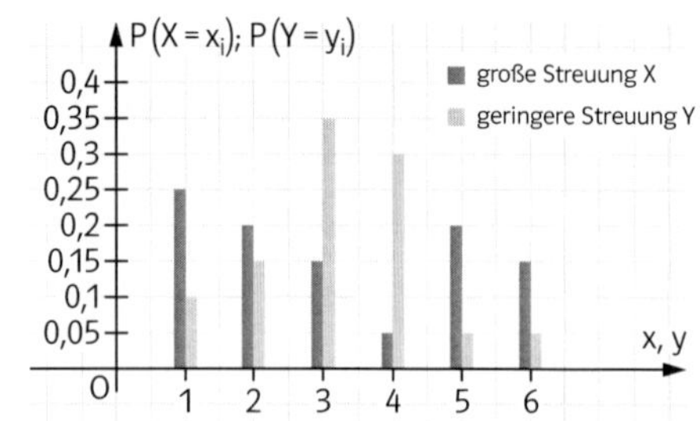

Die Werte von Y streuen weniger als die von X, da die Werte nach dem Erwartungswert eine höhere Wahrscheinlichkeit haben.

S. 70

2 (1, 1)
$P(2) = \frac{1}{36}$;

(1, 2) (2, 1)
$P(3) = \frac{2}{36} = \frac{1}{18}$;

(1, 3) (3, 1) (2, 2)
$P(4) = \frac{3}{36} = \frac{1}{12}$;

(1, 4) (4, 1) (3, 2) (2, 3)
$P(5) = \frac{4}{36} = \frac{1}{9}$;

(1, 5) (5, 1) (2, 4) (4, 2) (3, 3)
$P(6) = \frac{5}{36}$;

(1, 6) (6, 1) (2, 5) (5, 2) (3, 4) (4, 3)
$P(7) = \frac{6}{36} = \frac{1}{6}$;

(2, 6) (6, 2) (3, 5) (5, 3) (4, 4)
$P(8) = \frac{5}{36}$;

(3, 6) (6, 3) (4, 5) (5, 4)
$P(9) = \frac{4}{36} = \frac{1}{9}$;

(4, 6) (6, 4) (5, 5)
$P(10) = \frac{1}{12}$;

(5, 6) (6, 5)
$P(11) = \frac{1}{18}$;

(6, 6)
$P(12) = \frac{1}{36}$

$E(X) = 2\cdot\frac{1}{36}+3\cdot\frac{1}{18}+4\cdot\frac{1}{12}+5\cdot\frac{1}{9}+6\cdot\frac{5}{36}+7\cdot\frac{1}{6}+8\cdot\frac{5}{36}+9\cdot\frac{1}{9}+10\cdot\frac{1}{12}+11\cdot\frac{1}{18}+12\cdot\frac{1}{36} = 7$

$Var(X) = (2-7)^2\cdot\frac{1}{36}+(3-7)^2\cdot\frac{1}{18}+(4-7)^2\cdot\frac{1}{12}+(5-7)^2\cdot\frac{1}{9}+(6-7)^2\cdot\frac{5}{36}+(7-7)^2\cdot\frac{1}{6}+(8-7)^2\cdot\frac{5}{36}+(9-7)^2\cdot\frac{1}{9}$
$+(10-7)^2\cdot\frac{1}{12}+(11-7)^2\cdot\frac{1}{18}+(12-7)^2\cdot\frac{1}{36} = 5\frac{5}{6} \;\Rightarrow\; \sigma \approx 2{,}42$

3 a) $E(X) = -2\cdot0{,}5+2\cdot0{,}2+4\cdot0{,}1 = -0{,}2$

$Var(X) = (-2+0{,}2)^2\cdot0{,}5+(0+0{,}2)^2\cdot0{,}2+(2+0{,}2)^2\cdot0{,}2+(4+0{,}2)^2\cdot0{,}1 = 4{,}36 \;\Rightarrow\; \sigma \approx 2{,}09$

b) $E(Y) = -3\cdot0{,}1-2\cdot0{,}1-0{,}3\cdot0{,}2+2\cdot0{,}1 = -0{,}4$

$Var(Y) = (-3+0{,}4)^2\cdot0{,}1+(-2+0{,}4)^2\cdot0{,}1+(-1+0{,}4)^2\cdot0{,}3+(0+0{,}4)^2\cdot0{,}2+(1+0{,}4)^2\cdot0{,}2+(2+0{,}4)^2\cdot0{,}1$
$= 2{,}04 \;\Rightarrow\; \sigma \approx 1{,}43$

4

X	3	4	6	7
P(X)	$\frac{2}{6} = \frac{1}{3}$	$\frac{1}{3}$	$\frac{1}{6}$	$\frac{1}{6}$

$\Rightarrow\; E(X) = 4\frac{1}{2}$

Y	1	2	3	4
P(Y)	$\frac{1}{3}$	$\frac{1}{6}$	$\frac{1}{3}$	$\frac{1}{6}$

$\Rightarrow\; E(Y) = 2\frac{1}{3}$

$Var(X) = \left(3-4\frac{1}{2}\right)^2\cdot\frac{1}{3}+\left(4-4\frac{1}{2}\right)^2\cdot\frac{1}{3}+\left(6-4\frac{1}{2}\right)^2\cdot\frac{1}{6}+\left(7-4\frac{1}{2}\right)^2\cdot\frac{1}{6} = 2{,}25 \quad (\Rightarrow\; \sigma \approx 1{,}50)$

$Var(Y) = \left(1-2\frac{1}{3}\right)^2\cdot\frac{1}{3}+\left(2-2\frac{1}{3}\right)^2\cdot\frac{1}{6}+\left(3-2\frac{1}{3}\right)^2\cdot\frac{1}{3}+\left(4-2\frac{1}{3}\right)^2\cdot\frac{1}{6} = 1\frac{2}{9} \quad (\Rightarrow\; \sigma \approx 1{,}11)$

5 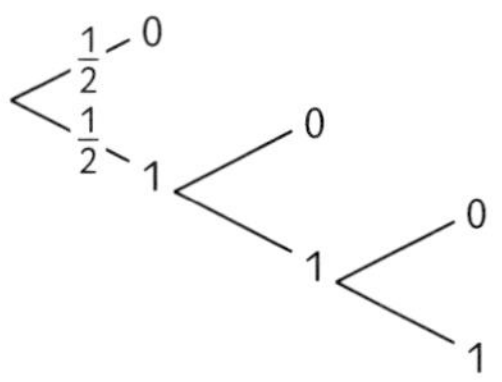

X	1	2	3
P(x)	$\frac{1}{2}$	$\frac{1}{4}$	$\frac{1}{4}$

$\Rightarrow\ E(X) = 1\frac{3}{4}$

$Var(X) = \left(1-1\frac{3}{4}\right)^2\cdot\frac{1}{2}+\left(2-1\frac{3}{4}\right)^2\cdot\frac{1}{4}+\left(3-1\frac{3}{4}\right)^2\cdot\frac{1}{4} = \frac{11}{16}$

6 $E(X) = p \qquad Var(X) = (1-p)^2\cdot p+(0-p)^2\cdot(1-p) = p-2p^2+p^3-p^3+p^2 = p(1-p) \qquad \sigma = \sqrt{p(1-p)}$

7 Hinweis: Zur Lösung dieser Aufgabe ist Kenntnis der Rouletteregeln erforderlich.

a) $E(C) = -10\cdot\frac{36}{37}+350\cdot\frac{1}{37} = -\frac{10}{37} \quad\Rightarrow\quad Var(C) = 3408$

$E(H) = -10\cdot\frac{19}{37}+10\cdot\frac{18}{37} = -\frac{10}{37} \quad\Rightarrow\quad Var(H) = 99{,}9$

b) Carmen und Holger habe auf lange Sicht den gleichen Verlust, da der Erwartungswert gleich ist. Carmen ist wegen der größeren Varianz risikofreudiger.

8 Dieses „Experiment" gibt es nicht – d.h. es besteht nur aus einem einzigen Ereignis. Oder z.B. Würfel mit überall gleicher Augenzahl.

9 $K\cdot(1+0{,}03)^t = 2K \quad\Rightarrow\quad t = \frac{\ln 2}{\ln 1{,}03} \approx 23{,}4; \qquad K\cdot(1+0{,}03)^t = 3K \quad\Rightarrow\quad t = \frac{\ln 3}{\ln 1{,}03} \approx 37{,}2$

Das Kapital verdoppelt (verdreifacht) sich nach 23,4 (37,2) Jahren.

5 Ziehen aus einer Urne mit Beachtung der Reihenfolge

S. 71

1 Anzahl der fünfstelligen Zahlen: $6^5 = 7776$

Anzahl fünfstelliger Zahlen aus geraden Ziffern: $3^5 = 243$

Anzahl fünfstelliger Zahlen ohne doppelte Ziffern: $6\cdot5\cdot4\cdot3\cdot2 = 720$

S. 73

2 Alle Teilaufgaben sind mit Beachtung der Reihenfolge!

a) mit Zurücklegen: $3^8 = 6561$

b) ohne Zurücklegen: $5! = 120$

c) mit Zurücklegen: $2^8 = 256$

d) ohne Zurücklegen: $8\cdot7\cdot6 = 336$

e) mit Zurücklegen: $4^6 = 4096$

3 a) $2^{10} = 1024$

b) (i) $\frac{2}{2^{10}} = \frac{1}{2^9} = \frac{1}{512}$ (ii) $\frac{1}{2^{10}} = \frac{1}{1024}$ (iii) $\frac{1}{2^5} = \frac{1}{32}$

4 a) $7^5 = 16\,807$

b) $\frac{7\cdot6\cdot5\cdot4\cdot3}{7^5} = 15{,}0\,\%$

c) Mindestens 2 am gleichen Tag bedeutet, dass 2, 3, 4 oder 5 am gleichen Tag Geburtstag haben. Rechnet sich leichter über das Gegenereignis: $1-[P(\text{keiner})] = 1-15\,\% = 85\,\%$.

d) $\frac{7}{7^5} = 0{,}00042 = 0{,}42$ ‰

5 a) Ziehen mit Zurücklegen und mit Beachtung der Reihenfolge

b) (i) bei I: $\frac{1}{4^3}$ bei II: $\frac{1}{9^3}$ (ii) bei I: $\frac{4}{4^3} = \frac{1}{16}$ bei II: $\frac{9}{9^3} = \frac{1}{9^2} = \frac{1}{81}$

(iii) bei I: $\frac{15}{16}$ bei II: $\frac{80}{81}$ (iv) bei I: $\frac{1}{2^3} = \frac{1}{8}$ bei II: $\left(\frac{4}{9}\right)^3$

6 a) $6\cdot5\cdot4 = 120$

b) $6\cdot5\cdot5 = 150$ (erst „volle Auswahl", dann die 1. Farbe nicht, dann die 2. Farbe nicht)

7 a) $2^4 = 16$

b) $2^1+2^2+2^3+2^4 = 30$

8 $\frac{1}{10} \cdot \frac{1}{9} \cdot \frac{1}{8} \cdot \frac{1}{7} \cdot \frac{1}{6} = \frac{1}{30240}$

9 a) $f'(t) = -\frac{3}{(3t-5)^2}$ b) $g'(t) = -\sin(t+t^3)(1+3t^2)$ c) $f'(t) = -\frac{2}{(t+3)^3} + 2t$

d) $g'(x) = \frac{(x^2+5)-(x+3)\cdot 2x}{(x^2+5)^2} = \frac{-x^2-6x+5}{(x^2+5)^2}$ e) $h'(x) = e^{2x} \cdot 2 - \frac{1}{x}$

10 a) richtig, da $\sin\alpha \leqq 1$ und $\cos\alpha \leqq 1$ und $\cos\alpha \neq 1$ für Winkel α mit $\sin\alpha = 1$.
b) richtig. Da $\sin\alpha \leqq 1$ und $\cos\alpha \leqq 1$, ist Bedingung nur erfüllbar, wenn $\sin\alpha = \cos\alpha = 1$. Jedoch ist $\cos\alpha \neq 1$ für Winkel α mit $\sin\alpha = 1$.

6 Ziehen aus einer Urne mit einem Griff

S. 74

1 a) $12 \cdot 11 \cdot 10 = 1320$ b) $\frac{12 \cdot 11 \cdot 10}{3 \cdot 2 \cdot 1} = 220$

S. 76

2 a) $\binom{7}{4} = 35$; $\binom{11}{5} = 462$; $\binom{12}{10} = 66$; $\binom{12}{2} = 66$; $\binom{20}{15} = 15504$; $\binom{1000}{928} = 499500$

b) $\binom{11}{4} = \frac{11 \cdot 10 \cdot 9 \cdot 8}{4!} = \frac{11!}{4! \cdot 7!} = \binom{11}{7}$; $\binom{n}{k} = \frac{n!}{k!(n-k)!} = \binom{n}{n-k}$

3 Immer: Ziehen aus einer Urne mit einem Griff.
a) $\binom{10}{4} = 210$ b) $\binom{10}{11} \approx 1{,}16 \cdot 10^{15}$ c) $\binom{15}{2} \cdot \binom{10}{2} = 4725$

4 a) Ziehen von 5 Kugeln ohne Zurücklegen ohne Reihenfolge aus 9 $\Rightarrow \binom{9}{5} = 126$
b) $\binom{9}{4} = 126$
c) $\binom{9}{0} + \binom{9}{1} + \ldots + \binom{9}{9} = \frac{9!}{0!9!} + \frac{9!}{1!8!} + \ldots + \frac{9!}{8!1!} + \frac{9!}{9!0!}$
$= 1+9+36+84+126+126+84+36+9+1 = 512 = 2^9$
oder leichter:

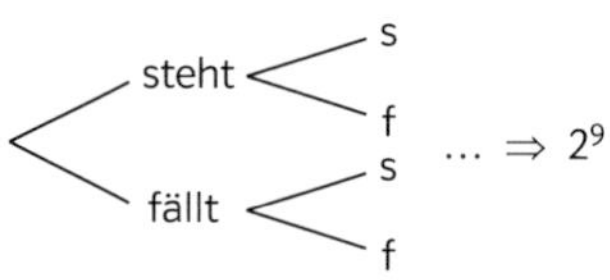

5 a) $\frac{1}{\binom{20}{3}} = \frac{1}{1140} \approx 0{,}088\,\%$ b) $\frac{\binom{17}{3}}{\binom{20}{3}} = \frac{680}{1140} \approx 59{,}6\,\%$

6 Insgesamt gibt es $2^6 = 64$ Wege.
Zu A ist es 1 Weg, zu B sind es 6 Wege $= \binom{6}{1}$, zu C sind es $\binom{6}{2} = 15$ Wege, zu D $\binom{6}{3} = 20$, zu E = 15, F = 6 und G = 1 Weg.
Begründung: Weg nach A: 6-mal links, 0-mal rechts;
Weg nach N: 5-mal links, 1-mal rechts;
Weg nach C: 4-mal links, 2-mal rechts

7 a) $|\Omega| = \binom{12}{5} \Rightarrow P(M) = \frac{\binom{5}{5}}{\binom{12}{5}} = 0{,}0013 \approx 1{,}3\,‰$ b) $P(J) = \frac{\binom{7}{5}}{\binom{12}{5}} = 2{,}7\,\%$

c) $P(3J + 2M) = \frac{\binom{7}{3} \cdot \binom{5}{2}}{\binom{12}{5}} = 44{,}2\,\%$ d) $P(P+T) = \frac{1 \cdot 1 \cdot \binom{10}{3}}{\binom{12}{5}} = 15{,}2\,\%$

Urnenmodell: Ziehen von 5 Kugeln „mit einem Griff“

8 $P = \dfrac{\binom{4}{3}\cdot\binom{28}{5}}{\binom{32}{8}} = 3{,}7\,\%$

9 a) $P(5) = \dfrac{\binom{50}{5}\cdot\binom{150}{15}}{\binom{200}{20}} \approx 21{,}3\,\%$ b) $P(0) = \dfrac{\binom{150}{20}}{\binom{200}{20}} = 0{,}225\,\%$ c) $P(X \geqq 1) = 1 - P(0) = 99{,}775\,\%$

10 a) $P(5) = \dfrac{\binom{6}{3}\cdot\binom{43}{3}}{\binom{49}{6}} = 1{,}77\,\%$ b) $P(1) = \dfrac{\binom{6}{1}\cdot\binom{43}{5}}{\binom{49}{6}} = 41{,}3\,\%$

c) $P(X \geqq 3) = \dfrac{\binom{6}{6}}{\binom{49}{6}} + \dfrac{\binom{6}{5}\cdot\binom{43}{1}}{\binom{49}{6}} + \dfrac{\binom{6}{4}\cdot\binom{43}{2}}{\binom{49}{6}} + \dfrac{\binom{6}{3}\cdot\binom{43}{3}}{\binom{49}{6}} = 1{,}86\,\%$ d) $P(0) = \dfrac{\binom{43}{6}}{\binom{49}{6}} = 43{,}6\,\%$

11 a) Für das Volumen der von den Vektoren $\overrightarrow{AB}$, $\overrightarrow{AC}$ und $\overrightarrow{AD}$ aufgespannten Pyramide gilt:

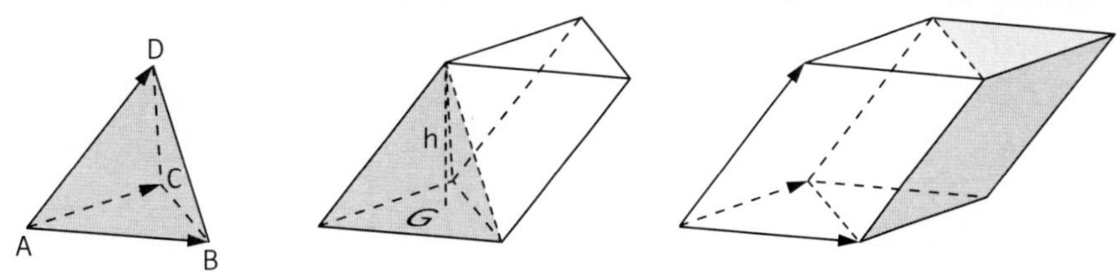

$V_{\text{Pyramide}} = \frac{1}{3}\cdot V_{\text{Prisma}} = \frac{1}{3}\cdot\frac{1}{2}\cdot V_{\text{Spat}} = \frac{1}{6}\cdot\left|\left(\overrightarrow{AB}\times\overrightarrow{AC}\right)\circ\overrightarrow{AD}\right|$

$= \frac{1}{6}\left|\left[\begin{pmatrix}2\\2\\1\end{pmatrix}\times\begin{pmatrix}-2\\1\\2\end{pmatrix}\right]\circ\begin{pmatrix}4\\2\\2\end{pmatrix}\right|$

$= \frac{1}{6}\left|\begin{pmatrix}3\\-6\\6\end{pmatrix}\circ\begin{pmatrix}4\\2\\2\end{pmatrix}\right| = 2$

b) $\cos\alpha = \dfrac{\begin{pmatrix}2\\2\\1\end{pmatrix}\circ\begin{pmatrix}4\\2\\2\end{pmatrix}}{3\cdot\sqrt{24}} \Rightarrow \alpha \approx 17{,}7°$

12 Skizze:

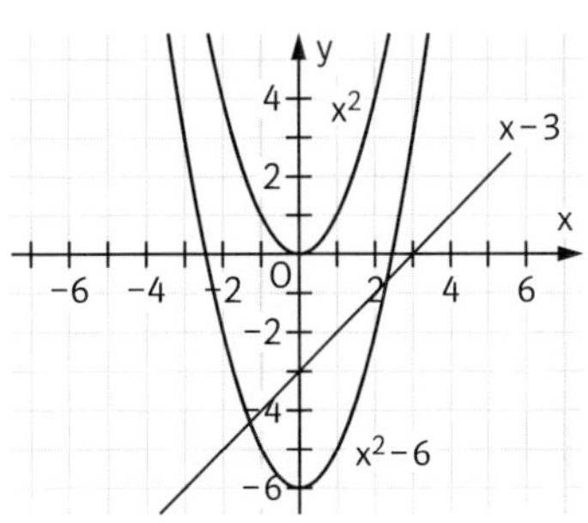

Offensichtlich ergeben sich
für $f: x \mapsto x^2$ keine,
für $g: x \mapsto x^2-6$ zwei gemeinsame Punkte.
Ansatz für einen gemeinsamen Punkt:
$x^2 + c = x - 3$
$\Rightarrow\ x^2 - x + 3 + c = 0$
Diese Gleichung besitzt nur genau eine Lösung, wenn für die Diskriminante gilt:
$(-1)^2 - 4\cdot 1\cdot(3+c) = 0$
$\Rightarrow\ c = -\frac{11}{4};\ \ h: x \mapsto x^2 - \frac{11}{4}$

7 Bernoulli-Experiment und Bernouilli-Kette

S. 77

1 Mit Zurücklegen: Trefferwahrscheinlichkeit für Rot konstant;
ohne Zurücklegen: Trefferwahrscheinlichkeit ändert sich bei jedem Zug.

S. 78

2 a) kein Bernoulli, da sich p ändert b) Bernouilli: $n = 5$; p sollte gegeben sein
c) Bernouilli, da innerhalb einer Familie gleiche Situation
d) kein Bernouilli-Experiment, da keine konstante Wahrscheinlichkeit für Sieg
e) Bernouilli: $n = 10$; $p = 0{,}5$ f) Bernouilli: $n = 10$; $p = 0{,}5$
g) Bernouilli: $n = 10$; $p = ?$ („Experimentell")

3 a) $n = 4;\ p = \frac{1}{2}$ b) $n = 20;\ p = 70\,\%$ (bzw. 30 %) c) $n = 30;\ p = 2\,\%$ (bzw. 98 %)

4 Die Eins kann an 1., 2. oder 3. Stelle stehen; $\Rightarrow$ muss noch mit 3 multipliziert werden.

5 a) $0{,}4 \cdot 0{,}4 \cdot 0{,}6^3 = 3{,}456\,\%$ b) $3{,}456\,\%$
c) $0{,}4 \cdot 0{,}6^4 = 0{,}05184 = 5{,}18\,\%$ d) $\frac{5\cdot4\cdot3\cdot2\cdot1}{5\cdot5\cdot5\cdot5\cdot5} = 0{,}0384 \left(= \frac{5!}{5^5}\right) = 3{,}84\,\%$

6 a) $0{,}996^7 \cdot 0{,}004 \approx 0{,}39\,\%$ b) $0{,}92^5 \cdot 0{,}08 \approx 5{,}3\,\%$

7 a) Ansatz (wegen der Nullstellen):
$f(x) = a \cdot (x+1)(x-1)(x+2)$
$f(2) = -6 \Rightarrow -6 = a \cdot 12 \Rightarrow a = -\frac{1}{2}$
$f(x) = -\frac{1}{2} \cdot (x+1)(x-1)(x+2) = -\frac{1}{2}x^3 - x^2 + \frac{1}{2}x + 1$
$f'(x) = -\frac{3}{2}x^2 - 2x + \frac{1}{2} = 0 \Rightarrow x_{1/2} = -\frac{2}{3} \pm \frac{\sqrt{7}}{3} \approx \begin{cases} -1{,}5 \\ 0{,}2 \end{cases}$

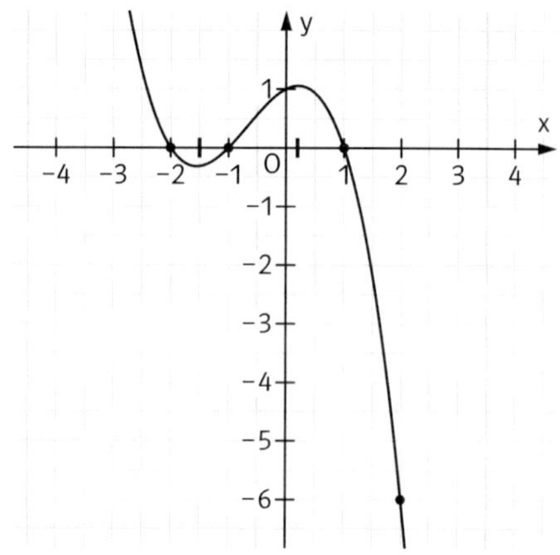

b) Grad 1 ist nicht möglich wegen unterschiedlicher Steigungen.
f soll ungerade sein $\Rightarrow$ Ansatz: $f(x) = ax^3 + bx$
$\Rightarrow f'(x) = 3ax^2 + b$
$f'(0) = 2 \Rightarrow$ (I) $b = 2$
$f'(3) = -2 \Rightarrow$ (II) $27a + 2 = -2 \Rightarrow a = -\frac{4}{27}$
Also $f(x) = -\frac{4}{27}x^3 + 2x$
$f'(x) = -\frac{4}{9}x^2 + 2 = 0 \Rightarrow x_{1/2} = \pm\frac{3}{2}\sqrt{2} \approx \pm 2{,}1$
$f(3) = 2\ (= -f(-3))$

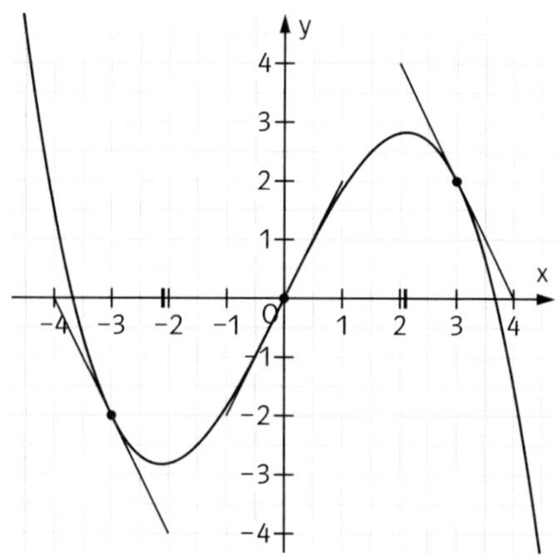

8 Binomialverteilung

In dieser Lerneinheit werden häufig die Tabellen für die Binomialverteilung bzw. die kumulierte Binomialverteilung benötigt. Dies ist nicht für jede Aufgabe separat ausgewiesen.

S. 79

1 a) Aus der Menge der Studenten werden 5 zufällig ausgewählt.
b) Die Zufallsgröße ist die Anzahl der Studenten mit Blutgruppe AB unter den zufällig ausgewählten Studenten.
c) Treffer: Student hat Blutgruppe AB; $P(00000) = 0{,}95^5 \approx 77{,}4\,\%$

S. 81

2 a) $B\left(5; \frac{1}{6}; 2\right) = 0{,}16075$ b) $B\left(5; \frac{1}{6}; 3\right) = 0{,}03215$ c) $B\left(5; \frac{1}{6}; 5\right) = 0{,}0001286$
d) $P(X \geq 1) = 1 - P(X = 0) = 0{,}59812$ e) $P(X \geq 3) = 0{,}03549$ f) $P(X \leq 2) = 0{,}9645$

oder

3 a) Tabelle:

k	P(X=k)	P(X≦k)
0	0,3164	0,3164
1	0,42187	0,73828
2	0,21094	0,94922
3	0,046875	0,99609
4	0,003906	1,00000

Stabdiagramm:

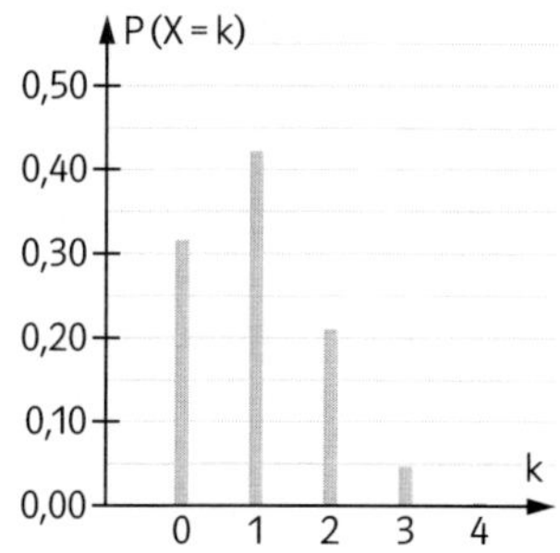

Kumulative Verteilungsfunktion:

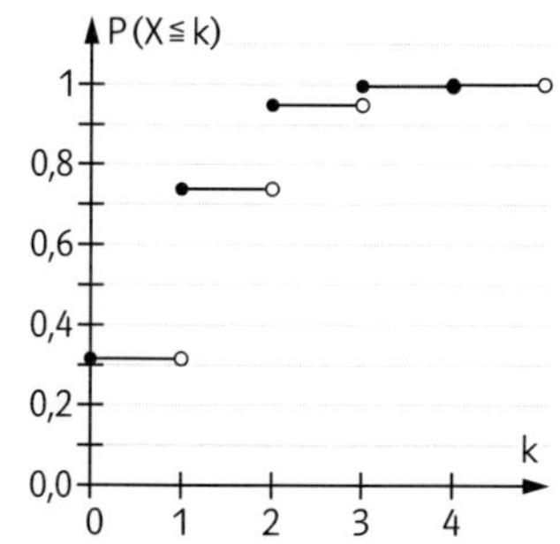

b)

k	P(X=k)	P(X≦k)
0	0,04666	0,04666
1	0,18662	0,23328
2	0,31104	0,54432
3	0,27648	0,82080
4	0,13824	0,95904
5	0,03686	0,99590
6	0,004096	1,00000

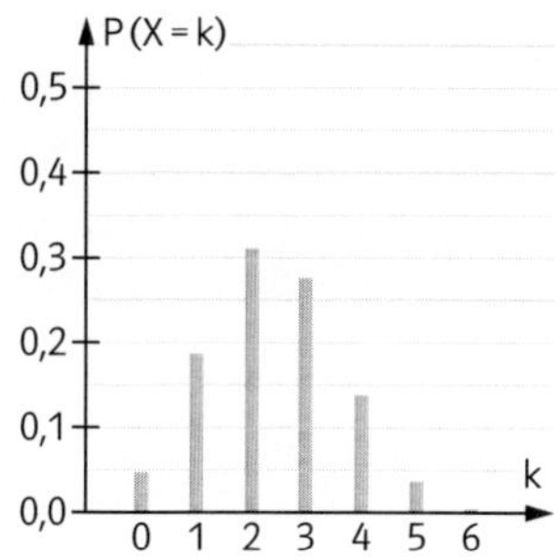

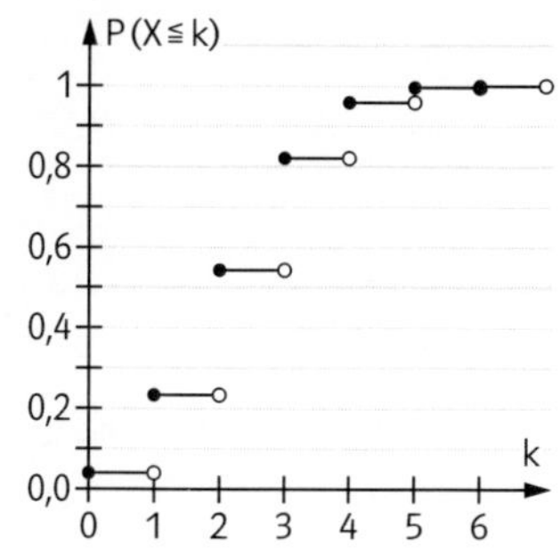

c)

k	P(X=k)	P(X≦k)
0	0,0039	0,0039
1	0,03125	0,03515
2	0,10938	0,14453
3	0,21875	0,36328
4	0,27344	0,63672
5	0,21875	0,85547
6	0,10938	0,96485
7	0,03125	0,9961
8	0,0039	1

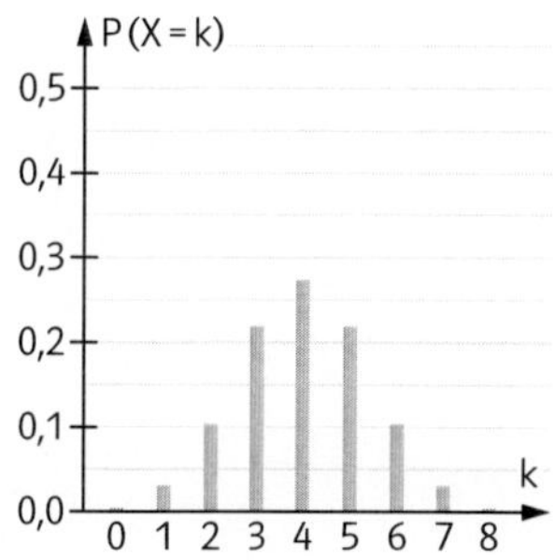

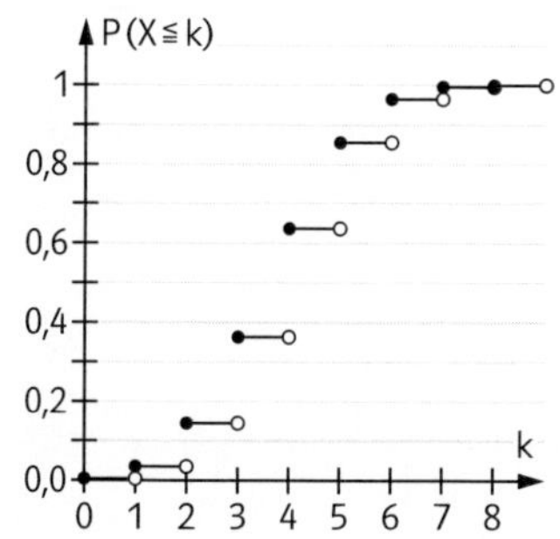

d)

k	P(X=k)	P(X≦k)
0	$1{,}024 \cdot 10^{-7}$	≈ 0
1	$4{,}096 \cdot 10^{-6}$	≈ 0
2	$7{,}37 \cdot 10^{-5}$	≈ 0
3	$7{,}86 \cdot 10^{-4}$	0,000864
4	0,005505	0,00637
5	0,026424	0,03279
6	0,08808	0,12087
7	0,20133	0,32220
8	0,30199	0,62419
9	0,26844	0,89263
10	0,10737	1

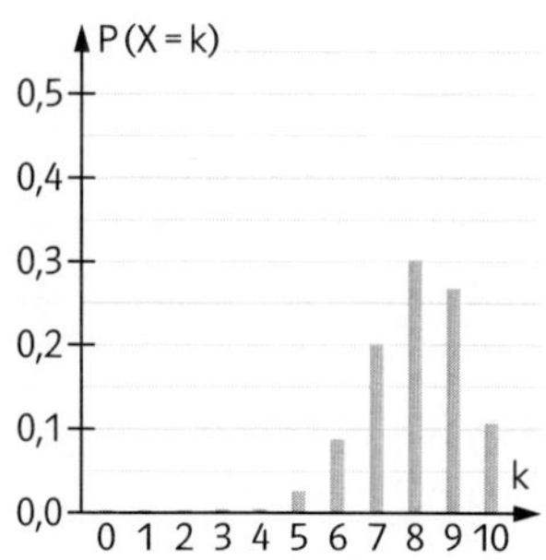

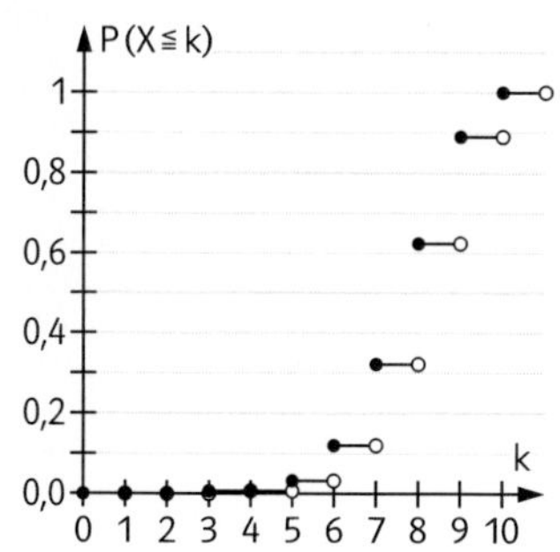

4 $B(n;p;k) \leqq B(n;p;0) + B(n;p;1) + \ldots + B(n;p;k) = F_p^n(k)$

5 a) $B(4;0{,}03;0) = 0{,}8853$

b) $B(10;0{,}03;4) = 0{,}000142$

c) $F_{0,03}^{8}(3) = 0{,}99995 \approx 100\,\%$

d) $P(2 \leqq x \leqq 3) = B(15;0{,}03;3) + B(15;0{,}03;3) \approx 7{,}2\,\%$

6 $n = 25;\ p = 0{,}15$

a) 0,07587

b) $1 - 0{,}01720 = 0{,}9828$

c) 0,25374

d) $1 - 0{,}47112 = 0{,}52888$

7 n = 10; p = 0,1

a) $B(10;0{,}1;10) = 0{,}34868$ b) $B(12;0{,}34868;2) = 0{,}11024$

8 a) Unter 12 Versuchen mit der Wahrscheinlichkeit $\frac{1}{3}$ gibt es mindestens 3 Treffer

$\Rightarrow$ $P(X \geqq 3) = 0{,}81887$

b) Unter 12 Versuchen mit $p = \frac{1}{3}$ gibt es mindestens 3 und höchstens 5 Treffer

$\Rightarrow$ $P(X \leqq X \leqq 5) = 0{,}64115$

9 $|X-4| < 2 \Leftrightarrow 2 < x < 6 \Rightarrow F^{12}_{\frac{1}{3}}(5) - F^{12}_{\frac{1}{3}}(2) = 0{,}641155$

S. 82

10 a) $n = 4;\ p = 0{,}2\ \left(p = 1 - \sqrt[4]{0{,}4096}\right)$ b) $n = 3;\ p = 0{,}6;\ p \approx 1 - \sqrt[3]{0{,}06}$

c) $n = 3;\ p = 0{,}6$

11 a) $n = 6;\ p = 0{,}4\quad \sum_{k=0}^{2} B(n;p;k) = 0{,}54432$ b) $n = 6;\ p = 0{,}4\quad 1 - \sum_{k=0}^{2} B(n;p;k) = 0{,}45568$

c) $0{,}5^4 = \frac{1}{16}$ d) $\frac{1}{64}$ e) $B\left(6;\frac{1}{2};3\right) = \frac{5}{16}$ f) $\frac{1}{16}$

12 Tabelle:

k	$B\left(8;\frac{1}{2};k\right)$
0	0,00391
1	0,03125
2	0,10938
3	0,21875
4	0,27344
5	0,21875
6	0,10938
7	0,03125
8	0,00391

Stabdiagramm:

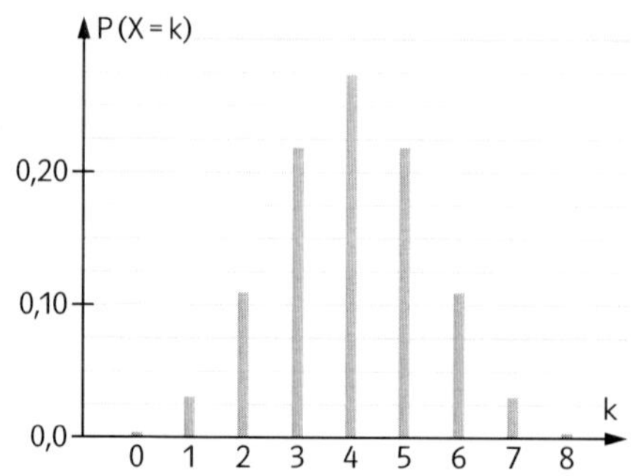

13 $\sum_{k=3}^{15} B(15;0{,}02;k) = 1 - \sum_{k=0}^{2} B(15;0{,}02;k) = 0{,}00304 \Rightarrow$ Die Firma muss 0,304 % unberechnet kalkulieren.

14 Individuelle Lösungen

Z. B. Wie groß ist die Wahrscheinlichkeit in einer Gruppe von 30 Schülern mehr als 5 Schüler sitzen zu haben, die regelmäßig lesen?

15 Gesucht: n: „Mindestens" einer ≙ 1 – „keiner" $\Rightarrow \sum_{k=1}^{n} B\left(n;\frac{1}{3};k\right) = 1 - \left(\frac{2}{3}\right)^n \geqq 0{,}99 \Rightarrow n \geqq 12$

16 $\sqrt{\frac{0{,}441x^5}{8{,}1x \cdot 0{,}0144x^2y^2}} = \sqrt{\frac{441x^2}{81 \cdot 1{,}44y^2}} = \frac{21x}{9 \cdot 1{,}2y} = \frac{21x}{9 \cdot \frac{6}{5}y} = \frac{35x}{18y}$ (x, y > 0)

17 $I_1(t) = \frac{1}{9}t^2 + \frac{6}{t} - 6\frac{1}{9}$

f hat Nullstelle t = 3; $\lim\limits_{t \to 0} f(t) = -\infty$;

$f'(t) = \frac{2}{9} + \frac{12}{t^3} > 0$ (für t > 0), also steigt f streng monoton, also f(t) > 0 für t > 3.

I_1 hat Nullstelle t = 1; einige Funktionswerte, z. B. $I_1(3) = -3\frac{1}{9}$; $I_1(6) = -1\frac{1}{9}$; $I_1(9) = 3\frac{5}{9}$ liefern weitere Nullstelle im Intervall [6; 9].

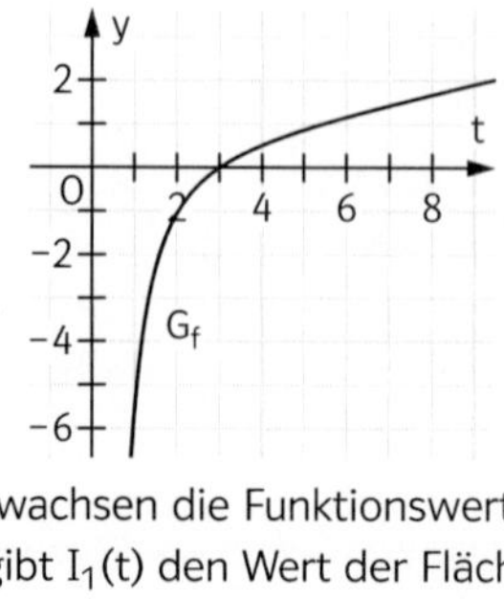

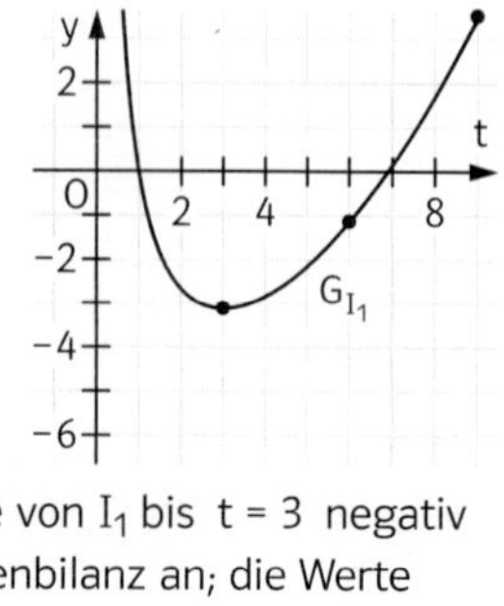

Da G_f in [1; 3] unterhalb der t-Achse verläuft, wachsen die Funktionswerte von I_1 bis t = 3 negativ an. Bei t = 3 hat I_1 ein Minimum. Für t > 3 gibt $I_1(t)$ den Wert der Flächenbilanz an; die Werte steigen von negativen zu positiven Werten an.

9 Modellieren mit der Binomialverteilung

In dieser Lerneinheit werden häufig die Tabellen für die Binomialverteilung bzw. die kumulierte Binomialverteilung benötigt. Dies ist nicht für jede Aufgabe separat ausgewiesen.

S. 83

1 a) $B(100; 0{,}70; 65) = 0{,}04678 \approx 4{,}7\,\%$ b) $B(200; 0{,}70; 130) = 0{,}01858 \approx 1{,}9\,\%$

S. 85

2 Bei einer Bernouilli-Kette der Länge n und Trefferwahrscheinlichkeit p gibt es genau k Treffer bzw. sind genau die ersten k Treffer.

3 a) 0,10292 b) 0,07049 c) 0,000 d) 0,11783 e) 0,95265
f) 0,87408 g) 0,99948 h) 0,0000 i) 0,95265 k) 0,0000

4 a) 0,08122 b) 0,54329 c) 0,46208 d) 0,53792 e) 0,45671
f) 0,96846 g) 0,95846 h) 0,94812

5 für $k = 7$ $(B(10; 0{,}7; 7) = 0{,}26683)$

6 P(„rot") = 0,64; n = 5
a) $B(5; 0{,}64; 3) = \binom{5}{3}\cdot 0{,}64^3\cdot 0{,}36^2 = 0{,}3397$ b) $\dfrac{\binom{64}{3}\binom{36}{2}}{\binom{100}{5}} = 0{,}34864$

S. 86

7 a) für $k \geqq 38$ b) für $k \leqq 33$ und $k \geqq 47$ c) für $k \geqq 44$ d) für $k \geqq 46$

8 a) 0,38766 b) 0,0119 c) 0,7007

9 a) $B(20; 0{,}1; 1) = 0{,}39174$
b) bei 18 Schaltern sind mit 73,38 % mindestens 16 einwandfreie dabei $\Rightarrow$ die Wahrscheinlichkeit $P^{18}_{0,1}(X > 2)$ ist größer als Null.

10 a) P(„mindestens 16") = 0,9568 P(„höchstens 14") = 0,0113 P(„alle 20") = 0,1216
b) Durch Probieren mit z. B. Excel $\Rightarrow$ $P(X \leqq 11) < 0{,}05$ erst bei $n = 16$ möglich

11 a) $0{,}4^3\cdot 0{,}6^7 = 0{,}18\,\%$ b) $F^{10}_{0,4}(3) = 38{,}2\,\%$
c) $0{,}4^3\cdot B(7; 0{,}6; 4) = 1{,}86\,\%$ d) $F^{3}_{0,6}(1)\cdot 1\cdot\left(1 - F^{5}_{0,4}(1)\right) = 0{,}035200\cdot(1 - 0{,}33696) = 23{,}3\,\%$

12 P(„Mann") = $\frac{180}{400} = 45\,\%$; P(„Frau") = 55 %
$\sum_{k=11}^{20} B(20; 0{,}45; k) = 1 - \sum_{k=0}^{10} B(20; 0{,}45; k)$ oder $\sum_{k=0}^{9} B(20; 0{,}55; k) = = 0{,}24929$

13 X: Anzahl der Schüler, die keinen Wahlunterricht besuchen.
$P(X \leqq 10) = F^{50}_{0,3}(10) = 0{,}07885$
Kann ein Schüler höchstens einen Wahlunterricht belegen, so wird jeder Schüler eindeutig einem Sektor des Diagramms zugeordnet. Könnte ein Schüler mehrere Kurse belegen, so wäre die Zuordnung nicht mehr eindeutig und der Grundwert nicht mehr die Gesamtschülerzahl, d. h. es könnte kein sinnvolles Diagramm erstellt werden.

14 a) $B(5; 0{,}9; 5) = 0{,}9^5 = 59{,}0\,\%$

b) $1 - \sum_{k=0}^{2} B(5; 0{,}9; k) = 99{,}1\,\%$

c) $0{,}1^3 \cdot 0{,}9^2 = 0{,}081\,\%$

d) $0{,}1^2 \cdot 0{,}9 = 0{,}9\,\%$

e) $1 - 0{,}1^2 = 0{,}99$ oder $0{,}9 + 0{,}1 \cdot 0{,}9 = 0{,}99 = 99{,}9\,\%$

f) $0{,}1^3 \cdot 0{,}9^2 + 0{,}1^2 \cdot 0{,}9^3 = 0{,}81\,\%$

S. 87

15 a) 0,40327 b) 0,14104 c) 0,00406

16 a) P(„Nichtwähler") = 0,292

$1 - (1 - 0{,}292)^n \geqq 0{,}99 \Rightarrow (1 - ,292)^n \leqq 0{,}01 \Rightarrow n \geqq 13{,}33 \Rightarrow n \geqq 14$

Man muss mindestens 14 Wahlberechtigte auswählen mit folgenden Annahmen: Die Wahlberechtigten werden zufällig ausgewählt. Das Ziehen ohne Zurücklegen wird durch das Ziehen mit Zurücklegen ersetzt.

b) Der Zweitstimmenanteil von 23 % bezieht sich auf einen anderen Grundwert, und zwar auf die Anzahl der gültigen Stimmen und nicht auf die Anzahl der Wahlberechtigten.

17 a) $1 - \left(\frac{5}{6}\right)^n \geqq 0{,}9 \Leftrightarrow \left(\frac{5}{6}\right)^n \leqq 0{,}1$

$\Leftrightarrow n \ln\left(\frac{5}{6}\right) \leqq \ln(0{,}1)$

$\Leftrightarrow n \geqq 12{,}6 \Rightarrow n \geqq 13$

b) analog: $n \geqq 25{,}3 \Leftrightarrow n \geqq 26$

c) analog: $n \geqq 37{,}9 \Leftrightarrow n \geqq 38$

18 $\sum_{k=4}^{50} B(50; 0{,}1; k) = 1 - \sum_{k=0}^{3} B(50; 0{,}1; k) = 0{,}7497 \approx 75{,}0\,\%$

19 a) X: Anzahl der Sechser; n: Anzahl der Würfel; $p = \frac{1}{6}$

b) X: Anzahl defekter Bauteile; n: Anzahl der Bauteile; p: Wahrscheinlichkeit des Ausschuss

c) X: Anzahl der Treffer; n: Anzahl der Versuche; p: Trefferwahrscheinlichkeit

d) X: Anzahl der Treffer; n: Anzahl der Drehungen; p: Trefferwahrscheinlichkeit

e) X: Anzahl der Schüler, die Zunge einrollen können; n: Anzahl der Schüler;
p: 0,7 (P(„Zunge einrollen")

f) X: Anzahl falsch übertragener Zeichen; n: Anzahl der Zeichen; p: 0,05

20 a) $B(10; 0{,}74; 10) = 4{,}9\,\%$

b) $\sum_{k=2}^{10} B(10; 0{,}32; k) = 87{,}9\,\%$

21 a) 6 Personen

b) $1 - \sum_{k=0}^{8} B(25; 0{,}25; k) = 14{,}9\,\%$

S. 88

22 a) $B(8; 0{,}05; 2) = 0{,}0515$

b) $0{,}05^2 \cdot 0{,}95^6 = 0{,}00184 = 0{,}18\,\%$

c) $0{,}05^3 \cdot 0{,}95^5 \cdot 6 = 0{,}00058 = 0{,}058\,\%$

23 a) $B\left(100; \frac{1}{3}\right)$-verteilt: $P(X \leqq k) \geqq 0{,}90 \Rightarrow F_{\frac{1}{3}}^{100}(k) \geqq 0{,}9$ für $k \geqq 39$ (Tabelle)

b) $P(X \leqq 32) = F_{\frac{1}{3}}^{100}(32) \approx 0{,}434$

24 $p = 0{,}08$

a) $P(X > 0) = 1 - P(X = 0) = 1 - \frac{\binom{40}{0} \cdot \binom{460}{3}}{\binom{500}{3}} \approx 0{,}222$

b) $P(X > 0) = 1 - B(3; 0{,}08; 0) = 1 - 0{,}92^3 \approx 0{,}221$

25 a) $P(A) = 0{,}9^3 \cdot 0{,}1^2 = 0{,}00729 \approx 0{,}73\,\%$ $\quad P(B) = 1 - \sum\limits_{k=0}^{2} B(5; 0{,}1; k) = 0{,}991$

b) $1 - \sum\limits_{k=0}^{1} B(100; 0{,}1; k) = 99{,}97\,\%$ $\quad$ c) $65{,}61\,\%$

d) $1 - (1 - 0{,}9^4)^n \geqq 0{,}99 \;\Rightarrow\; 0{,}01 \leqq (1 - 0{,}9^4)^n \;\Rightarrow\; 4{,}31 \leqq n;$ also $n \geqq 5$

26 a) $1 - \left[\left(\frac{36}{37}\right)^{10} + \binom{10}{1} \cdot \frac{1}{37} \cdot \left(\frac{36}{37}\right)^{9}\right] \approx 0{,}0285$ $\quad$ b) $1 - \sum\limits_{k=0}^{2} B\left(20; \frac{6}{37}; k\right) = 0{,}65169 \approx 65{,}2\,\%$

c) $\sum\limits_{k=0}^{6} B\left(20; \frac{18}{37}; k\right) \approx 0{,}0730 \approx 7{,}3\,\%$

27 a) $D = \mathbb{R}$; Nullstellen: Mit $z = ex$ liefert $z2 + z - 2 = 0$ die Lösungen $z_1 = 1$ ($z_2 = -2$), also $x = 0$
Asymptote für $x \to -\infty$: $y = -2$
$f'(x) = 2e^{2x} + e^x$
$\Rightarrow$ streng monoton steigend; keine Extrema

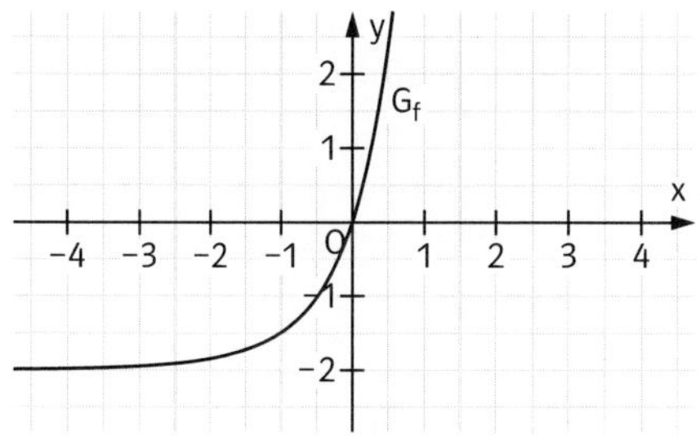

b) $\frac{x}{4-x}$ ist nur für $x \in]0;4[$ positiv, also $D =]0;4[$;
Nullstelle: $x = 2$
Asymptoten: $x = 0$; $x = 4$
Da das Argument $\frac{x}{4-x}$ des ln in $]0;4[$ wächst und der ln streng monoton zunimmt, nimmt auch f streng monoton zu.

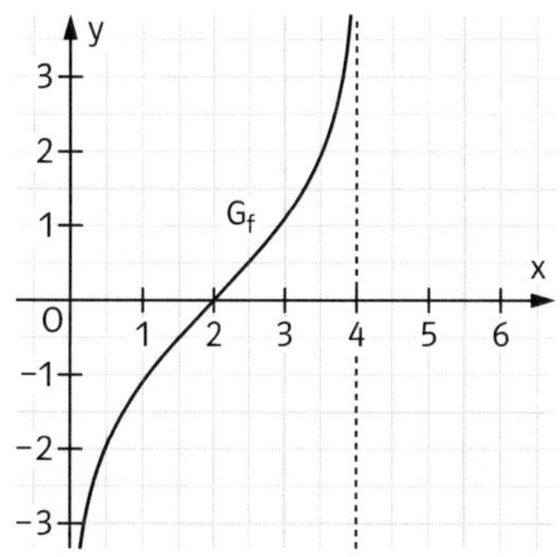

28

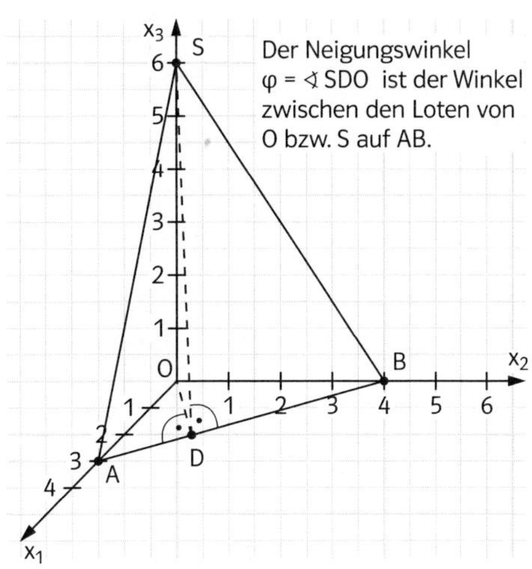

1. Schritt:
Bestimmung von D: ($d_3 = 0$; in der x_1-x_2-Ebene gilt: $\overrightarrow{AB} = \begin{pmatrix}-3\\4\end{pmatrix}$)

$\begin{pmatrix}d_1\\d_2\end{pmatrix} \circ \begin{pmatrix}-3\\4\end{pmatrix} = -3d_1 + 4d_2 = 0 \;\Rightarrow\; d_2 = \frac{3}{4}d_1$

$D \in AB \;\Rightarrow\; \begin{pmatrix}3\\0\end{pmatrix} + k\begin{pmatrix}-3\\4\end{pmatrix} = \begin{pmatrix}d_1\\\frac{3}{4}d_1\end{pmatrix}$

$\Rightarrow\; k = \frac{9}{25} \;\Rightarrow\; d_1 = \frac{48}{25};\; d_2 = \frac{36}{25}$

2. Schritt:
Bestimmung von φ mithilfe des Skalarprodukts:
$\overrightarrow{DO} \circ \overrightarrow{DS} = |\overrightarrow{DO}| \cdot |\overrightarrow{DS}| \cdot \cos\varphi$

$\begin{pmatrix}-\frac{48}{25}\\-\frac{36}{25}\\0\end{pmatrix} \circ \begin{pmatrix}-\frac{48}{25}\\-\frac{36}{25}\\6\end{pmatrix} = \sqrt{\frac{144}{25}} \cdot \sqrt{\frac{1044}{25}} \cdot \cos\varphi$

$\frac{144}{25} = \frac{72 \cdot \sqrt{29}}{25} \cdot \cos\varphi$

$\Rightarrow\; \varphi \approx 68{,}2°$

10 Erwartungswert und Varianz

In dieser Lerneinheit werden häufig die Tabellen für die Binomialverteilung bzw. die kumulierte Binomialverteilung benötigt. Dies ist nicht für jede Aufgabe separat ausgewiesen.

S. 89

1 a)

k	0	1	2
P(X=k)	$\frac{4}{25}$	$\frac{12}{25}$	$\frac{9}{25}$

$\Rightarrow$ $E(X) = \frac{6}{5}$ $Var(X) = \frac{12}{25}$

b)

k	1	2	4
P(X=k)	$\frac{1}{10}$	$\frac{6}{10}$	$\frac{3}{10}$

$\Rightarrow$ $E(X) = \frac{6}{5}$ $Var(X) = \frac{9}{25}$

S. 90

2 a)

n	10	20	50	100
E(X)	4	8	20	40
σ^2	2,4	4,8	12	24
σ	1,55	2,19	3,46	4,90

b)

n	10	20	50	100
E(X) ≙ k	4	8	20	40

3 $n = 25$; $P(X) = 0{,}75$; $P(Y) = 0{,}25$

a) $E(X) = 18{,}75$; $\sigma^2 = 4{,}69$; $E(Y) = 6{,}25$; $\sigma^2 = 4{,}69$

b) $1 - F_{0,25}^{25}(9) = 7{,}13\,\%$

4 a) $\frac{1}{15} \cdot 630 = 42$ b) $\left(\frac{14}{15}\right)^{29} \cdot \frac{1}{15} \cdot 30 + \left(\frac{14}{15}\right)^{30} \approx 0{,}397 \approx 39{,}7\,\%$ bzw. $F_{\frac{1}{15}}^{30}(1)$

c) $\left(\frac{14}{15}\right)^{28} \cdot \left(\frac{1}{15}\right)^{2} \cdot \binom{30}{2} = 28\,\%$ bzw. $B\left(30; \frac{1}{15}; 2\right)$

5 Die Werte von X weichen um höchstens σ vom Erwartungswert ab.

S. 91

6 a) $\mu = 5$ Es gibt auf lange Sicht im Durchschnitt 5 Fehlentscheidungen.

b) $P(3 \leq X \leq 7) = \sum_{k=2}^{7} B(100; 0{,}05; k) \approx 75{,}4\,\%$

7

	a)	b)	c)	d)	e)	f)
n	100	10	300	2000	1000	240
p	$\frac{1}{5}$	$\frac{1}{3}$	$\frac{1}{4}$	$\frac{1}{6}$	0,4	$\frac{1}{4}$

8 a) $\bar{k} = 1{,}86$ b) $p^* = 46{,}5\,\%$ c)

k	0	1	2	3	4
B(4;p*;k) in %	8,2	28,5	37,1	21,5	4,7
h(k) in %	7	32	33	24	4
$\frac{h(k) - B(4;p^*;k)}{B(4;0{,}65;k)}$	−15	12	−11	12	−15

9 Individuelle Lösungen

Z.B. 10 Kugeln; X = Anzahl der roten mit P(„rot“) = 0,4 (q = 0,6; p = 0,4; n = 10)

10 a) $\sigma = \sqrt{12} \approx 3{,}5$; $\mu = 20$

$k = 1 \Rightarrow 16{,}5 \leq X \leq 23{,}5$; $k = 2 \Rightarrow 14 \leq X \leq 26$; $k = 3 \Rightarrow 9{,}5 \leq X \leq 30{,}5$

b) $\sum_{k=17}^{23} B(50; 0{,}4; k) = 68{,}8\,\%$ $\sum_{k=14}^{26} B(50; 0{,}4; k) = 94{,}1\,\%$ $\sum_{k=10}^{30} B(50; 0{,}4; k) = 99{,}8\,\%$

11 a) $\mu = 15$; $\sigma = 2{,}74$

$12{,}26 \leqq X \leqq 17{,}74 \Rightarrow \sum_{k=13}^{17} B(30; 0{,}5; k) = 63{,}8\,\%$

$9{,}52 \leqq X \leqq 20{,}48 \Rightarrow \sum_{k=10}^{20} B(30; 0{,}5; k) = 95{,}7\,\%$

$6{,}78 \leqq X \leqq 23{,}22 \Rightarrow \sum_{k=7}^{23} B(30; 0{,}5; k) = 99{,}9\,\%$

12 a) $E(X) = \mu \approx 0 \cdot 0{,}03 + 1 \cdot 0{,}12 + 2 \cdot 0{,}24 + 3 \cdot 0{,}26 + 4 \cdot 0{,}20 + 5 \cdot 0{,}1 + 6 \cdot 0{,}04 + 7 \cdot 0{,}01 = 2{,}99$

Für die Länge der Bernouilli-Kette liegt $n = 10$ nahe. Dann folgt: $p = 0{,}3$.

$\sigma \approx 1{,}45$

b) $P(|X - \mu| \leqq \sigma) = P(X = 2) + P(X = 3) + P(X = 4) \approx 0{,}7$

13 $\sigma = \sqrt{n \cdot p \cdot q}$; $\sigma' = \sqrt{4 \cdot n \cdot p \cdot q} = 2 \cdot \sqrt{n \cdot p \cdot q} = 2\sigma$

14 $D = \mathbb{R}$ (ganzrationale Funktion 3. Grades); $F''(x) = 6 - 2x$

$x \in]-\infty; 3[\Rightarrow F''(x) > 0$, also ist G_F dort linksgekrümmt;

$x \in]3; +\infty[\Rightarrow F''(x) < 0$, also ist G_F dort rechtsgekrümmt;

$x = 3 \Rightarrow F''(x) = 0$; $F(3) = \left[3t^2 - \frac{1}{3}t^3\right]_0^3 = 18$; $(3\,|\,18)$ ist Wendepunkt.

Thema: Binomialverteilung und Tabellenkalkulation

S. 92

1 a) Excel-Datei im Internetauftritt zum Ausfüllen

b) $Var(20; 0{,}3) = 4{,}2 = Var(20; 0{,}7)$; $Var(20; 0{,}5) = 5$

2 a) Excel-Datei im Internetauftritt zum Ausfüllen

b) $Var(20; 0{,}3) = 4{,}2$; $Var(50; 0{,}3) = 10{,}5$; $Var(100; 0{,}3) = 21$

Thema: Sigma-Regeln

S. 93

1 Wenn die 1-Euromünze eine Laplace-Münze ist, dann ist die Zufallsgröße X „Anzahl von Kopf" nach $B\left(425; \frac{1}{2}\right)$ verteilt. Somit gilt:

$\mu = 425 \cdot \frac{1}{2} = 212{,}5$ sowie $\sigma = \sqrt{425 \cdot \frac{1}{2} \cdot \frac{1}{2}} \approx 10{,}3$

Die Trefferzahl 425 liegt nicht in der 3σ-Umgebung und ist somit sehr unwahrscheinlich, wenn es eine Laplace-Münze ist. Dadurch wird der Verdacht bestärkt.

2 $\mu = 16{,}6$; $\sigma = \sqrt{50 \cdot \frac{1}{3} \cdot \frac{2}{3}} = 3\frac{1}{3}$

$\Rightarrow$ 20 richtige Antworten liegen in der 1σ-Umgebung.

$\Rightarrow$ könnte geraten sein!

IV Beurteilende Statistik

1 Testen von Hypothesen

In diesem Kapitel werden häufig die Tabellen für die Binomialverteilung bzw. die kumulierte Binomialverteilung benötigt. Dies ist nicht für jede Aufgabe separat ausgewiesen.

S. 98

1 a) Erwartungswert $\mu = 5$ und Standardabweichung $\sigma = 1{,}6$; Die Beobachtung von 4 defekten Fahrrädern liegt noch in der σ-Umgebung des Erwartungswertes. Bei nur 10 getesteten Fahrrädern kann man die Behauptung nicht wirklich beurteilen, aber das Ergebnis stützt sogar die Behauptung.

b) $F_{0,5}^{10}(4) = 37{,}7\,\%$ $\Rightarrow$ mit 37,7% Wahrscheinlichkeit sind es höchstens 4 Fahrräder, das ist recht hoch; man kann also die Behauptung nicht wirklich ablehnen.

S. 100

2 a) Falsch: Das Ergebnis kann im Ablehnungsbereich liegen, aber die Hypothese trotzdem stimmen.

b) Falsch: Die Nullhypothese kann nicht verworfen werden, sie ist sehr wahrscheinlich wahr, aber sie könnte auch falsch sein.

c) Falsch: (Begründung wie in a))

d) Stimmt: Wie man an den Aufgaben a)–c) sieht

3 a) Testgröße ist der Wähleranteil, also die Anzahl der Befragten, die die Partei wählen würden. Die Nullhypothese H_0: $p \leqq 36\,\%$, Gegenhypothese H_1: $p > 36\,\%$, $n = 1000$ (z. B.) Wähler, die befragt werden. Nur wenn deutlich mehr als 360 Wähler für die Partei wählen, z. B. für $Z \in K = \{500; \ldots; 1000\}$ würde man davon ausgehen, dass der Wähleranteil gestiegen ist. Sind es deutlich mehr, dann könnte er gestiegen sein.

b) Repräsentativ heißt (nach K. Gerald van den Boogaart):
identisch verteilt: alle Beobachtungen spiegeln das gleiche Zufallsgesetz wieder.
stochastisch unabhängig: jede Beobachtung ist neu nach dem Zufallsgesetz zustande gekommen.
Es gibt zwei grundsätzlich verschiedene Wege zu repräsentativen Daten:
Zufällige und faire Auswahl einer Stichprobe aus einer Grundgesamtheit.
Unabhängiger Wiederholung identischer Zufallsexperimente.

c) Bei 37% geht man davon aus, dass der Anteil der Wähler gleich geblieben ist.

4 a) Fall 1: $1 - F_{\frac{1}{3}}^{20}(11) \approx 0{,}013 = 1{,}3\,\%$ Fall 2: $1 - F_{\frac{2}{3}}^{20}(11) \approx 0{,}809 = 80{,}9\,\%$

b) Man würde sich für Fall 2 entscheiden, da die Wahrscheinlichkeit 15 Kugeln zu erhalten unter der Bedingung „es sind $\frac{2}{3}$ weiße Kugeln" größer ist als wenn $\frac{1}{3}$ weiße Kugeln in der Urne sind.
$P_{\frac{1}{3}}^{20}(Z = 15) < P_{\frac{2}{3}}^{20}(Z = 15)$

c) $1 - F_{\frac{1}{3}}^{20}(14) \approx 0{,}00017 \approx 0{,}02\,\%$

5 Die Nullhypothese H_1: $p > \frac{1}{6}$, H_0: $p = \frac{1}{6}$; Es wird z. B. $n = 100$ mal gewürfelt. Man erhält folgendes Diagramm:

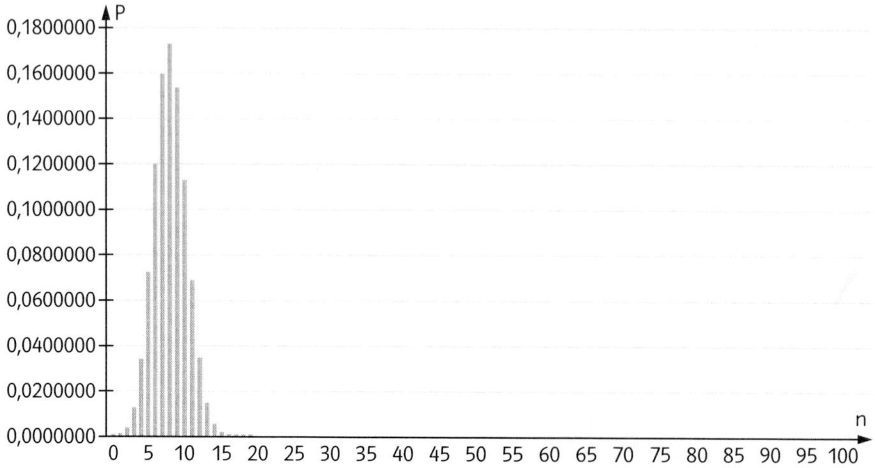

Da gilt: $F^{100}_{\frac{1}{6}}(23) \approx 0{,}962 = 96{,}2\,\%$ könnte man z.B. vereinbaren die Nullhypothese abzulehnen, wenn öfter als 23 Mal die Sechs fällt. $K = \{24; \ldots; 100\}$

6 a) Nicht stichhaltig, da subjektiv
b) Bei 37% muss der Anteil noch nicht unbedingt gesunken sein – 37% liegt sogar sehr nahe bei H_0: $p = 40\,\%$. $\{\mu = 40;\ \sigma = 5\}$.
c) Die Wahrscheinlichkeit für „genau" 37 Treffer ist natürlich sehr klein. Man muss $P_{0,4}(Z \geqq 37)$ betrachten und diese Wahrscheinlichkeit ist sehr groß.
d) Stichhaltig, $\mu = 40$; $\sigma \approx 5 \Rightarrow$ 37 liegt im zu erwartenden Bereich.

7 a) $f(x) = (x+3)^2$; $f'(x) = 2(x+3) = 2x+6$; $g(x) = x^2+3$; $g'(x) = 2x$
b) $f(x) = 1-x^6$; $f'(x) = -6x^5$; $g(x) = (1-x^3)^2$; $g'(x) = 2(1-x^3)\cdot(-3x^2) = 6x^5-6x^2$
c) $f(x) = 1+\frac{1}{(x-2)^2}$; $f'(x) = -\frac{2}{(x-2)^3}$; $g(x) = \frac{1}{x^2-1}$; $g'(x) = \frac{-2x}{(x^2-1)^2}$
d) $f(x) = 2(1+x^2)$; $f'(x) = 4x$; $g(x) = \frac{1}{1+\left(\frac{2}{x}\right)^2} = \frac{1}{1+\frac{4}{x^2}} = \frac{x^2}{x^2+4}$; $g'(x) = \frac{2x(x^2+4)-x^2\cdot 2x}{(x^2+4)^2} = \frac{8x}{(x^2+4)^2}$

2 Fehler 1. und 2. Art

S. 101

1 1: der Pilz ist giftig; Der Fehler (der tödlich sein könnte) wäre, ihn für nicht giftig zu halten und zu essen.
2: der Pilz ist nicht giftig; Der Fehler (der auf keinen Fall tödlich ist) wäre, ihn für giftig zu halten und nicht zu essen.

S. 104

2

n	g	4	5	6	7	8	
10	α'	35,0%	15,0%	4,7%	1,1%	0,16%	$1-F^{10}_{0,3}(g-1)$
	β'	17,2%	37,7%	62,3%	82,8%	94,5%	$F^{10}_{0,5}(g-1)$
	α'+β	52,2%	52,7%	67%	83,9%	94,7%	⇒ g = 4 am kleinsten

n	g	13	14	15	16	17	
50	α'	77,7%	67,2%	55,3%	43,1%	31,6%	$1-F^{50}_{0,3}(g-1)$
	β'	0,02%	0,05%	0,13%	0,33%	0,77%	$F^{50}_{0,3}(g-1)$
	α'+β	77,7%	67,3%	55,4%	43,4%	32,4%	⇒ g = 17 am kleinsten

3 a) falsch: α' gibt die Wahrscheinlichkeit an, mit der man die Nullhypothese verwirft, obwohl sie falsch ist.
b) falsch: Sie kann auch falsch sein ⇒ Fehler 2. Art!

4 $H_0 = 0{,}1$; $n = 50$; $k = 8$
a) $0{,}3\cdot 0{,}075 = 2{,}25\,\%$ b) $\sum_{k=8}^{50} B(50; 0{,}1; k) = 12{,}2\,\%$
c) $\sum_{k=0}^{7} B(50; 0{,}2; k) = 19\,\%$ $\sum_{k=0}^{7} B(50; 0{,}3; k) = 0{,}73\,\%$

S. 105

5 Individuelle Lösungen; z.B.

a) K = {9; 10} $\Rightarrow$ α' = 1,1%
(bzw. K = {0; 1} $\Rightarrow$ α' = 1,1%)

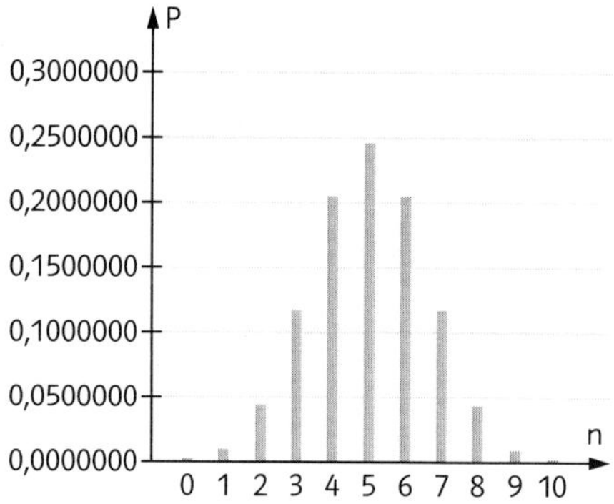

b) K = {7; …; 10} $\Rightarrow$ α' = 1,1%;
(bzw. K = {0} $\Rightarrow$ α' = 2,8%)

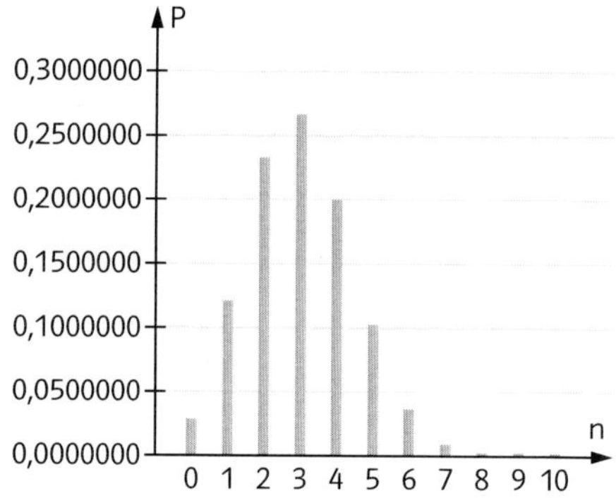

c) K = {6; …; 10} $\Rightarrow$ α' = 1,97%
(bzw. K = {0} $\Rightarrow$ α' = 5,6%)

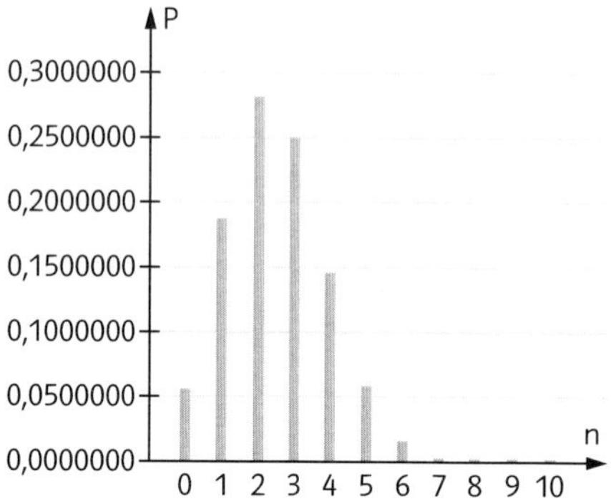

d) K = {10; …; 15} $\Rightarrow$ α' = 3,4%;
(bzw. K = {0; …; 2} $\Rightarrow$ α' = 2,7%)

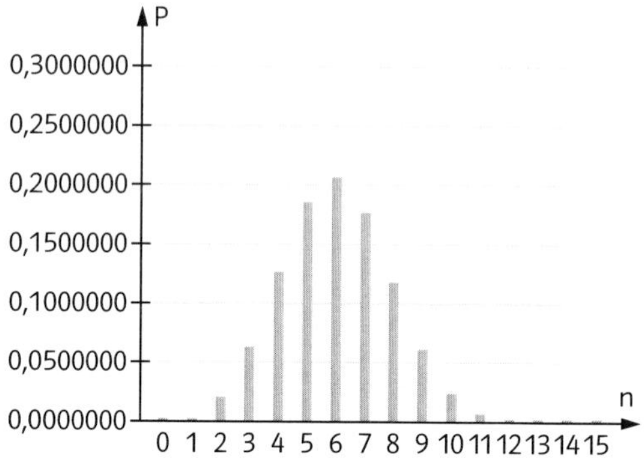

e) K = {13; …; 20} $\Rightarrow$ α' = 2,1% ;
(bzw. K = {0; …; 3} $\Rightarrow$ α' = 1,6%)

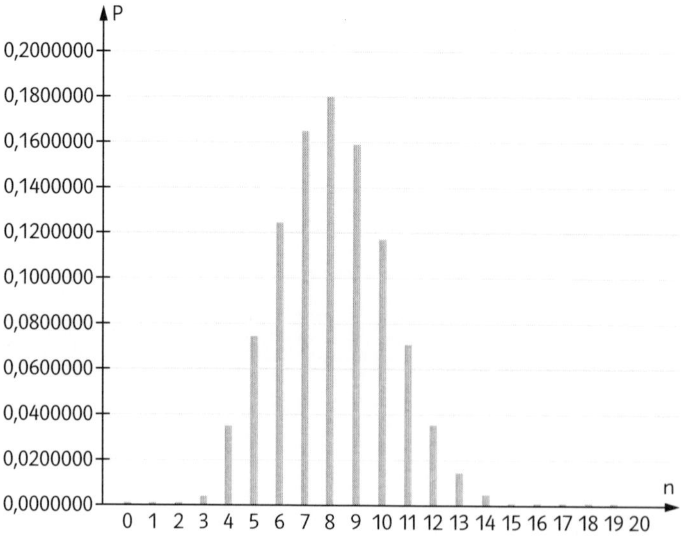

f) $K = \{20\} \Rightarrow \alpha' = 1{,}1\,\%$;
(bzw. $K = \{0; \ldots; 12\} \Rightarrow \alpha' = 3{,}2\,\%$)

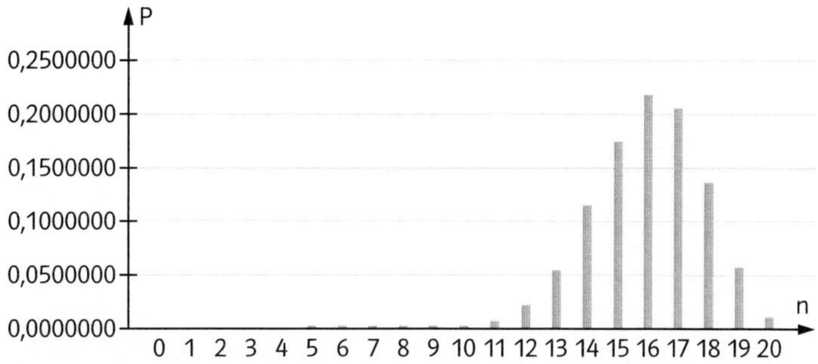

g) $K = \{5; \ldots; 20\} \Rightarrow \alpha' = 4{,}3\,\%$
(bzw. $K = \{0\} \Rightarrow \alpha' = 12{,}2\,\%$)

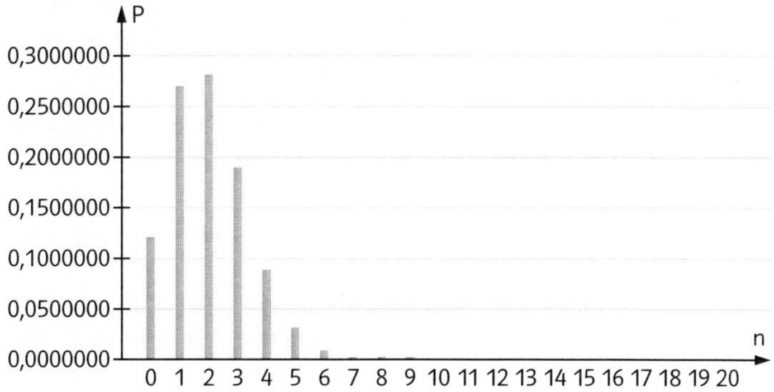

h) $K = \{10; \ldots; 50\} \Rightarrow \alpha' = 2{,}5\,\%$;
(bzw. $K = \{0; 1\} \Rightarrow \alpha' = 3{,}3\,\%$)

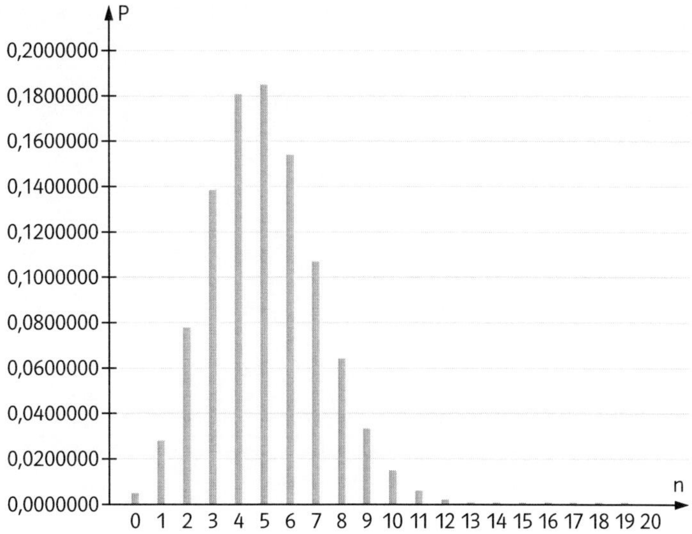

6 a) $\alpha' = 8{,}7\,\%$; $\beta' = 25\,\%$

b)

g	14	15	16	17
α'	0,111	0,061	0,031	0,014
β'	0,028	0,054	0,096	0,156
$\alpha'+\beta$	0,139	0,115	0,127	0,170

Bei $g = 15$ ist der Unterschied und die Summe am kleinsten.

c) Der Unterschied ist bei $g = 30$ am kleinsten.

7 $164 \Rightarrow 10100100$
1) richtig: $F_{0,5}^{8}(1) = 3{,}52\,\%$
2) falsch: $p_0 = 0{,}5$
3) richtig
4) falsch (wenn sie abgelehnt wird)
5) falsch: wäre die Summe der beiden Fehler α' und β'
6) richtig: $p(H_1)$ muss gegeben sein.
7) falsch: wenn die eine Fehlerwahrscheinlichkeit größer wird, dann wird die andere kleiner.
8) falsch: richtig wäre: aus der gegebenen Stichprobe kann mit eine Aussage über p machen.

8 „oben links“ ist die Ableitungsfunktion von „unten rechts“, da die Funktion bei $x = 0$ ein Extremum besitzt, für $x < 0$ steigt und für $x > 0$ fällt; es gibt zwei Wendepunkte bei $x \approx \pm 0{,}6$.
„unten links“ ist die Ableitungsfunktion von „oben rechts“, da die Funktion bei $x = 2$ ein Extremum besitzt, für $x < 2$ fällt und für $x > 2$ steigt. Der Wendepunkt ist in der Nähe von $x = 1$.

3 Einseitiger Signifikanztest

S. 106

1 a) H_0: „Das Medikament hat doch so viele Nebenwirkungen ($p = 0{,}5$)“
H_1: „Das Medikament hat weniger Nebenwirkungen ($p < 0{,}5$)“
Der schwerwiegendere Fehler wäre: Das neue Medikament wird eingesetzt (d.h. zeigt im Test weniger Nebenwirkungen), obwohl es doch so viele Nebenwirkungen hat.
Weniger schlimm (für die Patienten) wäre das Medikament nicht einzusetzen obwohl es weniger Nebenwirkungen hat, da es im Test genauso viele gezeigt hat.
b) Die Wahl des kritischen Bereichs sollte so fallen, dass die Fehlerwahrscheinlichkeit möglichst klein wird (z.B. 1%); der kritische Bereich wird dann verkleinert.
Die Nullhypothese sollte immer so gewählt werden, dass der Fehler, diese fälschlicherweise zu verwerfen der schlimmere Fehler ist und eingeschränkt werden muss.

S. 109

2 a) H_0: $p = 0{,}03$; H_1: $p > 0{,}03$ $\Rightarrow$ einseitiger Signifikanztest
b) $P_{0,03}^{100}(Z \geqq g) \leqq 0{,}05 \quad \Leftrightarrow \quad P_{0,03}^{100}(Z \leqq g-1) \geqq 0{,}95 \quad \Rightarrow \quad g-1 = 6 \quad \Rightarrow \quad g = 7$
$\Rightarrow$ der Ablehnungsbereich ist $\{7;\ 100\}$ und damit $\alpha' = 3{,}1\,\%$.
$\beta'(p = 4\,\%) = 89{,}4\,\%$; $\beta'(p = 5\,\%) = 76{,}6\,\%$; $\beta'(p = 6\,\%) = 60{,}6\,\%$

3 a) Suche im Tabellenwerk einen Wert g, so dass $P_{0,03}^{200}(Z \geqq g) \leqq 0{,}05$ ist.
$\Rightarrow$ $g = 72$ $\Rightarrow$ Der Ablehnungsbereich ist dann $\{72;\ 200\}$.
b) Man würde die Nullhypothese ablehnen.
c) $\alpha' = 4{,}0\,\%$
d) Individuelle Lösungen

4 a) richtig – siehe Definition
b) richtig – der Streifen um den Erwartungswert wird vergrößert.
c) richtig – siehe b)

5 a) Hier gehen wir von der Nullhypothese H_0: $p = 0{,}25$ aus und H_1: $p < 0{,}25$; $n = 100$; dann ergibt sich mit Hilfe der Tabellen ein Ablehnungsbereich von $K = \{0;\ \ldots;\ 17\}$ ($\alpha' = 3{,}76\,\%$), d.h. in dem Bereich sieht sich Yannik bestätigt.
b) Bei $n = 200$, $H_0 = 0{,}25$ und $H_1 < 0{,}25$ ergibt sich beim Signifikanzniveau von 5% ein Ablehnungsbereich von $K = \{0;\ \ldots;\ 39\}$; kommt 64 mal Blau vor, dann geht man nicht davon aus, dass die Wahrscheinlichkeit kleiner ist.
c) Man würde die Hypothese annehmen, da der Ablehnungsbereich von $K = \{0;\ \ldots;\ 132\}$ geht.

S. 110

6 a) $K = \{59; \ldots; 100\}$; $\alpha' = 4{,}43\,\%$
b) $K = \{0; \ldots; 87\}$; $\alpha' = 3{,}8\,\%$
c) $K = \{117; \ldots; 200\}$; $\alpha' = 1{,}4\,\%$

7 H_0: $p = 0{,}96$; H_1: $p < 0{,}96$ (Behauptung des Geschäftsführers)
a) $K = \{0; \ldots; 186\}$ b) $\alpha' = 3{,}1\,\%$
Man kann aber auch die Aufgabe genau anders herum sehen – aus der Sicht des Großabnehmers und dann ist H_0: $p \leqq 0{,}96$; H_1: $p > 0{,}96$
Damit ist $K = \{197; \ldots; 200\}$ und $\alpha' = 4\,\%$ (d.h. wenn 197 bis 200 Kugelschreiber in Ordnung sind, dann wird man H_1 befürworten.

8 a) Die Polizei möchte den Fehler minimieren, dass man fälschlicherweise annimmt, dass der Anteil der Angegurteten gestiegen ist, obwohl er gleichgeblieben oder sogar kleiner geworden ist;
$\Rightarrow$ H_0: $p \leqq 0{,}7$; H_1: $p > 0{,}7$
Der kritische Bereich liegt dann bei $K = \{152; \ldots; 200\}$ und $\alpha' = 3{,}60\,\%$.
Der Autoclub hat die Hypothese H_0: $p \geqq 0{,}7$ mit dem kritischen Bereich $K = \{0; \ldots; 128\}$ und $\alpha' = 3{,}96\,\%$.
b) Die Zahl von 154 angegurteten Fahrern liegt für die Polizei im Ablehnungsbereich der Nullhypothese, d.h. für die Polizei ist der Anteil größer geworden.
Der Autoclub sieht sich in seiner Annahme bestätigt, dass der Anteil größer ist.

9 a) H_0 wird abgelehnt, da $K = \{75; \ldots; 199\}$
b) H_0 wird angenommen, da $K = \{110; \ldots; 150\}$
c) H_0 wird abgelehnt, da $K = \{0; \ldots; 49\}$
d) H_0 wird abgelehnt, da $K = \{144; \ldots; 250\}$
e) H_0 wird angenommen, da $K = \{0; \ldots; 231\}$

10 a) Man erhält den kritischen Bereich $K = \{18; \ldots; 25\}$ und somit $\alpha' = 2{,}2\,\%$.
b) $\beta'(0{,}6) = 84{,}6\,\%$, $\beta'(0{,}75) = 27{,}3\,\%$; $\beta'(0{,}9) = 0{,}23\,\%$
c) Ablehnungsbereich $K = \{19; \ldots; 25\}$
$\alpha' = 0{,}73\,\%$; $\beta'(0{,}6) = 92{,}6\,\%$; $\beta'(0{,}75) = 43{,}9\,\%$; $\beta'(0{,}9) = 0{,}95\,\%$
d) Ablehnungsbereich $K = \{59; \ldots; 100\}$
$\alpha' = 4{,}4\,\%$; $\beta'(0{,}6) = 37{,}7\,\%$; $\beta'(0{,}75) = 0{,}015\,\%$; $\beta'(0{,}9) = 0\,\%$

11 a) Nullhypothese: H_0: $p \geqq 0{,}65$; H_1: $p < 0{,}65$ $\Rightarrow$ linksseitiger Test mit dem Ablehnungsbereich $K = \{0 \ldots; 370\}$
b) die Bürgerinitiative macht einen rechtsseitigen Test mit H_0: $p \leqq 0{,}65$; H_1: $p > 0{,}65$ und erhält den Ablehnungsbereich $K = \{410; \ldots; 600\}$
c) bei k aus $K = \{371; \ldots; 409\}$ Zustimmungen kann weder die Stadtverwaltung noch die Bürgerinitiative ihre Nullhypothese verwerfen, sondern jeweils wird die Nullhypothese bestehen lassen.

S. 111

12 a) H_0: $p = 0{,}5$; Behauptung: er rät nur! $\Rightarrow$ H_1: $p > 0{,}5$;
bei $K = \{15; \ldots; 20\}$ wird die Nullhypothese abgelehnt, bei $\overline{K} = \{0; \ldots; 14\}$ angenommen.
b) 13 liegt im Annahmebereich der Nullhypothese, man geht also davon aus, dass er geraten hat. Der Fehler 2. Art könnte eintreten.
c) $\beta'(60\,\%) = 87{,}4\,\%$; $\beta'(70\,\%) = 58{,}4\,\%$; $\beta'(80\,\%) = 19{,}6\,\%$; $\beta'(90\,\%) = 1{,}1\,\%$

13 Festlegung des Herstellers von Medikament B: H_1: $p < 85\,\%$; H_0: $p > 85\,\%$; gesucht ist also ein Annahmebereich $\overline{K} = \{g+1; \ldots; 108\}$, wobei für g gilt:
$\sum_{i=0}^{g} B(108; 0{,}85; i) \leqq 0{,}05$ (bzw. 0,01; bzw. 0,0001)
Man erhält: $\overline{K}_{5\%} = \{86; \ldots; 108\}$; $\overline{K}_{1\%} = \{83; \ldots; 108\}$; $\overline{K}_{0{,}1\%} = \{79; \ldots; 108\}$
Bei einem seriösen Test wird man wohl die Nullhypothese H_0: $p \leqq 0{,}85$ wählen und H_1: $p > 0{,}85$.
Dann ergibt sich: $\overline{K}_{5\%} = \{98; \ldots; 108\}$; $\overline{K}_{1\%} = \{100; \ldots; 108\}$; $\overline{K}_{0{,}1\%} = \{102; \ldots; 108\}$

14 a) K = {0; …; 23}

b) Diagramm der B (50; 0,6)-Verteilung

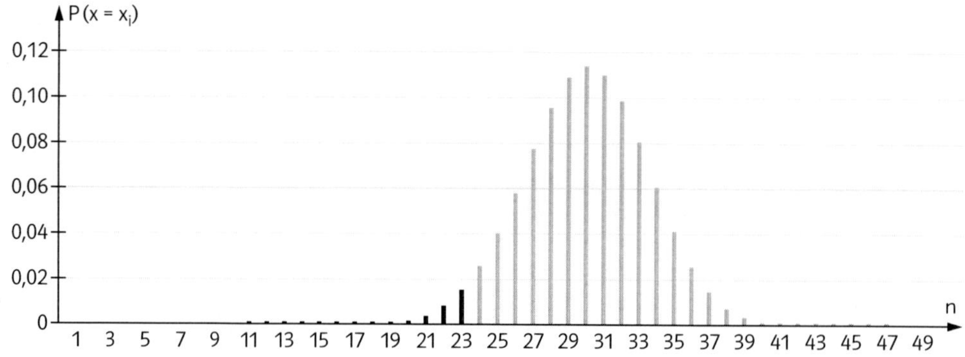

zu $F^{50}_{0,6}$ (k):

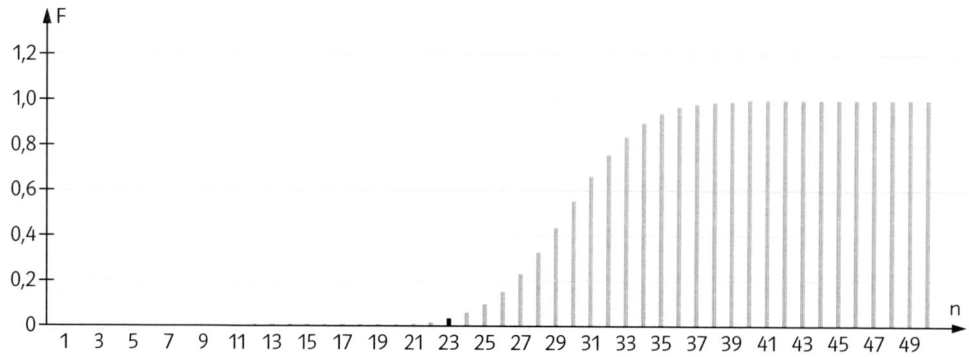

Diagramm der B (50; 0,5)-Verteilung

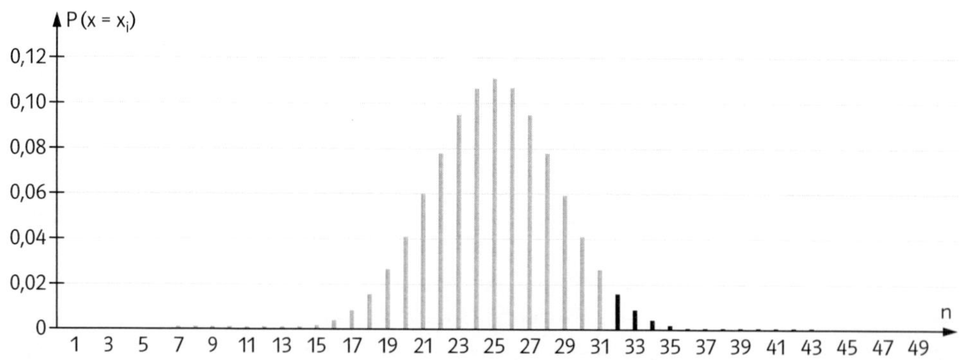

Fehler 2. Art zu p = 0,5:

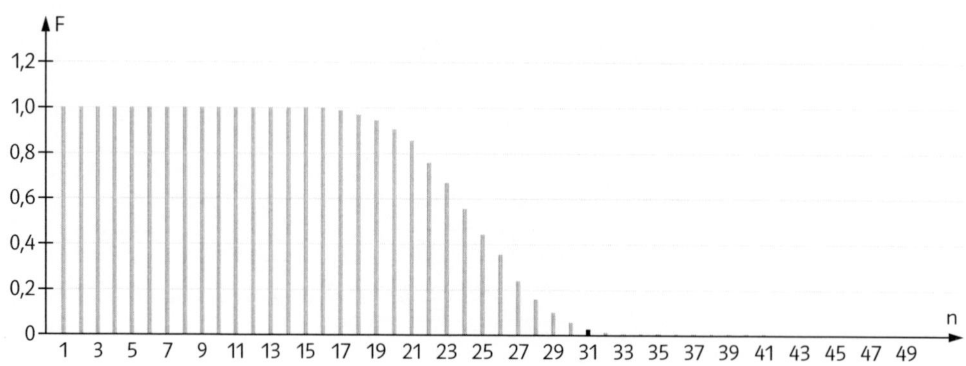

Fehler 2. Art zu p = 0,4:

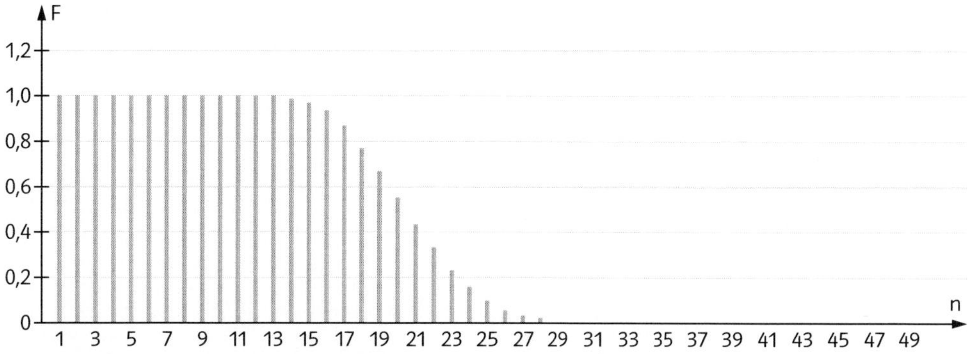

Fehler 2. Art zu p = 0,25:

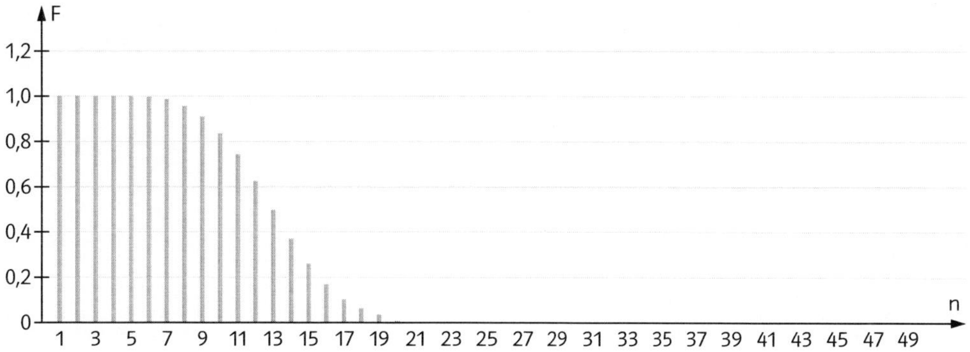

c) Sinkt das Signifikanzniveau, dann wird der kritische Bereich kleiner und der Fehler 2. Art wird größer.

d)

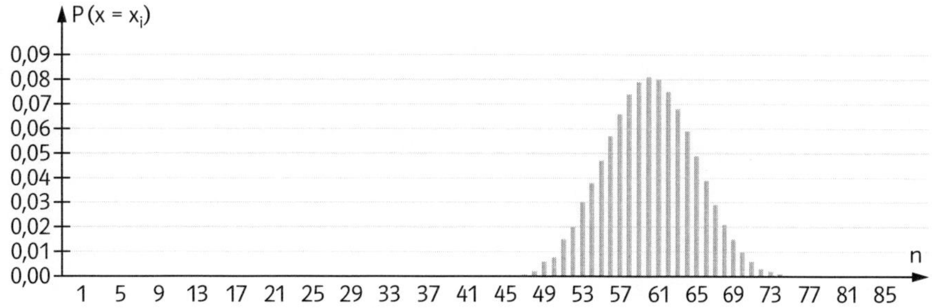

Wird n größer, dann werden beide Fehler kleiner.

15 Individuelle Lösungen
Material: 1-€-Münzen

16 a) Für die Firma wäre es schlecht, wenn sich der Bekanntheitsgrad nicht auf 40 % verbessert hat – das Stichprobenergebnis aber so ausfällt, dass man die Hypothese $p \geqq 0{,}4$ unterstützt. Dieses Risiko ist zu minimieren, also H_0: $p < 0{,}4$ und H_1: $p \geqq 0{,}4$.

$\sum_{k=g}^{100} B(100; 0{,}4; k) \leqq 0{,}05$; also $\sum_{k=0}^{g-1} B(100; 0{,}4; k) \leqq 0{,}95$ $\Rightarrow$ Tabelle: $g - 1 = 48$ $\Rightarrow$ $g = 49$;

also ist der Annahmebereich der Gegenhypothese $p \geqq 0{,}4$, d.h. der kritische Bereich der Nullhypothese $p < 0{,}4$; $K = \{49; \ldots; 100\}$;

b) $\alpha' = 4{,}23\,\% < 5\,\%$

c) Man müsste den kritischen Bereich „nach oben“ verschieben, d.h. g größer machen.

d) Die Agentur wählt dieses Verfahren, da dann der für sie schlimme Fehler – der Bekanntheitsgrad ist besser geworden, wird aber nicht bezahlt – minimiert wird.
Also H_0: $p = 0{,}4$ und H_1: $p < 0{,}4$ $\Rightarrow$ $\alpha' = 9{,}1\,\%$.

17 a) z. B. Einsetzverfahren: $3a + 4(2a - 7) = 27 \Rightarrow a = 5;\ b = 3$
b) z. B. Additionsverfahren $(2 \cdot (II) - (I))$: $0 = 0 \Rightarrow$ unendlich viele Lösungen;
$L = \{(x|y) \mid x = -\frac{3}{2}y + 2;\ y \in \mathbb{R}\}$
c) z. B. Additionsverfahren $(2 \cdot (II) + (I))$: $0 = -4 \Rightarrow L = \{\ \}$
d) z. B. Additionsverfahren $(4 \cdot (II) + (I))$: $8a = 8 \Rightarrow a = 1;\ b = 0$

18 a) Amplitude: 2; Periode: 2; Verschiebung: 0

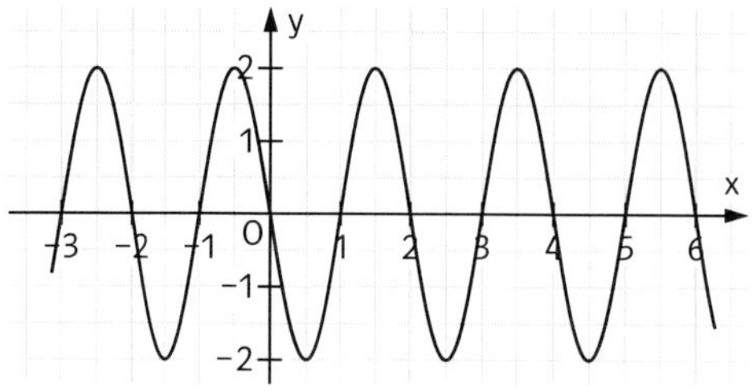

b) Amplitude: 1,5; Periode: 2π; Verschiebung: π

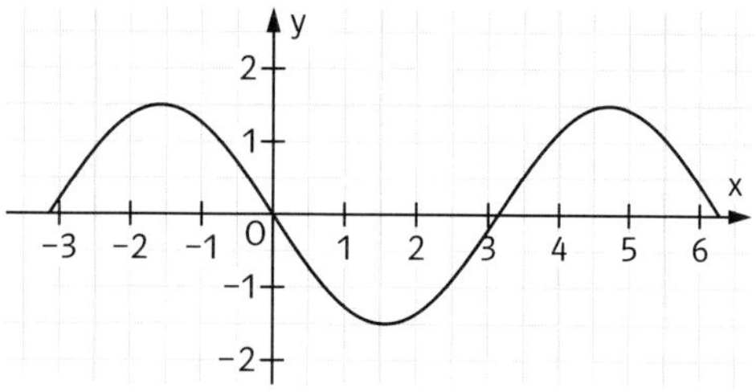

Thema: Das Taxiproblem

S. 112

1 (2) $\frac{n+1}{2} \cdot 2 = n + 1 \quad \Rightarrow \quad$ man muss 1 abziehen
(3) beobachtetes Maximum = n $\quad \Rightarrow \quad$ nicht ändern
(4) $1 + n - 1 = n \quad \Rightarrow \quad$ nicht ändern
(5) $n + \frac{(1-1)+(2-1)+(3-2)+\ldots+(n-(n-1))}{n} = n + \frac{n-1}{n} = \frac{n+1}{n} \cdot n - \frac{1}{n} = n + 1 - \frac{1}{n}$
$\Rightarrow$ Zieht man hiervon 1 ab und lässt $\frac{1}{n}$ weg, dann ergibt sich auch wieder n.

2 Individuelle Lösungen

3 a) (1) ≈ 154; (2) bleibt bei $2 \cdot 69 - 1 = 137$; (3) ≈ 200; (4) ≈ 204; (5) ≈ 239
$\Rightarrow$ Das Verfahren 2 liegt weit von einer möglichen Obergrenze entfernt.
b) z. B: durch Einfügen weiterer Werte zwischen x_4 und x_5 oder indem man den oberen Bereich mehr gewichtet oder indem man untere Werte weglässt.

V Geraden und Ebenen im Raum

1 Lineare Abhängigkeit und Unabhängigkeit von Vektoren

S. 118

1 a) Zum Fräsen der Spuren von $\vec{a}$ und $\vec{c}$ braucht man nur die Bewegung rechts – links des Fräskopfs, da die Pfeile der Vektoren parallel sind. Aus dem gleichen Grund braucht man zum Fräsen der Spuren $\vec{b}$ und $\vec{d}$ nur die Bewegung vor – zurück des Portals.

b) $\vec{f} = r\cdot\vec{a} + s\cdot\vec{b}$

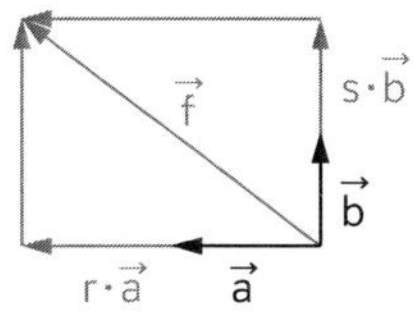

z.B. in der Skizze im Schülerbuch
$\vec{f} = 1{,}5\vec{a} + 6\vec{b}$

S. 120

2 a) $\begin{pmatrix} 2 \\ -3 \\ 1 \end{pmatrix} = r\cdot\begin{pmatrix} 1 \\ 2 \\ -3 \end{pmatrix}$ $\left.\begin{matrix} 2 = 2\cdot 1 \\ -3 \neq 2\cdot 2; \\ 1 \neq 2\cdot(-3) \end{matrix}\right\}$ $\Rightarrow$ linear unabhängig

b) $\begin{pmatrix} 0{,}4 \\ 1 \\ 1{,}6 \end{pmatrix} = r\cdot\begin{pmatrix} 0{,}3 \\ 0{,}75 \\ 1{,}2 \end{pmatrix}$ $\Big\}$ $r = \frac{4}{3}$; $\Rightarrow$ linear abhängig

c) Je zwei der drei Vektoren sind linear unabhängig.

$\begin{pmatrix} 1 \\ 2 \\ 3 \end{pmatrix} = r\cdot\begin{pmatrix} 1 \\ 4 \\ 5 \end{pmatrix} + s\cdot\begin{pmatrix} 0 \\ 2 \\ 1 \end{pmatrix}$ $\left.\begin{matrix} 1 = r \\ 2 = 4r + 2s \;\Rightarrow\; -2s = 2s;\; s = -1; \\ 3 = 5 - 1 \;\text{ falsch} \end{matrix}\right\}$ $\Rightarrow$ Die drei Vektoren sind linear unabhängig.

c) Je zwei der drei Vektoren sind linear unabhängig.

$\begin{pmatrix} 9 \\ -8 \\ 9 \end{pmatrix} = r\cdot\begin{pmatrix} 3 \\ -2 \\ 5 \end{pmatrix} + s\cdot\begin{pmatrix} 0 \\ 1 \\ 3 \end{pmatrix}$ $\left.\begin{matrix} 9 = r\cdot 3 \;\Rightarrow\; r = 3 \\ -8 = 3\cdot(-2) + s \;\Rightarrow\; s = -2; \\ 9 = 3\cdot 5 - 2\cdot 3 \;\text{ wahr} \end{matrix}\right\}$ $\Rightarrow$ Die drei Vektoren sind linear abhängig.

3 a) $\vec{e_1}$, $\vec{e_2}$ und $\vec{e_3}$ sind linear unabhängig, weil keiner der drei Vektoren ein Vielfaches des anderen ist und die Vektorgleichung $\vec{e_3} = r\cdot\vec{e_1} + s\cdot\vec{e_2}$ nicht lösbar ist.
Die drei Vektoren spannen einen Würfel auf.

b) und c) Vier Vektoren im Raum sind stets linear abhängig.

d) $\vec{e_1}$, $\vec{e_2}$ und $\vec{e_1} + \vec{e_3}$ spannen ein räumliches Gebilde auf, sind also linear unabhängig.

e) $\vec{e_1}$, $\vec{e_2}$ und $2\vec{e_1} - \vec{e_2} + 3\vec{e_3}$ spannen ein räumliches Gebilde auf, sind also linear unabhängig.

zu a)

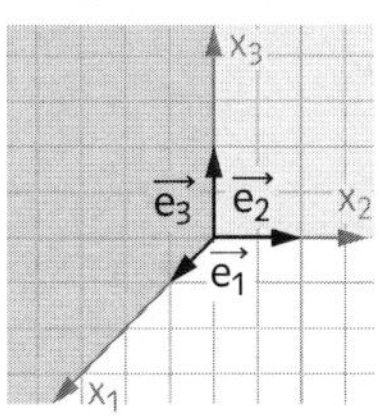

zu b)

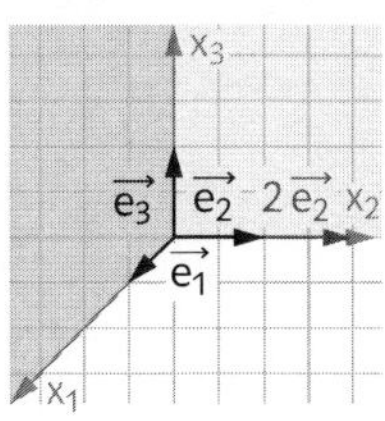

zu c)

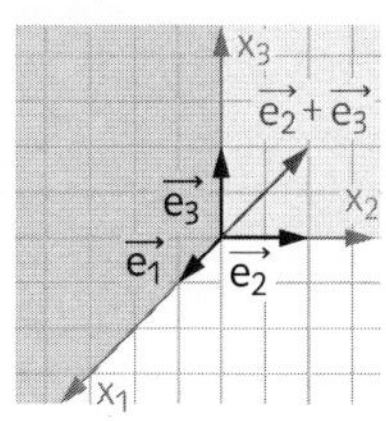

zu d)

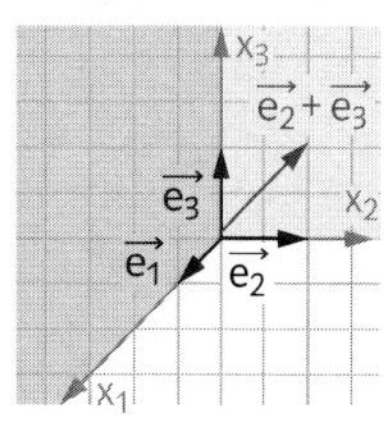

zu e)

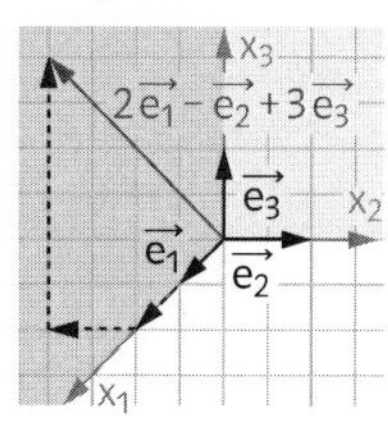

4 a) $\begin{pmatrix} 5 \\ 2 \end{pmatrix} = r\cdot\begin{pmatrix} a \\ 3 \end{pmatrix}$; $a = 7{,}5$ b) $\begin{pmatrix} 1 \\ a \end{pmatrix} = r\cdot\begin{pmatrix} a \\ 1 \end{pmatrix}$; $a = r\cdot 1$ oder $a = \frac{1}{r} \Rightarrow a = 1$ oder $a = -1$

c) $\begin{pmatrix} a \\ 3 \\ 2 \end{pmatrix} = r\cdot\begin{pmatrix} 2 \\ 3 \\ 5 \end{pmatrix} + s\cdot\begin{pmatrix} -1 \\ 3 \\ 6 \end{pmatrix}$ $\left.\begin{matrix} \text{II: } 3 = 3r + 3s \\ \text{III: } 2 = 5r + 6s \\ \text{in I: } a = 4\cdot 2 + (-3)\cdot(-1) \;\Rightarrow\; a = 11 \end{matrix}\right\}$ $r = 1 - s$; in III: $2 = 5(1 - s) + 6s \;\Rightarrow\; s = -3;\; r = 4$

d) $\begin{pmatrix} a \\ a \\ -6 \end{pmatrix} = r\cdot\begin{pmatrix} 1 \\ -1 \\ 4 \end{pmatrix} + s\cdot\begin{pmatrix} 3 \\ 2 \\ -1 \end{pmatrix}$ $\left.\begin{matrix} \text{I: } a = r + 3s \\ \text{II: } a = -r + 2s \\ \text{III: } -6 = 4r - s \\ \text{in I: } a = -1 + 3\cdot 2 \;\Rightarrow\; a = 5 \end{matrix}\right\}$ I−II: $0 = 2r + s;\; s = -2r$; in III: $-6 = 4r + 2r \;\Rightarrow\; r = -1;\; s = 2$

5 individuelle Lösungen – z. B.

a)

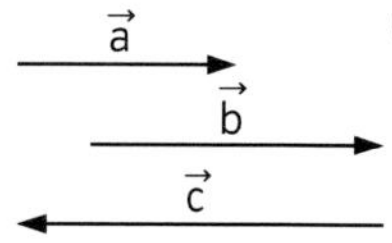

b)

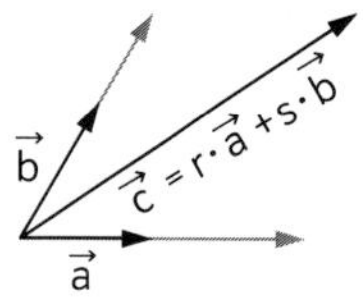

c) Zeichnung z. B. für $\vec{a} = \begin{pmatrix} 4 \\ 1 \\ 0 \end{pmatrix}$; $\vec{b} = \begin{pmatrix} 0 \\ 3 \\ 1 \end{pmatrix}$; $\vec{c} = 1{,}5\cdot\vec{a} + 2\vec{b}$

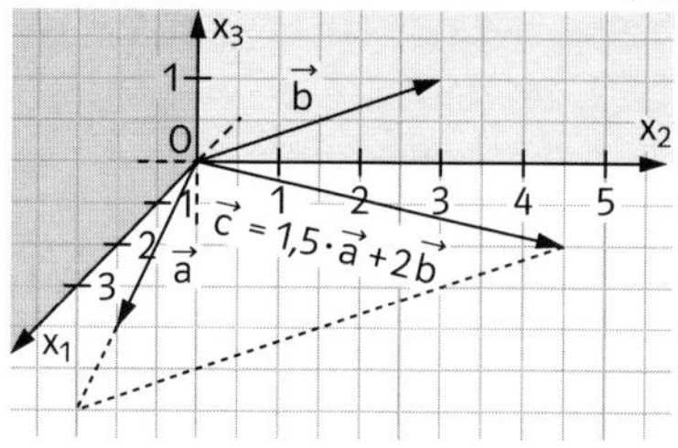

Das 3D-Bild lässt sich so drehen, dass man sieht, wie die Vektoren in einer Ebene liegen.

6

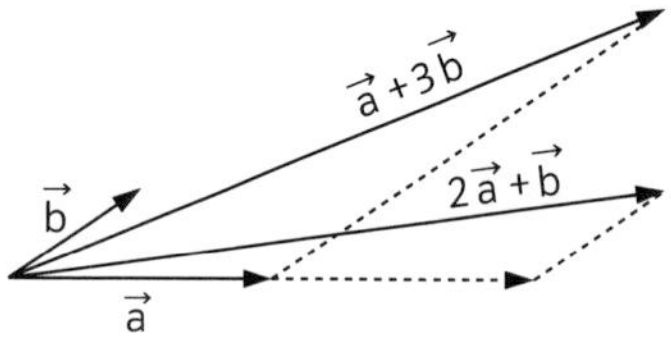

7 a) Je zwei der drei Vektoren sind linear abhängig.

$\vec{a} = r\cdot\vec{b} + s\cdot\vec{c}$

$$\begin{pmatrix} 4 \\ 4 \\ -2 \end{pmatrix} = r\cdot\begin{pmatrix} -1 \\ 2 \\ 1 \end{pmatrix} + s\cdot\begin{pmatrix} 0 \\ 6 \\ 1 \end{pmatrix}$$

I:	$4 = r\cdot(-1)$	$\Rightarrow$	$r = -4$
in II:	$4 = -4\cdot 2 + s\cdot 6$	$\Rightarrow$	$s = 2$
in III:	$-2 = -4\cdot 1 + 2\cdot 1$	wahr	

$\vec{a} = -4\vec{b} + 2\cdot\vec{c}$

$\vec{a}, \vec{b}$ und $\vec{c}$ sind linear abhängig.

b) Aus der Lösung von Teilaufgabe a) folgt: $\vec{b} = -\frac{1}{4}\vec{a} + \frac{1}{2}\vec{b}$ und $\vec{c} = \frac{1}{2}\vec{a} + 2\vec{b}$

c) $\vec{d} = r\cdot\vec{a} + s\cdot\vec{b} + t\cdot\vec{c}$

I: $2 = r\cdot 4 - s\cdot 1$

II: $-1 = r\cdot 4 + s\cdot 2 + t\cdot 6$

III: $3 = r\cdot(-2) + s\cdot 1 + t\cdot 1$

aus I: $s = 4r - 2$

in II: $-1 = 4r + 8r - 4 + 6t$

in III: $3 = -2r + 4r - 2 + t$

aus III: $t = 5 - 2r$

in II: $-1 = 12r - 4 + 6(5 - 2r)$

$-1 = 26$ Widerspruch

Das Gleichungssystem ist nicht lösbar, also lässt sich $\vec{d}$ nicht als Linearkombination von $\vec{a}$, $\vec{b}$ und $\vec{c}$ darstellen.

d)

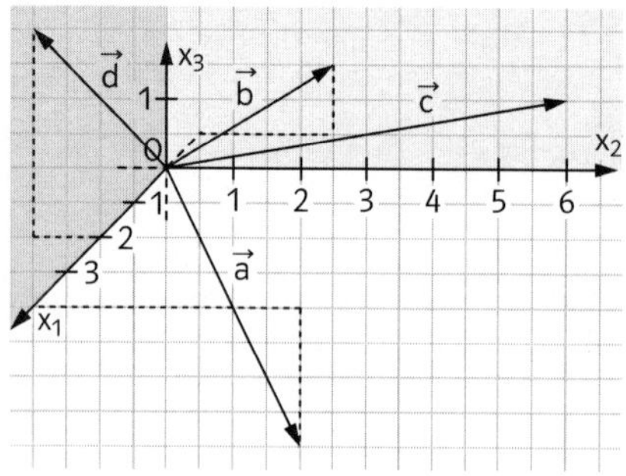

Die Pfeile von $\vec{a}$, $\vec{b}$ und $\vec{c}$ liegen in einer Ebene.

8 a) $(\vec{a}\times\vec{b})\circ\vec{c} = \left(\begin{pmatrix} 2 \\ 1 \\ 2 \end{pmatrix} \times \begin{pmatrix} 1 \\ 2 \\ -2 \end{pmatrix}\right) \circ \begin{pmatrix} 5 \\ 4 \\ 2 \end{pmatrix} = \begin{pmatrix} -6 \\ 6 \\ 3 \end{pmatrix} \circ \begin{pmatrix} 5 \\ 4 \\ 2 \end{pmatrix} = -30 + 24 + 6 = 0$

b) $(\vec{a}\times\vec{b})\circ\vec{c} = 0$ bedeutet, dass der von den drei Vektoren aufgespannte Spat das Volumen $V = 0$ VE hat. Die Repräsentanten mit gemeinsamem Anfangspunkt liegen also in einer Ebene. Die drei Vektoren sind linear abhängig. $(\vec{a}\times\vec{b})\circ\vec{c} \neq 0$ bedeutet, dass die Vektoren ein echtes räumliches Gebilde auspannen.

Also: $(\vec{a}\times\vec{b})\circ\vec{c} = 0 \Rightarrow \vec{a}, \vec{b}, \vec{c}$ linear abhängig

$(\vec{a}\times\vec{b})\circ\vec{c} \neq 0 \Rightarrow \vec{a}, \vec{b}, \vec{c}$ linear unabhängig

9

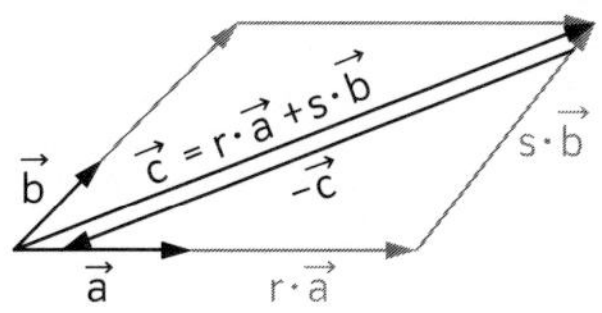

Da die Vektorgleichung $r \cdot \vec{a} + s \cdot \vec{b} + t \cdot \vec{c} = \vec{0}$ gilt auf jeden Fall $t = -1 \neq 0$.
Im gezeichneten Fall sind die drei Koeffizienten $\neq 0$.

10 Ansatz: $y = mx + t$

$$\left.\begin{array}{lll} A \in g \Rightarrow & \text{(I)} & 1 = 2m + t \\ B \in g \Rightarrow & \text{(II)} & -3 = -4m + t \end{array}\right\} \Rightarrow \quad m = \frac{2}{3};\ t = -\frac{1}{3}$$

g: $y = \frac{2}{3}x - \frac{1}{3}$

Die Gerade ist nicht Graph einer proportionalen Funktion, da sie nicht durch den Ursprung des Koordinatensystems geht.

11

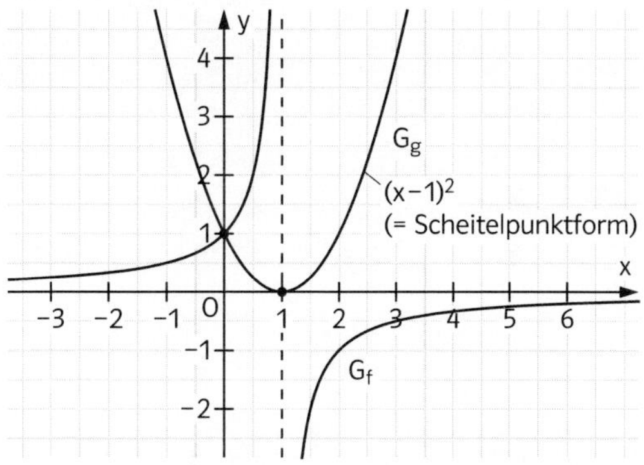

Schnitt der Graphen:

$\frac{1}{1-x} = x^2 - 2x + 1 \quad \Rightarrow \quad \dots \quad \Rightarrow$

$x \cdot (x^2 - 3x + 3) = 0$

$\Rightarrow \quad x = 0$ oder $x^2 - 3x + 3 = 0$

Da $D = 3^2 - 41 \cdot 3 = -3 < 0$, ist $S(0\,|\,1)$ der einzige Schnittpunkt.

2 Vektorielle Darstellung von Geraden

S. 121

1 a) $A(-1\,|\,3)$, $B(3\,|\,2)$

$$\left.\begin{array}{ll} \text{I:} & 3 = -1m + t \\ \text{II:} & 2 = 3m + t \end{array}\right\} \begin{array}{lll} \text{I} - \text{II: } 1 = -4m & \Rightarrow & m = -\frac{1}{4} \\ \text{in I: } 3 = \frac{1}{4} + t & \Rightarrow & t = \frac{11}{4} \end{array}$$

g: $x_2 = -\frac{1}{4}x_1 + \frac{11}{4}$

b) $\overrightarrow{AB} = \begin{pmatrix} 4 \\ -1 \end{pmatrix}$; $\overrightarrow{AC} = \begin{pmatrix} 2 \\ -0{,}5 \end{pmatrix}$; $\overrightarrow{AC} = \frac{1}{2} \cdot \overrightarrow{AB}$; $\overrightarrow{AC}$ und $\overrightarrow{AB}$ sind linear abhängig.

c) $\overrightarrow{AD} = 1{,}5 \cdot \overrightarrow{AB} \quad \Rightarrow \quad \vec{D} = \vec{A} + 1{,}5\overrightarrow{AB} = \begin{pmatrix} -1 \\ 3 \end{pmatrix} + 1{,}5 \cdot \begin{pmatrix} 4 \\ -1 \end{pmatrix} = \begin{pmatrix} 5 \\ 1{,}5 \end{pmatrix}$

d) $\vec{F} = \vec{A} + k \cdot \overrightarrow{AB}$; $\begin{pmatrix} 7 \\ 1 \end{pmatrix} = \begin{pmatrix} -1 \\ 3 \end{pmatrix} + k \cdot \begin{pmatrix} 4 \\ -1 \end{pmatrix}$; $\begin{pmatrix} 8 \\ -2 \end{pmatrix} = k \cdot \begin{pmatrix} 4 \\ -1 \end{pmatrix} \quad \Rightarrow \quad k = 2$

$\vec{F} = \vec{A} + 2 \cdot \overrightarrow{AB}$

S. 123

2 a) g ist parallel zur x_2-Achse. b) h ist parallel zur x_1x_2-Ebene.

3 a) AB: $\vec{X} = \begin{pmatrix} 2 \\ 7 \end{pmatrix} + \lambda \cdot \begin{pmatrix} -1 \\ -3 \end{pmatrix}$ AC: $\vec{X} = \begin{pmatrix} 2 \\ 7 \end{pmatrix} + \lambda \cdot \begin{pmatrix} -4 \\ -2 \end{pmatrix}$ BC: $\vec{X} = \begin{pmatrix} 1 \\ 4 \end{pmatrix} + \lambda \cdot \begin{pmatrix} -3 \\ 1 \end{pmatrix}$

AB geht durch I, II, III; AC geht durch I, II, III; BC geht durch I, II, III.

b) AB: $\vec{X} = \begin{pmatrix} 0 \\ 5 \\ -4 \end{pmatrix} + \lambda \cdot \begin{pmatrix} 6 \\ -2 \\ 5 \end{pmatrix}$ AC: $\vec{X} = \begin{pmatrix} 0 \\ 5 \\ -4 \end{pmatrix} + \lambda \cdot \begin{pmatrix} 9 \\ -14 \\ 4 \end{pmatrix}$ BC: $\vec{X} = \begin{pmatrix} 6 \\ 3 \\ 1 \end{pmatrix} + \lambda \cdot \begin{pmatrix} 3 \\ -12 \\ -1 \end{pmatrix}$

AB geht durch IV, I, V, VI; AC geht durch IV, VIII, V, VI; BC geht durch VIII, IV, I, II.

c) AB: $\vec{X} = \begin{pmatrix} 3 \\ -2 \\ 1 \end{pmatrix} + \lambda \cdot \begin{pmatrix} 2 \\ 3 \\ -3 \end{pmatrix}$ AC: $\vec{X} = \begin{pmatrix} 3 \\ -2 \\ 1 \end{pmatrix} + \lambda \cdot \begin{pmatrix} 4 \\ 6 \\ -6 \end{pmatrix}$ BC: $\vec{X} = \begin{pmatrix} 5 \\ 1 \\ -2 \end{pmatrix} + \lambda \cdot \begin{pmatrix} 2 \\ 3 \\ -3 \end{pmatrix}$

AB geht durch III, IV, VIII, V; AC geht durch III, IV, VIII, V; C liegt auf AB, also AB – AC = BC.

4 g: $\vec{x} = \begin{pmatrix} 1 \\ -2 \\ 2 \end{pmatrix} + \lambda \cdot \begin{pmatrix} 1 \\ 3 \\ -1 \end{pmatrix}$

C ∈ g: $\begin{pmatrix} 3 \\ 4 \\ 0 \end{pmatrix} = \begin{pmatrix} 1 \\ -2 \\ 2 \end{pmatrix} + \lambda \cdot \begin{pmatrix} 1 \\ 3 \\ -1 \end{pmatrix}$; $\begin{pmatrix} 2 \\ 6 \\ -2 \end{pmatrix} = \lambda \cdot \begin{pmatrix} 1 \\ 3 \\ -1 \end{pmatrix}$; $\lambda = 2 \Rightarrow C \in g$

D ∈ g: $\begin{pmatrix} -2 \\ -6 \\ -4 \end{pmatrix} = \begin{pmatrix} 1 \\ -2 \\ 2 \end{pmatrix} + \lambda \cdot \begin{pmatrix} 1 \\ 3 \\ -1 \end{pmatrix}$; $\begin{pmatrix} -3 \\ -4 \\ -6 \end{pmatrix} = \lambda \cdot \begin{pmatrix} 1 \\ 3 \\ -1 \end{pmatrix}$; kein λ möglich $\Rightarrow D \notin g$

5 a) $\vec{x} = \begin{pmatrix} 0 \\ 3 \\ -9 \end{pmatrix} + \lambda \cdot \begin{pmatrix} 1 \\ 2 \\ 3 \end{pmatrix}$ oder z. B. $\vec{x} = \begin{pmatrix} 1 \\ 5 \\ -6 \end{pmatrix} + \mu \cdot \begin{pmatrix} 0{,}5 \\ 1 \\ 1{,}5 \end{pmatrix}$

b) $\vec{x} = \begin{pmatrix} 0 \\ 0 \\ 0 \end{pmatrix} + \lambda \cdot \begin{pmatrix} 0 \\ 2 \\ -1 \end{pmatrix}$ oder z. B. $\vec{x} = \begin{pmatrix} 0 \\ 8 \\ -4 \end{pmatrix} + \mu \cdot \begin{pmatrix} 0 \\ -2 \\ 1 \end{pmatrix}$

6 A(2 | −1) und B(5 | 3) ∈ g

$\left.\begin{array}{ll} \text{I:} & -1 = 2m + t \\ \text{II:} & 3 = 5m + t \end{array}\right\}$ I − II: $-4 = -3m \Rightarrow m = \frac{4}{3}$

in I: $-1 = 2 \cdot \frac{4}{3} + t \Rightarrow t = -\frac{11}{3}$

g: $x_2 = \frac{4}{3}x_1 - \frac{11}{3}$

Alternative Lösung: $x_1 = 2 + 3\lambda \Rightarrow \lambda = \frac{1}{3}x_1 - \frac{2}{3}$

$x_2 = -1 + 4\lambda \Rightarrow x_2 = -1 + 4 \cdot \left(\frac{1}{3}x_1 - \frac{2}{3}\right)$

$x_2 = -1 + \frac{4}{3}x_1 - \frac{8}{3} \Rightarrow$ g: $x_2 = \frac{4}{3}x_1 - \frac{11}{3}$

7 a) g halbiert den Winkel zwischen der positiven x_1-Achse und der positiven x_3-Achse.

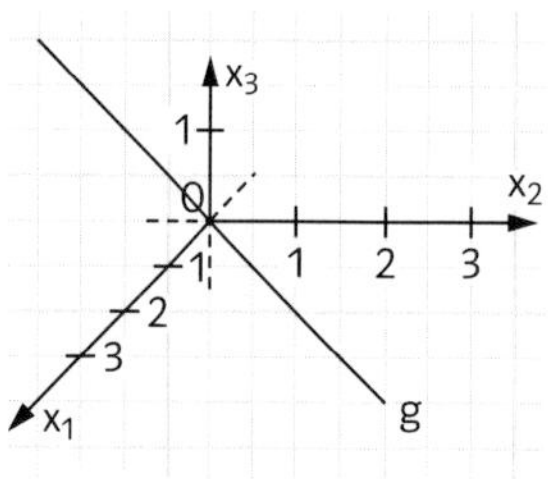

b) g halbiert den Winkel zwischen der positiven x_2-Achse und der positiven x_3-Achse.

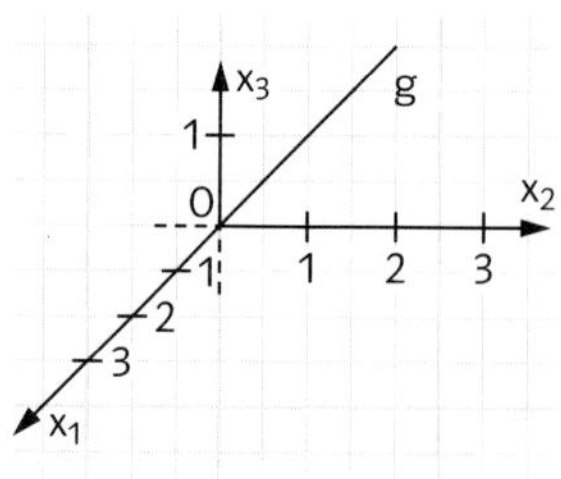

c) g schließt mit den drei positiven Achsen den gleichen Winkel ein.

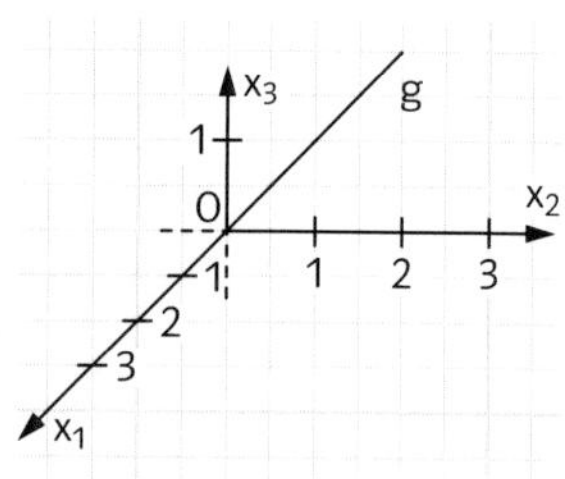

8 a) g: $\vec{x} = \begin{pmatrix} 1 \\ 4 \\ 3 \end{pmatrix} + \lambda \cdot \begin{pmatrix} -1 \\ 2 \\ 3 \end{pmatrix}$

Spurpunkt S_{12}: $0 = 3 + 3\lambda \Rightarrow \lambda = -1$

$S_{12}(2 | 2 | 0)$

Spurpunkt S_{13}: $0 = 4 + 2\lambda \Rightarrow \lambda = -2$

$S_{13}(3 | 0 | -3)$

Spurpunkt S_{23}: $0 = 1 - \lambda \Rightarrow \lambda = 1$

$S_{23}(0 | 6 | 6)$

b)

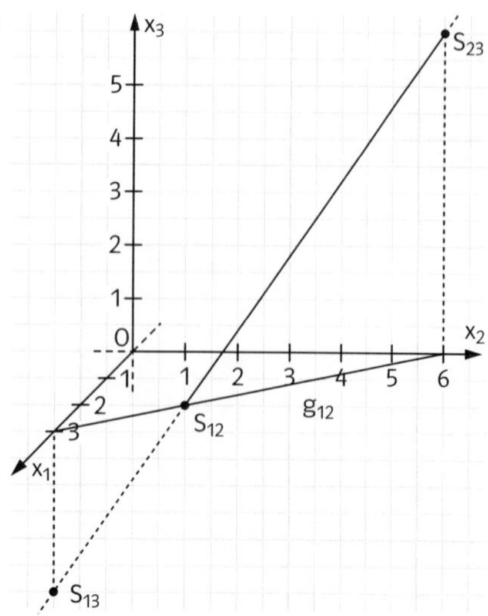

9 a) g: $\vec{x} = \begin{pmatrix}0\\1\end{pmatrix} + \lambda \cdot \begin{pmatrix}-2\\3\end{pmatrix}$

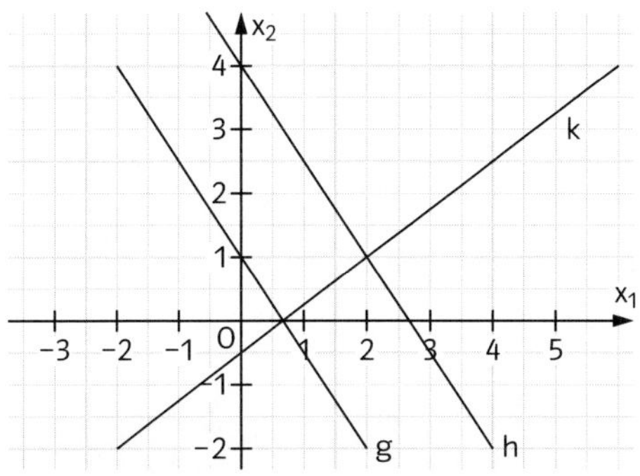

b) $x_1 = -2\lambda \;\Rightarrow\; \lambda = -\frac{x_1}{2}$

$x_2 = 1 + 3\lambda \;\Rightarrow\; x_2 = 1 - \frac{3}{2}x_1;\quad x_2 = -\frac{3}{2}x_1 + 1$

c) h: $\vec{x} = \begin{pmatrix}2\\1\end{pmatrix} + \lambda \cdot \begin{pmatrix}-2\\3\end{pmatrix}$

d) k: $\vec{x} = \begin{pmatrix}2\\1\end{pmatrix} + \lambda \cdot \begin{pmatrix}3\\2\end{pmatrix}$

e) Parallele Geraden haben linear abhängige Richtungsvektoren. Bei senkrechten Geraden ist das Skalarprodukt der Richtungsvektoren gleich Null.

S. 124

10 g: $\vec{x} = \begin{pmatrix}0\\2\\3\end{pmatrix} + \lambda \cdot \begin{pmatrix}4\\4\\3\end{pmatrix}$

S_{12}: $0 = 3 + 3\lambda \;\Rightarrow\; \lambda = -1 \qquad S_{12}(-4\,|\,-2\,|\,0)$

S_{13}: $0 = 2 + 4\lambda \;\Rightarrow\; \lambda = -0{,}5 \qquad S_{13}(-2\,|\,0\,|\,1{,}5)$

S_{23}: $0 = 0 + 4\lambda \;\Rightarrow\; \lambda = 0 \qquad S_{23}(0\,|\,2\,|\,3)$

g geht durch die Oktanten VII, III, II und I.
Im ersten Sektanten verläuft sie von links – unten – hinten nach rechts – oben – vorn.

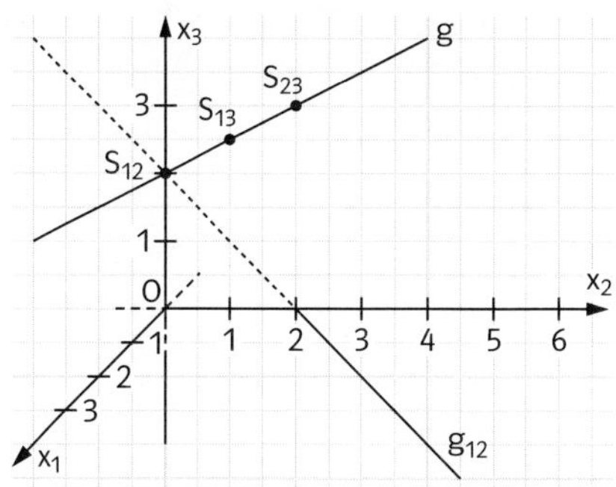

11 h: $\vec{x} = \begin{pmatrix}1\\3\\-4\end{pmatrix} + \lambda \cdot \begin{pmatrix}1\\-2\\3\end{pmatrix}$

12 a) $\overrightarrow{AB} = \begin{pmatrix}0\\8\\0\end{pmatrix};\; \overrightarrow{BC} = \begin{pmatrix}-8\\0\\0\end{pmatrix};\; \overrightarrow{AB} \circ \overrightarrow{BC} = 0\cdot(-8) + 8\cdot 0 + 0\cdot 0 = 0 \;\Rightarrow\; \overrightarrow{AB} \perp \overrightarrow{BC};\; |\overrightarrow{AB}| = |\overrightarrow{BC}| = 8$

b) $\vec{D} = \vec{A} + \overrightarrow{BC} = \begin{pmatrix}0\\3\\0\end{pmatrix} + \begin{pmatrix}-8\\0\\0\end{pmatrix} = \begin{pmatrix}-8\\3\\0\end{pmatrix};\; \vec{M} = \frac{1}{2}\cdot(\vec{B} + \vec{D}) = \frac{1}{2}\cdot\left[\begin{pmatrix}0\\11\\0\end{pmatrix} + \begin{pmatrix}-8\\3\\0\end{pmatrix}\right] = \begin{pmatrix}-4\\7\\0\end{pmatrix}$

c) $\vec{M}_{AS} = \frac{1}{2}\cdot\begin{pmatrix}-4\\10\\6\end{pmatrix} = \begin{pmatrix}-2\\5\\3\end{pmatrix};\; \vec{M}_{DS} = \frac{1}{2}\cdot\begin{pmatrix}-12\\10\\6\end{pmatrix} = \begin{pmatrix}-6\\5\\3\end{pmatrix};\; \vec{M}_{CS} = \frac{1}{2}\cdot\begin{pmatrix}-12\\18\\6\end{pmatrix} = \begin{pmatrix}-6\\9\\3\end{pmatrix}$

g: $\vec{x} = \begin{pmatrix}-2\\5\\3\end{pmatrix} + \lambda\cdot\begin{pmatrix}-6\\6\\-3\end{pmatrix};$ h: $\vec{x} = \begin{pmatrix}-2\\5\\3\end{pmatrix} + \mu\cdot\begin{pmatrix}-4\\4\\0\end{pmatrix};$ i: $\vec{x} = \begin{pmatrix}-6\\5\\3\end{pmatrix} + \sigma\cdot\begin{pmatrix}6\\6\\-3\end{pmatrix};$ j: $\vec{x} = \begin{pmatrix}-6\\5\\3\end{pmatrix} + \tau\cdot\begin{pmatrix}2\\2\\-3\end{pmatrix}$

d) $V = \frac{1}{3}\cdot\left|(\overrightarrow{AB} \times \overrightarrow{AD}) \circ \overrightarrow{AS}\right| = \frac{1}{3}\cdot\left|\left[\begin{pmatrix}0\\8\\0\end{pmatrix} \times \begin{pmatrix}-8\\0\\0\end{pmatrix}\right] \circ \begin{pmatrix}-4\\4\\6\end{pmatrix}\right| = \frac{1}{3}\cdot\begin{pmatrix}0\\0\\64\end{pmatrix} \circ \begin{pmatrix}-4\\4\\6\end{pmatrix} = 128$ bzw. $V = \frac{1}{3}\cdot 8^2 \cdot 6 = 128$

$O = |\overrightarrow{AB} \times \overrightarrow{AD}| + 4\cdot\frac{1}{2}\cdot|\overrightarrow{AB} \times \overrightarrow{AS}| = \left|\begin{pmatrix}0\\0\\64\end{pmatrix}\right| + 2\cdot\left|\begin{pmatrix}0\\8\\0\end{pmatrix} \times \begin{pmatrix}-4\\4\\6\end{pmatrix}\right| = 64 + 2\cdot\left|\begin{pmatrix}48\\0\\32\end{pmatrix}\right| = 64 + 2\cdot 16\cdot\sqrt{13}$
$= 64 + 32\sqrt{13}$

13 a) $500 = 20t \;\Rightarrow\; t = 25;$ Nach 25 s erreicht das Flugzeug eine Höhe von 500 m.

b) $\vec{x} = 25\cdot\begin{pmatrix}60\\30\\20\end{pmatrix} = \begin{pmatrix}1500\\750\\500\end{pmatrix};\; |\vec{x}| = 1750;$ Das Flugzeug ist 1,75 km vom Punkt des Abhebens entfernt.

14 a) h: $\vec{x} = \begin{pmatrix}2\\-3\end{pmatrix} + \lambda\cdot\begin{pmatrix}2\\1\end{pmatrix}$

b) h: $\vec{x} = \begin{pmatrix}1\\2\\-2\end{pmatrix} + \lambda\cdot\begin{pmatrix}2\\1\\-2\end{pmatrix}$ oder $\vec{x} = \begin{pmatrix}1\\2\\-2\end{pmatrix} + \lambda\cdot\begin{pmatrix}1\\2\\2\end{pmatrix}$

In $\mathbb{R}^2$ ist die Richtung eindeutig festgelegt, die Richtungsvektoren von h sind linear abhängig. In $\mathbb{R}^3$ ist die Richtung nicht eindeutig festgelegt. Zwei Richtungsvektoren können auch linear unabhängig sein.

15 a) $w_1: \vec{X} = \lambda\cdot\begin{pmatrix}1\\1\end{pmatrix}$; $w_2: \vec{X} = \mu\cdot\begin{pmatrix}1\\-1\end{pmatrix}$ b) $w_2: \vec{X} = \lambda\cdot\begin{pmatrix}1\\1\\0\end{pmatrix}$; $w_2: \vec{X} = \mu\cdot\begin{pmatrix}1\\-1\\0\end{pmatrix}$

16 a)

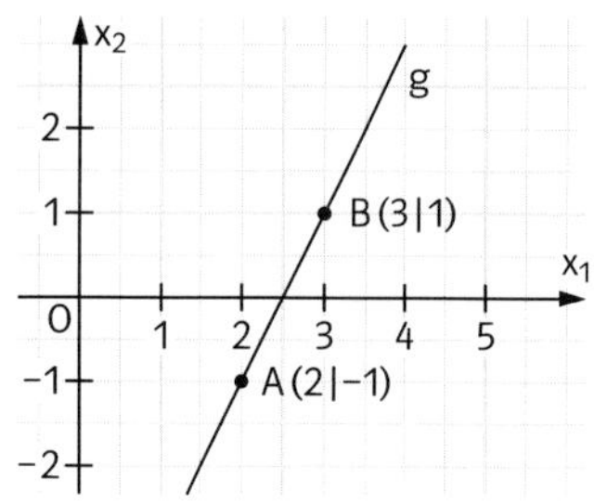

$g: \vec{X} = \begin{pmatrix}2\\-1\end{pmatrix} + \lambda\cdot\begin{pmatrix}1\\2\end{pmatrix}$

b) $x_1 = 2+\lambda \Rightarrow \lambda = x_1 - 2$

$x_2 = -1+2\lambda \Rightarrow x_2 = -1+2\cdot(x_1-2) = -1+2x_1-4 = 2x_1-5$

c) $\overrightarrow{AB} = \begin{pmatrix}1\\2\end{pmatrix}$; $\vec{n} = \begin{pmatrix}-2\\1\end{pmatrix}$

d) $\begin{pmatrix}-2\\1\end{pmatrix}\circ\left[\begin{pmatrix}x_1\\x_2\end{pmatrix} - \begin{pmatrix}2\\-1\end{pmatrix}\right] = \begin{pmatrix}-2\\1\end{pmatrix}\circ\begin{pmatrix}x_1-2\\x_2+1\end{pmatrix} = 2(x_1-2)-1(x_2+1) = 0$

$2x_1-4-x_2-1 = 0 \Rightarrow 2x_1-x_2-5 = 0$

Die Punkte X, welche die Gleichung $\vec{h}\circ(\vec{X}-\vec{A}) = 0$ erfüllen, liegen auf der Geraden g.

17 $P(8<X\leq 12) = \binom{100}{9}\cdot 0{,}1^9\cdot 0{,}9^{91} + \binom{100}{10}\cdot 0{,}1^{10}\cdot 0{,}9^{90} + \binom{100}{11}\cdot 0{,}1^{11}\cdot 0{,}9^{89} + \binom{100}{12}\cdot 0{,}1^{12}\cdot 0{,}9^{88}$

$\approx 0{,}1304 + 0{,}1319 + 0{,}1199 + 0{,}0988 = 0{,}4810$

$= 48{,}10\,\%$

18 Fehler im *Schülerbuch* Auflage 1[1]: Es muss A(6 | 0) anstatt A(0 | 6) heißen.

a)

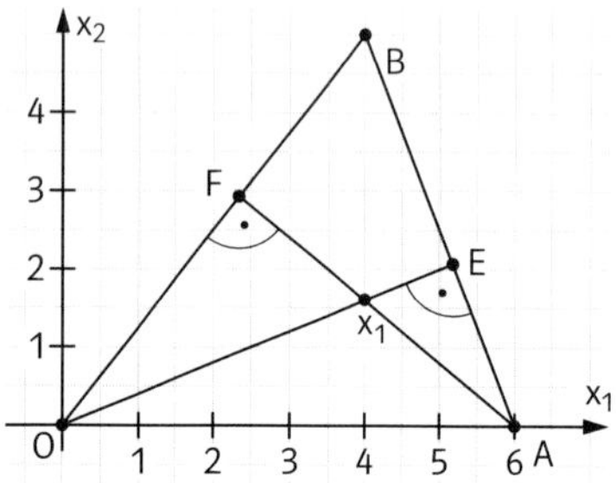

E und F liegen auf dem Thaleskreis über [OA] mit der Gleichung $(x_1-3)^2+x_2^2 = 9$

b) Der Schnittpunkt der Höhen [OE] und [AF] muss auf der Höhe zu B liegen.
Also gilt für seine x_1-Koordinate: $x_1 = 4$

3 Gegenseitige Lage von Geraden

S. 125 **1** a parallel zu b; a schneidet c; a windschief zu d; b windschief zu c und d; c schneidet d

2 a) $g: \vec{X} = \begin{pmatrix}4\\0\end{pmatrix} + \lambda\cdot\begin{pmatrix}-5\\2\end{pmatrix}$; $h: \vec{X} = \begin{pmatrix}-1{,}5\\-1\end{pmatrix} + \mu\cdot\begin{pmatrix}5{,}5\\4\end{pmatrix}$

b) S(1,3 | 1,1)

$S\in g$? $\begin{pmatrix}1{,}3\\1{,}1\end{pmatrix} = \begin{pmatrix}4\\0\end{pmatrix} + \lambda\cdot\begin{pmatrix}-5\\2\end{pmatrix} \Rightarrow \begin{array}{l} 1{,}3 = 4-5\lambda \Rightarrow \lambda = 0{,}54 \\ 1{,}1 = 2\lambda \Rightarrow \lambda = 0{,}55 \end{array}$

$S\in h$? $\begin{pmatrix}1{,}3\\1{,}1\end{pmatrix} = \begin{pmatrix}-1{,}5\\-1\end{pmatrix} + \mu\cdot\begin{pmatrix}5{,}5\\4\end{pmatrix} \Rightarrow \begin{array}{l} 1{,}3 = -1{,}5+5{,}5\mu \Rightarrow \mu = 0{,}509 \\ 1{,}1 = -1+4\mu \Rightarrow \mu = 0{,}525 \end{array}$

3 Z.B. Zeichnung der Geraden mit Vektoris. g und h sind windschief.

S. 126 **4** a) Die beiden Richtungsvektoren sind linear unabhängig.

$\begin{array}{ll} \text{I:} & 1+2\lambda = 3+5\mu \\ \text{II:} & \lambda = 2+4\mu \end{array} \Rightarrow$ II in I: $1+2(2+4\mu) = 3+5\mu$; $5+8\mu = 3+5\mu \Rightarrow \mu = -\frac{2}{3}$

in II: $\lambda = 2+4\cdot\left(-\frac{2}{3}\right) = -\frac{2}{3}$

$S\left(-\frac{1}{3}\middle|-\frac{2}{3}\right)$

b) Die beiden Richtungsvektoren sind linear unabhängig.

$\begin{array}{ll} \text{I:} & 1+\lambda = 3+3\mu \\ \text{II:} & -\lambda = -2+2\mu \end{array} \Rightarrow$ III in II: $-2 = -2+2\mu \Rightarrow \mu = 0$

$\lambda = 2$ und $\mu = 0$ in I: $1+2 = 3+3\cdot 0$ wahr

III: $2+\lambda = 4 \Rightarrow \lambda = 2$

S(3 | −2 | 4)

c) Die beiden Richtungsvektoren sind linear unabhängig.

$$\left.\begin{array}{ll} \text{I:} & 3+\lambda = 11+3\mu \\ \text{II:} & -2+3\lambda = 6+\mu \end{array}\right\} \Rightarrow \begin{array}{lll} \text{aus II:} & \mu = -8+3\lambda & \\ \text{in III:} & 1-2\lambda = -1+3\lambda-8 & \Rightarrow \lambda = 2 \\ \text{in II:} & \mu = -8+3\lambda & \Rightarrow \mu = -2 \end{array}$$

III: $1-2\lambda = -1+\mu$

$\lambda = 2$ und $\mu = -2$ in I: $3+2 = 11-2\cdot 3$ wahr

$S(5|4|-3)$

5 a) Die beiden Richtungsvektoren sind linear abhängig: $\begin{pmatrix}4\\2\end{pmatrix} = -2\cdot\begin{pmatrix}-2\\-1\end{pmatrix}$

Liegt $A(1|2)$ auf h? $\begin{pmatrix}1\\2\end{pmatrix} = \begin{pmatrix}0\\5\end{pmatrix}+\mu\cdot\begin{pmatrix}-2\\-1\end{pmatrix}$ $\Rightarrow$ keine Lösung möglich

g ist parallel zu h.

b) Die beiden Richtungsvektoren sind linear unabhängig:

$$\left.\begin{array}{ll} \text{I:} & 2+\lambda = -\mu \\ \text{II:} & 7+\lambda = 5+\mu \end{array}\right\} \Rightarrow \begin{array}{lll} \text{I in II:} & 7+\lambda = 5-2-\lambda & \Rightarrow \lambda = -2 \\ \text{in I:} & -2+2 = \mu & \Rightarrow \mu = 0 \end{array}$$

$S(0|5)$

c) Die beiden Richtungsvektoren sind linear abhängig: $\begin{pmatrix}2\\1\\-2\end{pmatrix} = -2\cdot\begin{pmatrix}-1\\-0,5\\1\end{pmatrix}$

Liegt $A(1|2|3)$ auf h? $\begin{pmatrix}1\\2\\3\end{pmatrix} = \begin{pmatrix}3\\3\\1\end{pmatrix}+\mu\cdot\begin{pmatrix}-1\\-0,5\\1\end{pmatrix}$ $\Rightarrow$ $\mu = 2$

$g = h$

S. 127

6 a) Die beiden Richtungsvektoren sind linear unabhängig.

$$\left.\begin{array}{ll} \text{I:} & 1+2\lambda = 2 \\ \text{II:} & 2 = 3+\mu \\ \text{III:} & 1+\lambda = 4-4\mu \end{array}\right\} \Rightarrow \begin{array}{ll} \text{aus I:} & \lambda = \frac{1}{2} \\ \text{in II:} & \mu = -1 \end{array}$$

$\lambda = \frac{1}{2}$ und $\mu = -1$ in III: $1+\frac{1}{2} = 4-4\cdot(-1)$ $\Rightarrow$ keine Lösung möglich

g und h sind windschief.

b) Die beiden Richtungsvektoren sind linear unabhängig.

$$\left.\begin{array}{ll} \text{I:} & 1+\lambda = 3+3\mu \\ \text{II:} & -\lambda = -2+2\mu \\ \text{III:} & 2+\lambda = 4 \end{array}\right\} \Rightarrow \begin{array}{lll} \text{aus III:} & \lambda = 2 & \\ \text{in II:} & -2 = -2+2\mu & \Rightarrow \mu = 0 \end{array}$$

$\lambda = 2$ und $\mu = 0$ in I: $1+2 = 3+3\cdot 0$ wahr

$S(3|-2|4)$

c) Die beiden Richtungsvektoren sind linear abhängig: $\begin{pmatrix}6\\4\\1\end{pmatrix} = 2\cdot\begin{pmatrix}3\\2\\0,5\end{pmatrix}$

Liegt $A(-1|0|0,5)$ auf h? $\begin{pmatrix}-1\\0\\0,5\end{pmatrix} = \begin{pmatrix}8\\6\\2\end{pmatrix}+\mu\cdot\begin{pmatrix}3\\2\\0,5\end{pmatrix}$ $\Rightarrow$ $\mu = -3$

$g = h$

7 a) Falsch; g und h können sich auch schneiden, nämlich dann, wenn $\vec{u}$, $\vec{v}$ und $\overrightarrow{AB}$ linear abhängig sind.

b) Richtig; denn wären $\vec{u}$ und $\vec{v}$ linear abhängig, dann müssten die Geraden parallel sein oder zusammenfallen.

c) Individuelle Lösungen

8 $P(-3|0|0)$; $Q(-1,5|0,5|2,5)$; $R(-6|4|0)$

g: $\vec{x} = \begin{pmatrix}-3\\0\\0\end{pmatrix}+\lambda\cdot\begin{pmatrix}0\\6\\5\end{pmatrix}$; h: $\vec{x} = \begin{pmatrix}-1,5\\0,5\\2,5\end{pmatrix}+\mu\cdot\begin{pmatrix}-4,5\\3,5\\-2,5\end{pmatrix}$;

Die Richtungsvektoren sind linear unabhängig.

$$\left.\begin{array}{ll} \text{I:} & -3 = -1,5-4,5\mu \\ \text{II:} & 6\lambda = 0,5+3,5\mu \\ \text{III:} & 5\lambda = 2,5-2,5\mu \end{array}\right\} \Rightarrow \begin{array}{lll} \text{aus III:} & \lambda = 0,5-0,5\mu & \\ \text{in II:} & 6\cdot(0,5-0,5\mu) = 0,5+3,5\mu & \Rightarrow \mu = \frac{5}{13} \\ \text{aus I:} & \mu = \frac{1}{3} & \end{array}$$

g und h sind windschief.

9 a) g_{12}: $\vec{X} = \begin{pmatrix}3\\2\\0\end{pmatrix} + \lambda \cdot \begin{pmatrix}-2\\1\\0\end{pmatrix}$; h_{12}: $\vec{X} = \begin{pmatrix}1\\3\\0\end{pmatrix} + \mu \cdot \begin{pmatrix}4\\-2\\0\end{pmatrix}$

Die Richtungsvektoren von g_{12} und h_{12} sind linear unabhängig.

Liegt A(3|2|0) auf h_{12}? $\begin{pmatrix}3\\2\\0\end{pmatrix} = \begin{pmatrix}1\\3\\0\end{pmatrix} + \mu \cdot \begin{pmatrix}4\\-2\\0\end{pmatrix} \Rightarrow \mu = 0{,}5$

$g_{12} = h_{12}$

b) g und h liegen in einer Ebene, die senkrecht zur x_1x_2-Ebene ist. g und h können also nicht mehr windschief sein.

Die Richtungsvektoren von g und h sind linear abhängig, also müssen sich g und h schneiden.

$$\left.\begin{array}{ll} \text{I:} & 3-2\lambda = 1+4\mu \\ \text{II:} & 2+\lambda = 3-2\mu \\ \text{III:} & 1+2\lambda = -2+\mu \end{array}\right\} \Rightarrow \begin{array}{ll} \text{aus II:} & \lambda = 1-2\mu \\ \text{in III:} & 1+2\cdot(1-2\mu) = -2+\mu \Rightarrow \mu = 1 \\ \text{in II:} & \lambda = 1-2 = -1 \\ & \lambda = -1 \text{ und } \mu = 1 \text{ in I: } 3+2 = 1+4 \text{ wahr} \end{array}$$

S(5|1|−1)

c) h: $\vec{X} = \begin{pmatrix}1\\3\\-2\end{pmatrix} + \lambda \cdot \begin{pmatrix}4\\-2\\-4\end{pmatrix}$

10 a) g_{12}: $\vec{X} = \begin{pmatrix}2\\0\\0\end{pmatrix} + \lambda \cdot \begin{pmatrix}-2\\3\\0\end{pmatrix}$; h_{12}: $\vec{X} = \begin{pmatrix}4\\0\\0\end{pmatrix} + \mu \cdot \begin{pmatrix}-2\\3\\0\end{pmatrix}$

b) und c)

1. Möglichkeit: g ist parallel zu h

z. B.

g: $\vec{X} = \begin{pmatrix}2\\0\\3\end{pmatrix} + 2 \cdot \begin{pmatrix}-2\\3\\1\end{pmatrix}$; h: $\vec{X} = \begin{pmatrix}4\\0\\1\end{pmatrix} + \mu \cdot \begin{pmatrix}-2\\3\\1\end{pmatrix}$

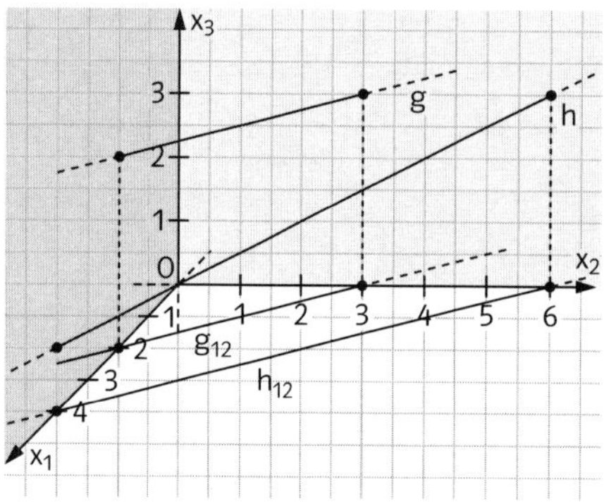

2. Möglichkeit: g und h sind windschief

z. B.

g: $\vec{X} = \begin{pmatrix}2\\0\\3\end{pmatrix} + 2 \cdot \begin{pmatrix}-2\\3\\-2\end{pmatrix}$; h: $\vec{X} = \begin{pmatrix}4\\0\\2\end{pmatrix} + \mu \cdot \begin{pmatrix}-2\\3\\1\end{pmatrix}$

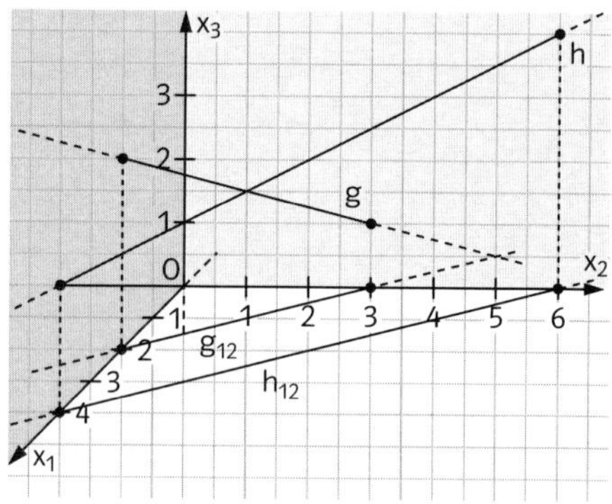

11 $\overrightarrow{PX} = \begin{pmatrix}2+\lambda\\1+2\lambda\\2-2\lambda\end{pmatrix} - \begin{pmatrix}-6\\-5\\1\end{pmatrix} = \begin{pmatrix}8+\lambda\\6+2\lambda\\1-2\lambda\end{pmatrix}$

$\overrightarrow{PX} \circ \begin{pmatrix}1\\2\\-2\end{pmatrix} = 0 \Rightarrow \begin{pmatrix}8+\lambda\\6+2\lambda\\1-2\lambda\end{pmatrix} \circ \begin{pmatrix}1\\2\\-2\end{pmatrix} = 0 \Rightarrow 8+\lambda+12+4\lambda-2+4\lambda = 0$

$18+9\lambda = 0 \Rightarrow \lambda = -2$

$\overrightarrow{PF} = \begin{pmatrix}8-2\\6+2\cdot(-2)\\1-2\cdot(-2)\end{pmatrix} = \begin{pmatrix}6\\2\\5\end{pmatrix}$; $\vec{F} = \begin{pmatrix}6\\2\\5\end{pmatrix} + \begin{pmatrix}-6\\-5\\1\end{pmatrix} = \begin{pmatrix}0\\-3\\6\end{pmatrix}$; h: $\vec{X} = \begin{pmatrix}0\\-3\\6\end{pmatrix} + \mu \cdot \begin{pmatrix}6\\2\\5\end{pmatrix}$

12 g: $\vec{X} = \begin{pmatrix}1\\2\\1\end{pmatrix} + \lambda \cdot \begin{pmatrix}6\\-2\\3\end{pmatrix}$

h_1 parallel zu g:

h_1: $\vec{X} = \begin{pmatrix}16\\1\\3\end{pmatrix} + \mu \cdot \begin{pmatrix}6\\-2\\3\end{pmatrix}$

h_2 senkrecht zu g:

$\overrightarrow{PX} = \begin{pmatrix}1\\2\\1\end{pmatrix} + \lambda \cdot \begin{pmatrix}6\\-2\\3\end{pmatrix} - \begin{pmatrix}16\\1\\3\end{pmatrix} = \begin{pmatrix}-15+6\lambda\\1-2\lambda\\-2+3\lambda\end{pmatrix}$;

$\overrightarrow{PX} \circ \begin{pmatrix}6\\-2\\3\end{pmatrix} = 0 \Rightarrow -90+36\lambda-2+4\lambda-6+9\lambda = 0$; $-98+49\lambda = 0$; $\lambda = 2$

F(13|−2|7); $\overrightarrow{PF} = \begin{pmatrix}-3\\-3\\4\end{pmatrix}$; h_2: $\vec{X} = \begin{pmatrix}16\\1\\3\end{pmatrix} + \mu \cdot \begin{pmatrix}-3\\-3\\4\end{pmatrix}$

13 a) $f(x) = x^3 - 3x^2 + 4 = 0 \Rightarrow x_1 = -1;\ x_2 = 2$

$f'(x) = 3x^2 - 6x = 0 \Rightarrow x_3 = 0;\ x_4 = 2$

$f(0) = 4;\ f(2) = 0$

f': $f' > 0$ | 0 | $f' < 0$ | 2 | $f' > 0$

f: ↗ ↘ ↗

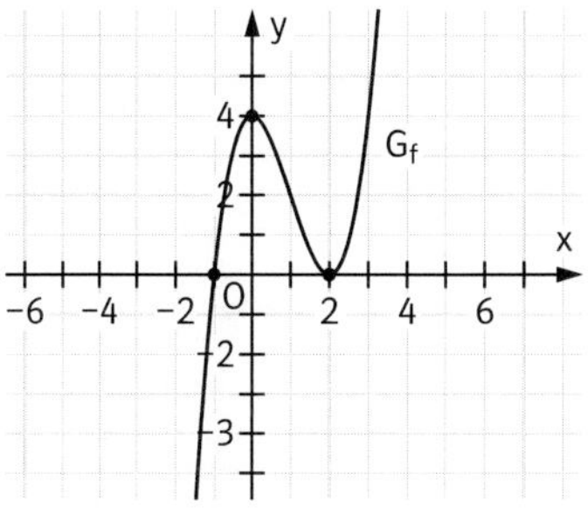

b) $f(x) = \frac{1}{9}x^4 - \frac{4}{9}x^3 + 3 = 0 \Rightarrow x_1 = 3$

$f'(x) = \frac{4}{9}x^3 - \frac{12}{9}x^2 = \frac{4}{9}x^2 \cdot (x-3)$

$f'(x) = 0 \Rightarrow x_2 = 0;\ x_3 = 3 = x_1$

$f(0) = 3$

f': $f' < 0$ | 0 | $f' < 0$ | 3 | $f' > 0$

f: ↘ ↘ ↗

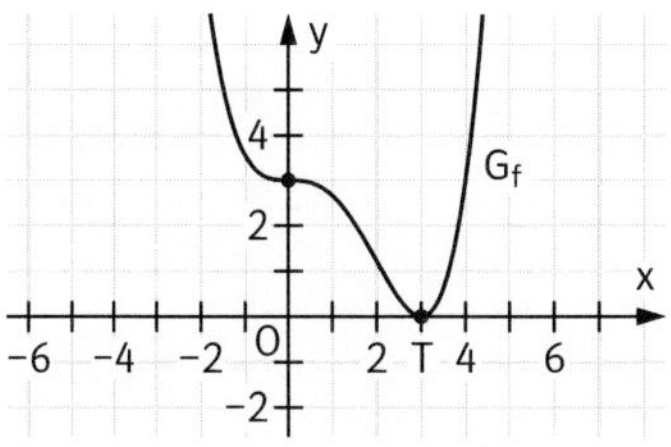

14 G ≙ Grundpreis; E ≙ erhöhter Preis

$E = 1{,}25 \cdot G \Rightarrow G = \frac{1}{1{,}25} \cdot E = 0{,}8 \cdot E$; das Geschäft kann 20% Rabatt anbieten.

4 Vektorielle Darstellung von Ebenen

S. 128

1 a) Eine Ebene kann auf folgende Weisen festgelegt werden:
- durch zwei sich schneidende Geraden;
- durch zwei parallele Geraden;
- durch eine Gerade und einen Punkt außerhalb der Geraden.

b)

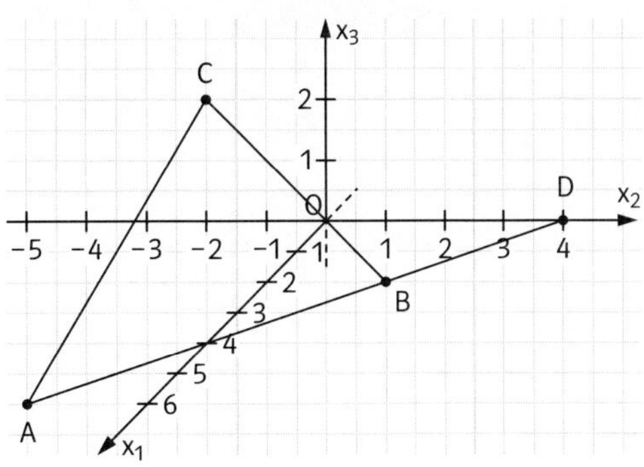

AB geschnitten mit der x_2-Achse liefert $D(0|4|0) \in E$. Somit liegen auch alle Punkte der Geraden CD in der Ebene E.

CD: $\vec{X} = \begin{pmatrix} 0 \\ -2 \\ 2 \end{pmatrix} + \lambda \cdot \begin{pmatrix} 0 \\ 6 \\ 2 \end{pmatrix};\quad \lambda \in \mathbb{R}$

c) $\overrightarrow{CP} = \begin{pmatrix} -4 \\ 4 \\ 0 \end{pmatrix} = \overrightarrow{AB};\quad \overrightarrow{BP} = \begin{pmatrix} -6 \\ 0 \\ 2 \end{pmatrix} = \overrightarrow{AC}$

ABCP ist also ein Parallelogramm und P liegt in der Ebene E.

Es gilt: $\overrightarrow{AP} = \overrightarrow{AB} + \overrightarrow{AC}$.

S. 129

2 a) E: $\vec{X} = \begin{pmatrix} 2 \\ 3 \\ 1 \end{pmatrix} + \lambda \cdot \begin{pmatrix} 2 \\ -2 \\ -3 \end{pmatrix} + \mu \cdot \begin{pmatrix} 1 \\ -1 \\ 1 \end{pmatrix}$

b) E: $\vec{X} = \begin{pmatrix} -3 \\ 1 \\ 4 \end{pmatrix} + \lambda \cdot \begin{pmatrix} 2 \\ 1 \\ -1 \end{pmatrix} + \mu \cdot \begin{pmatrix} 3 \\ 2 \\ 0 \end{pmatrix}$

3 a) Die Punkte liegen in der x_1x_2-Ebene.
b) Die Punkte liegen in der x_2x_3-Ebene.
c) Die Punkte liegen auf der x_3-Achse.
d) Die Punkte liegen auf der x_1-Achse.

S. 130

4 a) $\begin{pmatrix} 8 \\ 3 \\ 14 \end{pmatrix} = \begin{pmatrix} 4 \\ 3 \\ 1 \end{pmatrix} + \lambda \cdot \begin{pmatrix} 1 \\ 2 \\ -1 \end{pmatrix} + \mu \cdot \begin{pmatrix} 2 \\ 1 \\ 2 \end{pmatrix}$

$$\left.\begin{array}{ll} \text{I:} & 4 = \lambda + 2\mu \\ \text{II:} & 0 = 2\lambda + \mu \\ \text{III:} & 13 = -\lambda + 2\mu \end{array}\right\} \Rightarrow \begin{array}{l} \Rightarrow \lambda = 2\mu - 4 \\ \text{in II: } 0 = 2(2\mu - 4) + \mu \Rightarrow \mu = 1{,}6 \\ \text{in I: } \lambda = 2 \cdot 1{,}6 - 4 = -0{,}8 \\ \text{in III: } 13 = 0{,}8 + 2 \cdot 1{,}6 \text{ falsch} \\ A \notin E \end{array}$$

Analoges Vorgehen: $B \in E\ (\lambda = \mu = -1)$; $C \in E\ (\lambda = -4;\ \mu = 2)$

b) $\begin{pmatrix}4\\3\\d\end{pmatrix} = \begin{pmatrix}4\\3\\1\end{pmatrix} + \lambda\cdot\begin{pmatrix}1\\2\\-1\end{pmatrix} + \mu\cdot\begin{pmatrix}2\\1\\2\end{pmatrix}$

$$\left.\begin{array}{ll} \text{I:} & 0 = \lambda + 2\mu \\ \text{II:} & 0 = 2\lambda + \mu \\ \text{III:} & d-1 = -\lambda + 2\mu \end{array}\right\} \Rightarrow \begin{array}{l} \Rightarrow\ \lambda = -2\mu \\ \text{in II:}\quad 0 = -3\mu \ \Rightarrow\ \mu = 0;\ \lambda = 0 \\ \text{in III:}\ d-1 = 0 \ \Rightarrow\ d = 1 \end{array}$$

D(4 | 3 | 1)

Aus zwei der drei Gleichungen werden die Parameterwerte für λ und μ berechnet.
Aus der 3. Gleichung errechnet man die fehlende Koordinate.

$e = 6;\ \lambda = \mu = 1;\ E(7|6|2);\quad f = 6;\ \lambda = \mu = 1;\ F(7|6|2);$
$p = \frac{11}{3};\ \lambda = -\frac{4}{3};\ \mu = \frac{2}{3};\ P\left(4\middle|1\middle|\frac{11}{3}\right)$ (analoge Vorgehensweise wie bei D)

$\begin{pmatrix}0\\q\\q\end{pmatrix} = \begin{pmatrix}4\\3\\1\end{pmatrix} + \lambda\cdot\begin{pmatrix}1\\2\\-1\end{pmatrix} + \mu\cdot\begin{pmatrix}2\\1\\2\end{pmatrix}$

$$\left.\begin{array}{ll} \text{I:} & -4 = \lambda + 2\mu \\ \text{II:} & q-3 = 2\lambda + \mu \\ \text{III:} & q-1 = -\lambda + 2\mu \end{array}\right\} \Rightarrow \begin{array}{lll} \text{aus I:} & \lambda = -4-2\mu & \\ \text{in II:} & q-3 = 2\cdot(-4-2\mu)+\mu & \Rightarrow\ q = -5-3\mu \quad (\text{II'}) \\ \text{in III:} & q-1 = 4+2\mu+2\mu & \Rightarrow\ q = 5+4\mu \quad (\text{III'}) \\ \text{II'}-\text{III'}: & 0 = -10-7\mu & \Rightarrow\ \mu = -\frac{10}{7} \end{array}$$

$$\Rightarrow\ \lambda = -4-2\cdot\left(-\frac{10}{7}\right) = -\frac{8}{7}$$
$$\Rightarrow\ q = 5+4\cdot\left(-\frac{10}{7}\right) = -\frac{5}{7}$$

$Q\left(0\middle|-\frac{5}{7}\middle|-\frac{5}{7}\right)$

Q liegt auf der Winkelhalbierenden der positiven x_2-Achse und der positiven x_3-Achse.
$r = 3;\ \lambda = 0;\ \mu = 1\quad R(6|4|3)$ (analoge Vorgehensweise wie bei Q)

5 a)

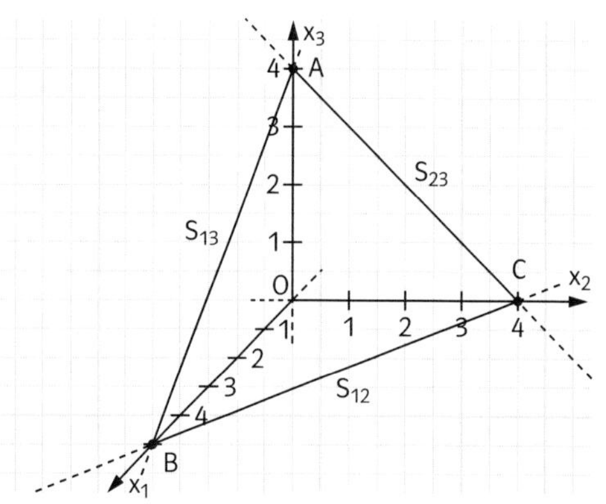

b) $E\colon \vec{x} = \begin{pmatrix}0\\0\\4\end{pmatrix} + \lambda\cdot\begin{pmatrix}5\\0\\-4\end{pmatrix} + \mu\cdot\begin{pmatrix}0\\4\\-4\end{pmatrix}$

$S_{12}\colon \vec{x} = \begin{pmatrix}5\\0\\0\end{pmatrix} + \sigma\cdot\begin{pmatrix}-5\\4\\0\end{pmatrix}$

$S_{13}\colon \vec{x} = \begin{pmatrix}5\\0\\0\end{pmatrix} + \tau\cdot\begin{pmatrix}-5\\0\\4\end{pmatrix}$

$S_{23}\colon \vec{x} = \begin{pmatrix}0\\0\\4\end{pmatrix} + \varphi\cdot\begin{pmatrix}0\\4\\-4\end{pmatrix}$

6 a) Schnitt mit der x_1-Achse: $\sigma\cdot\begin{pmatrix}1\\0\\0\end{pmatrix} = \begin{pmatrix}6\\4\\1\end{pmatrix} + \lambda\cdot\begin{pmatrix}3\\4\\1\end{pmatrix} + \mu\cdot\begin{pmatrix}6\\8\\4\end{pmatrix}$

$$\left.\begin{array}{ll} \text{I:} & \sigma = 6+3\lambda+6\mu \\ \text{II:} & -4 = 4\lambda+8\mu \\ \text{III:} & -1 = 2 + 4\mu \end{array}\right\} \Rightarrow \begin{array}{ll} \text{aus III:} & \lambda = -4\mu-1 \\ \text{in II:} & -4 = -16\mu-4+8\mu \ \Rightarrow\ \mu = 0 \ \Rightarrow\ \lambda = -1 \\ \text{in I:} & \sigma = 6-3 = 3 \end{array}$$

$S_1(3|0|0)$

Schnitt mit der x_2-Achse: $\sigma\cdot\begin{pmatrix}0\\1\\0\end{pmatrix} = \begin{pmatrix}6\\4\\1\end{pmatrix} + \lambda\cdot\begin{pmatrix}3\\4\\1\end{pmatrix} + \mu\cdot\begin{pmatrix}6\\8\\4\end{pmatrix}$

$$\left.\begin{array}{ll} \text{I:} & -6 = 3\lambda+6\mu \\ \text{II:} & \sigma = 4+4\lambda+8\mu \\ \text{III:} & -1 = \lambda+4\mu \end{array}\right\} \Rightarrow \begin{array}{ll} \text{aus III:} & \lambda = -4\mu-1 \\ \text{in I:} & -6 = 3\cdot(-4\mu-1)+6\mu \ \Rightarrow\ \mu = 0{,}5 \\ \text{in III:} & \lambda = -2-1 = -3 \\ \text{in II:} & \sigma = 4+4\cdot(-3)+8\cdot 0{,}5 = -4 \end{array}$$

$S_2(0|-4|0)$

Schnitt mit der x_3-Achse: $\sigma\cdot\begin{pmatrix}0\\0\\1\end{pmatrix} = \begin{pmatrix}6\\4\\1\end{pmatrix} + \lambda\cdot\begin{pmatrix}3\\4\\1\end{pmatrix} + \mu\cdot\begin{pmatrix}6\\8\\4\end{pmatrix}$

$$\left.\begin{array}{ll} \text{I:} & -6 = 3\lambda+6\mu \\ \text{II:} & -4 = 4\lambda+8\mu \\ \text{III:} & \sigma = 1+\lambda+4\mu \end{array}\right\} \Rightarrow \begin{array}{l} \Rightarrow\ 2 = -\lambda-2\mu \\ \text{in II:}\quad -4 = 4\cdot(-2-2\mu)+8\mu \ \Rightarrow\ 4 = 0;\ \text{falsch} \\ \Rightarrow\ \text{E schneidet die } x_3\text{-Achse nicht.} \end{array}$$

b) Blick in den IV. Oktanten:

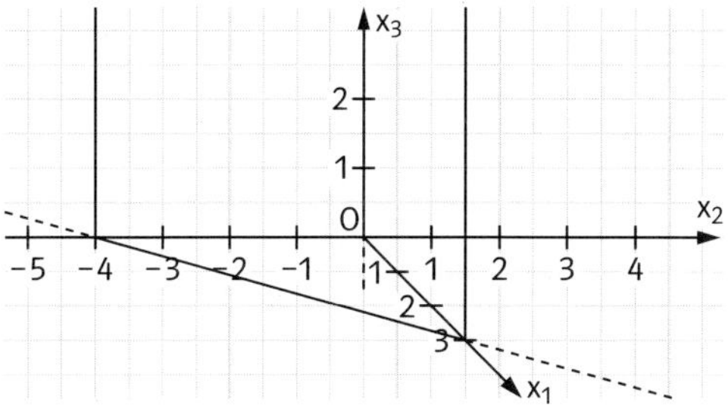

Blick in den I. Oktanten analog.

c) Die Ebene ist parallel zur x_3-Achse.

7 Ursprung des Koordinatensystems in der hinteren linken Ecke unten.
A(4 | 0 | 3,5); B(0 | 4 | 4,5); C(0 | 6 | 2,5)

$E\colon \vec{x} = \begin{pmatrix} 4 \\ 0 \\ 3{,}5 \end{pmatrix} + \lambda \cdot \begin{pmatrix} -4 \\ 4 \\ 1 \end{pmatrix} + \mu \cdot \begin{pmatrix} -4 \\ 6 \\ -1 \end{pmatrix}$

i **8** **Hinweis:** P darf nicht auf der Gerade g liegen.

a) $\begin{pmatrix} 4 \\ -2 \\ 1 \end{pmatrix} = \begin{pmatrix} 3 \\ -1 \\ 4 \end{pmatrix} + \lambda \cdot \begin{pmatrix} 2 \\ 1 \\ -2 \end{pmatrix} \Rightarrow \begin{pmatrix} 1 \\ -1 \\ -3 \end{pmatrix} = \lambda \cdot \begin{pmatrix} 2 \\ 1 \\ -2 \end{pmatrix}$ Es existiert kein λ, das die Gleichung löst; $P \notin g$.

$E\colon \vec{x} = \begin{pmatrix} 3 \\ -1 \\ 4 \end{pmatrix} + \lambda \cdot \begin{pmatrix} 2 \\ 1 \\ -2 \end{pmatrix} + \mu \cdot \begin{pmatrix} 1 \\ -1 \\ -3 \end{pmatrix}$

b) $\begin{pmatrix} -1 \\ -3 \\ 8 \end{pmatrix} = \begin{pmatrix} 3 \\ -1 \\ 4 \end{pmatrix} + \lambda \cdot \begin{pmatrix} 2 \\ 1 \\ -2 \end{pmatrix} \Rightarrow \begin{pmatrix} -4 \\ -2 \\ 4 \end{pmatrix} = \lambda \cdot \begin{pmatrix} 2 \\ 1 \\ -2 \end{pmatrix}$ $\lambda = -2$ löst die Gleichung; $P \in g$; g und P legen keine Ebene fest.

9 a) neuer Aufpunkt für $\lambda = 0$, $\mu = 1$: A(2 | 2 | 5)

neue Richtungsvektoren: z. B. $\begin{pmatrix} 1 \\ 1 \\ -2 \end{pmatrix} + \begin{pmatrix} -1 \\ 2 \\ 3 \end{pmatrix} = \begin{pmatrix} 0 \\ 3 \\ 1 \end{pmatrix}$; $2 \cdot \begin{pmatrix} 1 \\ 1 \\ -2 \end{pmatrix} - \begin{pmatrix} -1 \\ 2 \\ 3 \end{pmatrix} = \begin{pmatrix} 3 \\ 0 \\ -7 \end{pmatrix}$

$E_1\colon \vec{x} = \begin{pmatrix} 2 \\ 2 \\ 5 \end{pmatrix} + \lambda \cdot \begin{pmatrix} 0 \\ 3 \\ 1 \end{pmatrix} + \mu \cdot \begin{pmatrix} 3 \\ 0 \\ -7 \end{pmatrix}$

neuer Aufpunkt für $\lambda = 1$, $\mu = 0$: A(4 | 1 | 0)

neue Richtungsvektoren: z. B. $\begin{pmatrix} 1 \\ 1 \\ -2 \end{pmatrix} - \begin{pmatrix} -1 \\ 2 \\ 3 \end{pmatrix} = \begin{pmatrix} 2 \\ -1 \\ -5 \end{pmatrix}$; $3 \cdot \begin{pmatrix} 1 \\ 1 \\ -2 \end{pmatrix} - 2 \cdot \begin{pmatrix} -1 \\ 2 \\ 3 \end{pmatrix} = \begin{pmatrix} 5 \\ -1 \\ -12 \end{pmatrix}$

$E_2\colon \vec{x} = \begin{pmatrix} 4 \\ 1 \\ 0 \end{pmatrix} + \lambda \cdot \begin{pmatrix} 2 \\ -1 \\ -5 \end{pmatrix} + \mu \cdot \begin{pmatrix} 5 \\ -1 \\ -12 \end{pmatrix}$

b) Wählt man für λ und μ je einen Wert, so erhält man den neuen Aufpunkt. Die neuen Richtungsvektoren sind eine Linearkombination der ursprünglichen Richtungsvektoren.

10 a) $\overrightarrow{AB} = \begin{pmatrix} 2 \\ 2 \\ 6 \end{pmatrix}$; $\overrightarrow{AC} = \begin{pmatrix} -1 \\ 2 \\ 0 \end{pmatrix}$; $\overrightarrow{AD} = \begin{pmatrix} 2 \\ 1 \\ 3 \end{pmatrix}$

$(\overrightarrow{AB} \times \overrightarrow{AC}) \circ \overrightarrow{AD} = \left[\begin{pmatrix} 2 \\ 2 \\ 6 \end{pmatrix} \times \begin{pmatrix} -1 \\ 2 \\ 0 \end{pmatrix} \right] \circ \begin{pmatrix} 2 \\ 1 \\ 3 \end{pmatrix} = \begin{pmatrix} -12 \\ -6 \\ 6 \end{pmatrix} \circ \begin{pmatrix} 2 \\ 1 \\ 3 \end{pmatrix} = -12$; A, B, C, D liegen nicht in einer Ebene.

b) $\overrightarrow{AB} = \begin{pmatrix} 2 \\ 1 \\ 7 \end{pmatrix}$; $\overrightarrow{AC} = \begin{pmatrix} 3 \\ 2 \\ 5 \end{pmatrix}$; $\overrightarrow{AD} = \begin{pmatrix} 5 \\ 3 \\ 12 \end{pmatrix}$

$(\overrightarrow{AB} \times \overrightarrow{AC}) \circ \overrightarrow{AD} = \left[\begin{pmatrix} 2 \\ 1 \\ 7 \end{pmatrix} \times \begin{pmatrix} 3 \\ 2 \\ 5 \end{pmatrix} \right] \circ \begin{pmatrix} 5 \\ 3 \\ 12 \end{pmatrix} = \begin{pmatrix} -9 \\ 11 \\ 1 \end{pmatrix} \circ \begin{pmatrix} 5 \\ 3 \\ 12 \end{pmatrix} = 0$; $E\colon \vec{x} = \begin{pmatrix} 3 \\ 0 \\ 2 \end{pmatrix} + \lambda \cdot \begin{pmatrix} 2 \\ 1 \\ 7 \end{pmatrix} + \mu \cdot \begin{pmatrix} 3 \\ 2 \\ 5 \end{pmatrix}$

11 a) Die beiden Richtungsvektoren sind linear unabhängig.

$$\left.\begin{array}{ll} \text{I:} & 1+2\lambda = 4+\mu \\ \text{II:} & 1+3\lambda = 4 \\ \text{III:} & 2+\lambda = 4+\mu \end{array}\right\} \Rightarrow \begin{array}{l} \text{aus II: } \lambda = 1 \\ \text{in III: } \mu = -1 \\ \lambda = 1;\ \mu = -1 \text{ in I: } 1+2 = 4-1 \text{ wahr} \end{array}$$

$S(3\,|\,4\,|\,3)$

$$E\colon \vec{x} = \begin{pmatrix} 3 \\ 4 \\ 3 \end{pmatrix} + \lambda \cdot \begin{pmatrix} 2 \\ 3 \\ 1 \end{pmatrix} + \mu \cdot \begin{pmatrix} 1 \\ 0 \\ 1 \end{pmatrix}$$

b) Die beiden Richtungsvektoren sind linear unabhängig.

$$\left.\begin{array}{ll} \text{I:} & 3+2\lambda = 7+\mu \\ \text{II:} & -1+\lambda = 1+2\mu \\ \text{III:} & 4-2\lambda = 1+2\mu \end{array}\right\} \Rightarrow \begin{array}{ll} \text{aus I:} & \mu = -4+2\lambda \\ \text{in II:} & -1+\lambda = 1-8+4\lambda \Rightarrow \lambda = 2 \\ \text{in I:} & \mu = -4+4 = 0 \\ \text{in III:} & 4-4 = 1 \text{ falsch} \Rightarrow \text{g und h sind windschief.} \end{array}$$

c) Die beiden Richtungsvektoren sind linear abhängig: $-3 \cdot \begin{pmatrix} 2 \\ 1 \\ 4 \end{pmatrix} = \begin{pmatrix} -6 \\ -3 \\ 12 \end{pmatrix}$

Liegt $A(3\,|\,1\,|\,4) \in h$?
$$\left.\begin{array}{lll} \text{I:} & 3 = 3-6\mu & \Rightarrow \mu = 0 \\ \text{II:} & 1 = -1-3\mu & \Rightarrow \mu = -\frac{2}{3} \\ \text{III:} & 4 = 4+12\mu & \end{array}\right\} \Rightarrow \text{es existiert keine Lösung für } \mu;\ \text{g und h sind parallel.}$$

$$E\colon \vec{x} = \begin{pmatrix} 3 \\ 1 \\ 4 \end{pmatrix} + \lambda \cdot \begin{pmatrix} 2 \\ 1 \\ -4 \end{pmatrix} + \mu \cdot \begin{pmatrix} 0 \\ -2 \\ 0 \end{pmatrix}$$

d) Individuelle Lösungen

12 $V = \frac{1}{3} \cdot \frac{4}{3} \cdot 3^3\pi + \frac{1}{2} \cdot \frac{1}{3} \cdot 3^2 \cdot \pi \cdot 4 = 15\pi \approx 47{,}1 \quad [\text{dm}^3]$;

$$\begin{array}{llllll} O & = O_{\text{Viertel der Kugel}} & + O_{\text{Boden der Viertelkugel}} & + O_{\text{Hälfte des Kegels}} & + O_{\text{Boden des Halbkegels}} & \\ & = \frac{1}{4} \cdot 4 \cdot 3^2\pi & + \frac{1}{2} \cdot 3^2\pi & + \frac{1}{2} \cdot 3 \cdot \sqrt{3^2+4^2}\,\pi & + \frac{1}{2} \cdot 6 \cdot 4 & \\ & = 9\pi & + \frac{9}{2}\pi & + \frac{15}{2}\pi & + 12 & = 21\pi + 12 \approx 78{,}0 \quad [\text{dm}^2] \end{array}$$

5 Normalenformen der Ebenengleichung

S. 131

1 a) Durch einen Punkt P einer Geraden g gibt es unendlich viele senkrechte Geraden h. Die Richtungsvektoren von drei Geraden sind linear abhängig, d.h. die Pfeile sind parallel zu einer Ebene E, die senkrecht zu g ist.

b)

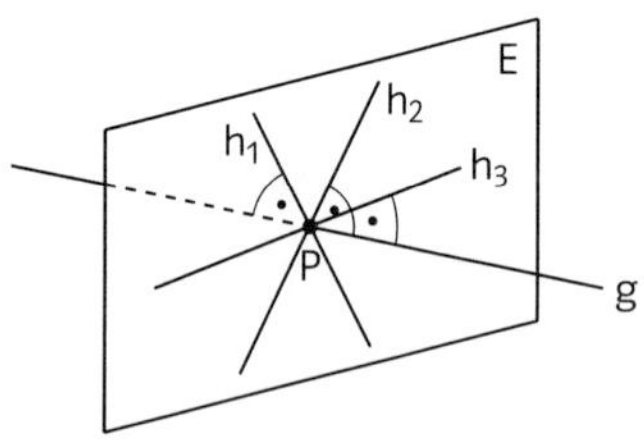

c)

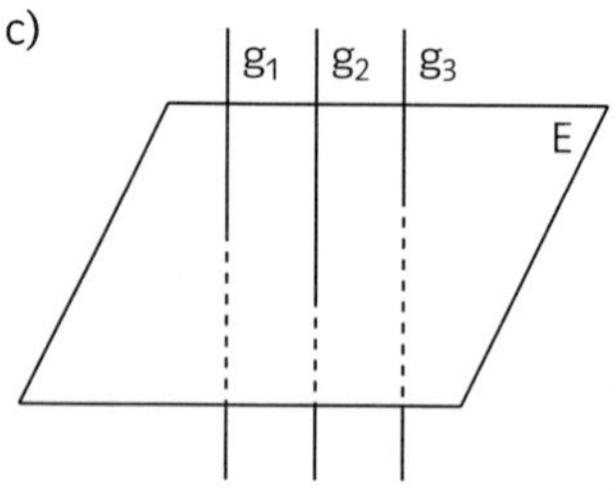

Die Lotgeraden zu einer Ebene E sind parallel.

S. 132

2 a) $\vec{n} = \begin{pmatrix} 1 \\ 0 \\ 2 \end{pmatrix} \times \begin{pmatrix} 0 \\ -5 \\ 8 \end{pmatrix} = \begin{pmatrix} 10 \\ -8 \\ -5 \end{pmatrix}$; E: $\begin{pmatrix} 10 \\ -8 \\ -5 \end{pmatrix} \circ \left[\vec{x} - \begin{pmatrix} 5 \\ 2 \\ 3 \end{pmatrix}\right] = 0$; E: $10x_1 - 8x_2 - 5x_3 - 19 = 0$

b) $|\vec{n}| = \sqrt{189} = 3\sqrt{21}$; HNF: $\frac{10x_1 - 8x_2 - 5x_3 - 19}{3\sqrt{21}} = 0$

c)
$$\left.\begin{array}{lll} A \in E? & 10 \cdot 2 - 8 \cdot (-2) - 5 \cdot 1 - 19 = 12 \neq 0 & \Rightarrow A \notin E \\ B \in E? & 10 \cdot 3 - 8 \cdot 1 - 5 \cdot 1 - 19 = -2 \neq 0 & \Rightarrow B \notin E \end{array}\right\} \text{AB kann nicht in E liegen.}$$

3 $\overrightarrow{AB} = \begin{pmatrix} 2 \\ 6 \\ 3 \end{pmatrix}$; $\overrightarrow{AC} = \begin{pmatrix} 6 \\ -3 \\ 2 \end{pmatrix}$; $\vec{n} = \overrightarrow{AB} \times \overrightarrow{AC} = \begin{pmatrix} 2 \\ 6 \\ 3 \end{pmatrix} \times \begin{pmatrix} 6 \\ -3 \\ 2 \end{pmatrix} = \begin{pmatrix} 21 \\ 14 \\ -42 \end{pmatrix} = 7 \cdot \begin{pmatrix} 3 \\ 2 \\ -6 \end{pmatrix}$; $\vec{n_0} = \frac{1}{7} \cdot \begin{pmatrix} 3 \\ 2 \\ -6 \end{pmatrix}$

E: $\frac{1}{7} \cdot \begin{pmatrix} 3 \\ 2 \\ -6 \end{pmatrix} \circ \left[\vec{x} - \begin{pmatrix} 1 \\ 3 \\ 2 \end{pmatrix}\right] = 0$; E: $\frac{1}{7} \cdot (-3x_1 - 2x_2 + 6x_3 - 3) = 0$

4 a) Schnittpunkt mit der x_1-Achse:
$2x_1-12=0 \Rightarrow x_1=6 \quad S_1(6|0|0)$
Schnittpunkt mit der x_2-Achse:
$3x_2-12=0 \Rightarrow x_2=4 \quad S_2(0|4|0)$
Schnittpunkt mit der x_3-Achse:
$4x_3-12=0 \Rightarrow x_3=3 \quad S_3(0|0|3)$

b) $\vec{x}=\begin{pmatrix}6\\0\\0\end{pmatrix}+\lambda\cdot\begin{pmatrix}-6\\4\\0\end{pmatrix}+\mu\cdot\begin{pmatrix}-6\\0\\3\end{pmatrix}$

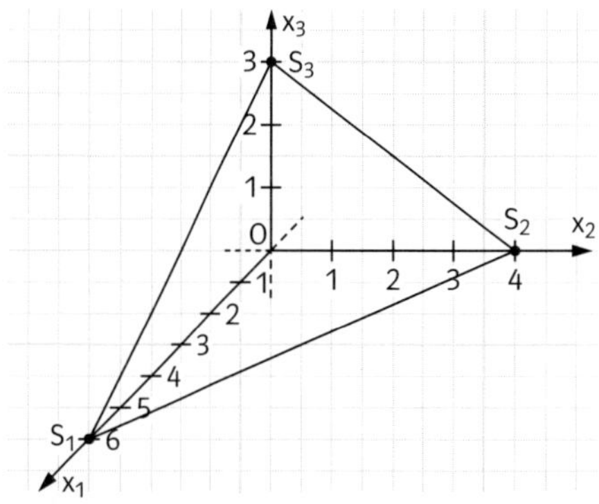

5 g: $3x_1+2x_3-6=0$; Gerade in der x_1x_3-Ebene

E: $3x_1+0x_2+2x_3-6=0$; $\vec{n}=\begin{pmatrix}3\\0\\2\end{pmatrix}$; Ebene E parallel zur x_2-Achse

6 E: $x_1-x_3=0$; Winkelhalbierende Ebene zwischen x_1x_2-Ebene und der x_2x_3-Ebene

7 $A(3|0|3)$; $B(6|3|3)$; $C(3|6|3)$; $D(0|3|3)$; $E(3|3|0)$; $F(3|3|6)$

$\overrightarrow{AB}=\begin{pmatrix}3\\3\\0\end{pmatrix}$; $\overrightarrow{AF}=\begin{pmatrix}0\\3\\3\end{pmatrix}$; E(ABF): $\vec{x}=\begin{pmatrix}3\\0\\3\end{pmatrix}+\lambda\cdot\begin{pmatrix}3\\3\\0\end{pmatrix}+\mu\cdot\begin{pmatrix}0\\3\\3\end{pmatrix}$

$\overrightarrow{BC}=\begin{pmatrix}-3\\3\\0\end{pmatrix}$; $\overrightarrow{BE}=\begin{pmatrix}-3\\0\\-3\end{pmatrix}$; $\overrightarrow{BC}\times\overrightarrow{BE}=\begin{pmatrix}-3\\3\\0\end{pmatrix}\times\begin{pmatrix}-3\\0\\-3\end{pmatrix}=\begin{pmatrix}-9\\-9\\9\end{pmatrix}=-9\cdot\begin{pmatrix}1\\1\\-1\end{pmatrix}$

E(BCE): $\begin{pmatrix}1\\1\\-1\end{pmatrix}\circ\left[\vec{x}-\begin{pmatrix}6\\3\\3\end{pmatrix}\right]=0$; $x_1+x_2-x_3-6=0$

8 a) $x=2^5=32$; $L=\{32\}$
b) $\sqrt[3]{-8}$ ist nicht definiert; $L=\{\ \}$
c) $x=81$; $L=\{81\}$
d) $x=441$; $L=\{441\}$

9 a) $f'(x)=0{,}3\cdot x^{-0{,}7}$; $F(x)=\frac{1}{1{,}3}\cdot x^{1{,}3}$
b) $f'(x)=\frac{5}{3}\cdot x^{\frac{2}{3}}$; $F(x)=\frac{3}{8}\cdot x^{\frac{8}{3}}$
c) $f'(x)=\frac{7}{4}\cdot x^{\frac{3}{4}}$; $F(x)=\frac{4}{11}\cdot x^{\frac{11}{4}}$
d) $f'(x)=0{,}9\cdot x^2$; $F(x)=\frac{3}{40}\cdot x^4$
e) $f(x)=x^{-\frac{1}{2}}$; $f'(x)=-\frac{1}{2}x^{-\frac{3}{2}}$; $F(x)=2\cdot x^{\frac{1}{2}}$
f) $f(x)=x^{-\frac{1}{3}}$; $f'(x)=-\frac{1}{3}x^{-\frac{4}{3}}$; $F(x)=\frac{3}{2}\cdot x^{\frac{2}{3}}$

6 Gegenseitige Lage von Gerade und Ebene

S. 133

1 a) $g=PQ$: $\vec{x}=\begin{pmatrix}-2\\0\\0\end{pmatrix}+\lambda\cdot\begin{pmatrix}2\\0\\2\end{pmatrix}$

b) E: $\vec{x}=\begin{pmatrix}1\\0\\0\end{pmatrix}+\sigma\cdot\begin{pmatrix}-1\\-4\\0\end{pmatrix}+\tau\cdot\begin{pmatrix}0\\0\\1\end{pmatrix}$

Normalenvektor: $\begin{pmatrix}1\\4\\0\end{pmatrix}\times\begin{pmatrix}0\\0\\1\end{pmatrix}=\begin{pmatrix}4\\-1\\0\end{pmatrix}$; Normalenform

in Vektordarstellung: E: $\begin{pmatrix}4\\-1\\0\end{pmatrix}\circ\left[\vec{x}-\begin{pmatrix}1\\0\\0\end{pmatrix}\right]=0$

in Koordinatendarstellung: E: $4x_1-x_2-4=0$

c) S muss die Gleichungen von g und E erfüllen. Man setzt den Ortsvektor $\vec{x}$ aus der Gleichung von g in die Gleichung von E ein.
Aus g: $x_1=-2+2\lambda$; $x_2=0$; $x_3=2\lambda$
in E: $4\cdot(-2+2\lambda)-0-4=0 \Rightarrow -8+8\lambda-4=0 \Rightarrow \lambda=1{,}5$
$\lambda=1{,}5$ in g eingesetzt: $\vec{g}=\begin{pmatrix}-2\\0\\0\end{pmatrix}+1{,}5\cdot\begin{pmatrix}2\\0\\2\end{pmatrix} \Rightarrow S(1|0|3)$

S. 134

2 a) $g = AB: \vec{X} = \begin{pmatrix}2\\3\\1\end{pmatrix} + \lambda\cdot\begin{pmatrix}3\\0\\1\end{pmatrix}$

$E \cap g:\ 2+3\lambda-2\cdot(3+3)+3\cdot(1+\lambda)+7=0$

$2+3\lambda-6+1+3+3\lambda+7=0 \Rightarrow \lambda=-1;$

$\lambda=-1$ in g eingesetzt: $S(-1\,|\,3\,|\,0)$

b) $h = CD: \vec{X} = \begin{pmatrix}3\\2\\1\end{pmatrix} + \lambda\cdot\begin{pmatrix}1\\2\\1\end{pmatrix}$

$E \cap g:\ 3+\lambda-2\cdot(2+2\lambda)+3\cdot(1+\lambda)+7=0$

$2+\lambda-4-4\lambda+3+3\lambda+7=0 \Rightarrow 0+8=0$ falsch

E und h haben keinen Punkt gemeinsam, also $h \parallel E$.

3 $E: \vec{X} = \begin{pmatrix}3\\0\\2\end{pmatrix} + \sigma\cdot\begin{pmatrix}2\\1\\2\end{pmatrix} + \tau\cdot\begin{pmatrix}2\\-2\\1\end{pmatrix};$ $\quad \vec{n_E} = \begin{pmatrix}2\\1\\2\end{pmatrix} \times \begin{pmatrix}2\\-2\\1\end{pmatrix} = \begin{pmatrix}5\\2\\-6\end{pmatrix}$

$E: \begin{pmatrix}5\\2\\-6\end{pmatrix} \circ \left[\vec{X} - \begin{pmatrix}3\\0\\2\end{pmatrix}\right] = 0;$ $\quad E: 5x_1+2x_2-6x_3-3=0$

a) $g = PQ: \vec{X} = \begin{pmatrix}1\\-5\\1\end{pmatrix} + \lambda\cdot\begin{pmatrix}3\\2\\2\end{pmatrix};$

$E \cap g:\ 5\cdot(1+3\lambda)+2\cdot(-5+2\lambda)-6\cdot(1+2\lambda)-3=0$

$5+15\lambda-10+4\lambda-6-12\lambda-3=0 \Rightarrow \lambda=2;$

$\lambda=2$ in g eingesetzt: $S(7\,|\,-1\,|\,5)$

b) $g = PQ: \vec{X} = \begin{pmatrix}2\\4\\1\end{pmatrix} + \lambda\cdot\begin{pmatrix}2\\1\\2\end{pmatrix};$

$E \cap g:\ 5\cdot(2+2\lambda)+2\cdot(4+\lambda)-6\cdot(1+2\lambda)-3=0$

$10+10\lambda+8+2\lambda-6-12\lambda-3=0 \Rightarrow 0+9=0$ falsch

$E \cap g = \{\ \}$, also $g \parallel E$.

S. 135

4 $E_{12}: x_3=0;\quad E_{13}: x_2=0;\quad E_{23}: x_1=0$

a) $g: \vec{X} = \begin{pmatrix}3\\2\\1\end{pmatrix} + \lambda\cdot\begin{pmatrix}2\\1\\4\end{pmatrix}$

$g \cap E_{12}:\ 1+4\lambda=0 \Rightarrow \lambda=-\frac{1}{4};\quad S_{12}(2{,}5\,|\,1{,}75\,|\,0)$

$g \cap E_{13}:\ 2+\ \lambda=0 \Rightarrow \lambda=-2;\quad S_{13}(-1\,|\,0\,|\,-7)$

$g \cap E_{23}:\ 3+2\lambda=0 \Rightarrow \lambda=-1{,}5;\quad S_{23}(0\,|\,0{,}5\,|\,-5)$

b) $g: \vec{X} = \begin{pmatrix}3\\2\\1\end{pmatrix} + \lambda\cdot\begin{pmatrix}-1\\2\\0\end{pmatrix}$

$g \cap E_{12}:\ 1+\ 0=0 \Rightarrow$ kein Schnittpunkt; $g \parallel x_1x_2$-Ebene

$g \cap E_{13}:\ 2+2\lambda=0 \Rightarrow \lambda=-1;\quad S_{13}(4\,|\,0\,|\,1)$

$g \cap E_{23}:\ 3-\ \lambda=0 \Rightarrow \lambda=3;\quad S_{23}(0\,|\,8\,|\,1)$

5 x_1-Achse: $\vec{X} = \lambda\cdot\begin{pmatrix}1\\0\\0\end{pmatrix};$ x_2-Achse: $\vec{X} = \lambda\cdot\begin{pmatrix}0\\1\\0\end{pmatrix};$ x_3-Achse: $\vec{X} = \lambda\cdot\begin{pmatrix}0\\0\\1\end{pmatrix}$

a) $E: \vec{X} = \begin{pmatrix}3\\0\\2\end{pmatrix} + \mu\cdot\begin{pmatrix}2\\1\\2\end{pmatrix} + \nu\cdot\begin{pmatrix}2\\-2\\1\end{pmatrix};$ $\quad \vec{n_E} = \begin{pmatrix}2\\1\\2\end{pmatrix} \times \begin{pmatrix}2\\-2\\1\end{pmatrix} = \begin{pmatrix}5\\2\\-6\end{pmatrix}$

$E: \begin{pmatrix}5\\2\\-6\end{pmatrix} \circ \left[\vec{X} - \begin{pmatrix}3\\0\\2\end{pmatrix}\right] = 0;$ $\quad E: 5x_1+2x_2-6x_3-3=0$

x_1-Achse $\cap$ E: $5\lambda-3=0 \Rightarrow \lambda=\frac{2}{5};\quad S_1\left(\frac{3}{5}\,\middle|\,0\,\middle|\,0\right)$

x_2-Achse $\cap$ E: $2\lambda-3=0 \Rightarrow \lambda=1{,}5;\quad S_2(0\,|\,1{,}5\,|\,0)$

x_3-Achse $\cap$ E: $-6\lambda-3=0 \Rightarrow \lambda=-\frac{1}{2};\quad S_3\left(0\,\middle|\,0\,\middle|\,-\frac{1}{2}\right)$

Die Spurgeraden bilden ein Dreieck, das im V. Oktanten liegt.

b) $E: 3x_1-2x_2+4x_3-12=0$

x_1-Achse $\cap$ E: $3\lambda-12=0 \Rightarrow \lambda=4;\quad S_1(4\,|\,0\,|\,0)$

x_2-Achse $\cap$ E: $-2\lambda-12=0 \Rightarrow \lambda=-6;\quad S_2(0\,|\,-6\,|\,0)$

x_3-Achse $\cap$ E: $4\lambda-12=0 \Rightarrow \lambda=3;\quad S_2(0\,|\,0\,|\,3)$

Das Spurgeradendreieck liegt im IV. Oktanten liegt.

c) $E: x_2+3x_3-6=0$

kein Schnittpunkt mit der x_1-Achse

x_2-Achse $\cap$ E: $\lambda-6=0 \Rightarrow \lambda=6;\quad S_2(0\,|\,6\,|\,0)$

x_3-Achse $\cap$ E: $3\lambda-6=0 \Rightarrow \lambda=2;\quad S_3(0\,|\,0\,|\,2)$

E ist parallel zur x_1-Achse.

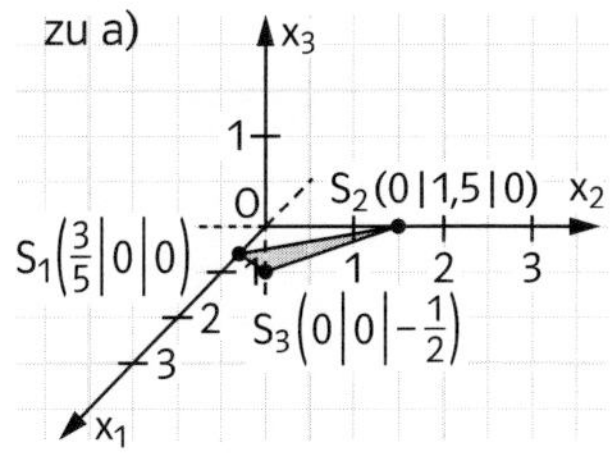

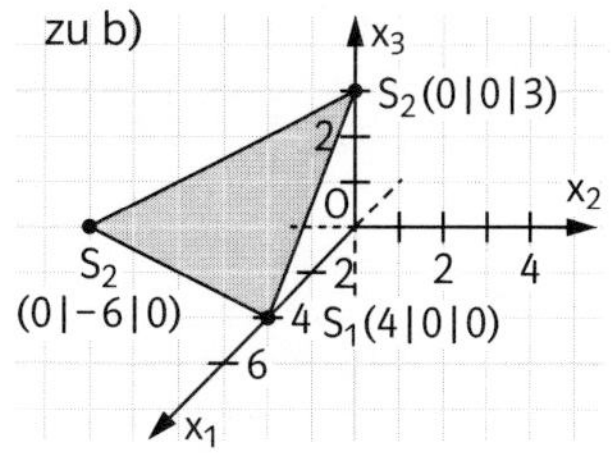

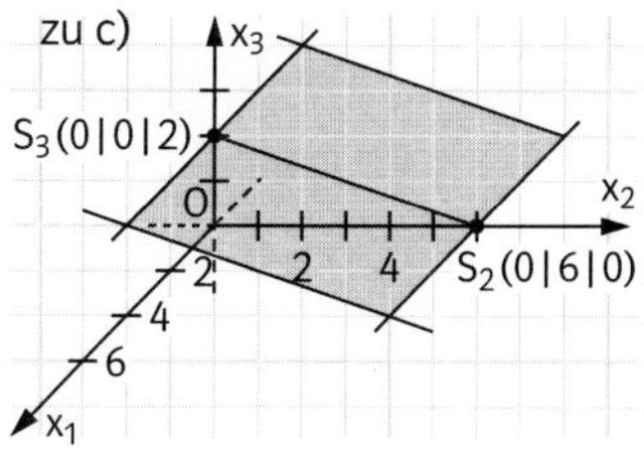

6 Koordinatensprung in D, DA ist x_1-Achse; DC ist x_2-Achse; DH ist x_3-Achse
$A(8|0|0)$; $B(8|8|0)$; $C(0|8|0)$; $D(0|0|0)$; $E(8|0|8)$; $F(8|8|8)$; $G(0|8|8)$; $H(0|0|8)$

E_1: $\vec{x} = \begin{pmatrix}8\\0\\0\end{pmatrix} + \sigma\cdot\begin{pmatrix}0\\8\\8\end{pmatrix} + \tau\cdot\begin{pmatrix}-8\\0\\8\end{pmatrix}$; E_1: $x_1 - x_2 + x_3 - 8 = 0$ $\quad E_2$: $\vec{x} = \mu\cdot\begin{pmatrix}8\\8\\0\end{pmatrix} + \nu\cdot\begin{pmatrix}0\\8\\8\end{pmatrix}$; E_2: $x_1 - x_2 + x_3 = 0$

$g = EC$: $\vec{x} = \begin{pmatrix}8\\0\\8\end{pmatrix} + \lambda\cdot\begin{pmatrix}-8\\8\\-8\end{pmatrix}$

$E_1 \cap g$: $8 - 8\lambda - 8\lambda + 8 - 8\lambda - 8 = 0$; $-24\lambda + 8 = 0 \Rightarrow \lambda = \frac{1}{3}$; $S_1\left(5\frac{1}{3}\,\middle|\,2\frac{2}{3}\,\middle|\,5\frac{1}{3}\right)$

$E_2 \cap g$: $8 - 8\lambda - 8\lambda + 8 - 8\lambda = 0$; $-24\lambda + 16 = 0 \Rightarrow \lambda = \frac{2}{3}$; $S_2\left(2\frac{2}{3}\,\middle|\,5\frac{1}{3}\,\middle|\,2\frac{2}{3}\right)$

7 E: $\vec{x} = \begin{pmatrix}3\\1\\2\end{pmatrix} + \mu\cdot\begin{pmatrix}4\\3\\2\end{pmatrix} + \nu\cdot\begin{pmatrix}2\\1\\2\end{pmatrix}$; $\vec{n_E} = \begin{pmatrix}4\\3\\2\end{pmatrix} \times \begin{pmatrix}2\\1\\2\end{pmatrix} = \begin{pmatrix}4\\-4\\-2\end{pmatrix} = -2\cdot\begin{pmatrix}-2\\2\\1\end{pmatrix}$

a) $g \parallel E$: $\vec{n_E} \circ \begin{pmatrix}2\\a\\-1\end{pmatrix} = 0 \Rightarrow -4 + 2a - 1 = 0 \Rightarrow a = 2{,}5$

$g \perp E$: $\lambda\cdot\vec{n_E} = \begin{pmatrix}2\\a\\-1\end{pmatrix} \Rightarrow \lambda\cdot\begin{pmatrix}-2\\2\\1\end{pmatrix} = \begin{pmatrix}2\\a\\-1\end{pmatrix} \Rightarrow \lambda = -1;\ a = -2$

b) $g \parallel E$: $\vec{n_E} \circ \begin{pmatrix}1\\2a\\a\end{pmatrix} = 0 \Rightarrow -2 + 4a + a = 0 \Rightarrow a = \frac{2}{5}$

$g \perp E$: $\lambda\cdot\vec{n_E} = \begin{pmatrix}1\\2a\\a\end{pmatrix} \Rightarrow \lambda\cdot\begin{pmatrix}-2\\2\\1\end{pmatrix} = \begin{pmatrix}1\\2a\\a\end{pmatrix} \Rightarrow \lambda = -\frac{1}{2};\ a = -\frac{1}{2}$

8 Individuelle Lösungen;
z.B. $g \subset E$: $\vec{x} = \begin{pmatrix}1\\2\\1\end{pmatrix} + \lambda\cdot\begin{pmatrix}1\\1\\0\end{pmatrix}$; $g \parallel E$: $\vec{x} = \begin{pmatrix}1\\2\\3\end{pmatrix} + \lambda\cdot\begin{pmatrix}1\\1\\0\end{pmatrix}$

9

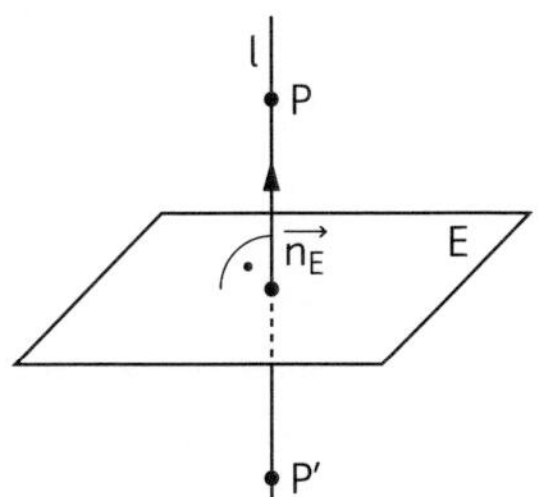

$\vec{n_E} = \begin{pmatrix}1\\2\\0\end{pmatrix} \times \begin{pmatrix}1\\-2\\1\end{pmatrix} = \begin{pmatrix}2\\-1\\-4\end{pmatrix}$; E: $2x_1 - x_2 - 4x_3 = 0$

l: $\vec{x} = \begin{pmatrix}6\\0\\-4\end{pmatrix} + \lambda\cdot\begin{pmatrix}2\\-1\\-4\end{pmatrix}$

$A \cap l$: $2(6 + 2\lambda) + \lambda - 4(-4 - 4\lambda) = 0$
$12 + 4\lambda + \lambda + 16 + 16\lambda = 0 \Rightarrow 28 + 21\lambda = 0 \Rightarrow \lambda = -\frac{4}{3}$

Für P' gilt: $\lambda = -\frac{8}{3} \Rightarrow P'\left(\frac{2}{3}\,\middle|\,\frac{8}{3}\,\middle|\,\frac{20}{3}\right)$

10 a) Man legt eine Ebene E durch P senkrecht zu g. Richtungsvektor $\vec{u}$ von g ist der Normalenvektor $\vec{n_E}$ der Ebene E. Dann berechnet man die Koordinaten des Schnittpunkts F von g mit E.
Für P' gilt: $\overrightarrow{PP'} = 2\cdot\overrightarrow{PF} \Rightarrow \vec{p'} = \vec{p} + 2\cdot\overrightarrow{PF}$

b) $E \perp g$ durch P: E: $\begin{pmatrix}1\\-2\\1\end{pmatrix} \circ \left[\vec{x} - \begin{pmatrix}-2\\4\\3\end{pmatrix}\right] = 0$; E: $x_1 - 2x_2 + x_3 + 7 = 0$

$E \cap g$: $3 + \lambda - 2\cdot(1 - 2\lambda) - 2 + \lambda + 7 = 0$
$3 + \lambda - 2 + 4\lambda - 2 + \lambda + 7 = 0 \Rightarrow 6 + 6\lambda = 0 \Rightarrow \lambda = -1$; $F(2|3|-3)$

$\vec{p'} = \vec{p} + 2\cdot\overrightarrow{PF} = \begin{pmatrix}-2\\4\\3\end{pmatrix} + \lambda\cdot\begin{pmatrix}4\\-1\\-6\end{pmatrix} = \begin{pmatrix}6\\2\\-9\end{pmatrix}$; $P'(6|2|-9)$

c) Bild mit Vektoris

11 a) Der Fußpunkt F der Höhe h_c liegt auf der Geraden AB; es gilt: $\overrightarrow{CF} \perp \overrightarrow{AB}$.

$$\vec{F} = \begin{pmatrix}2\\0\\3\end{pmatrix} + \lambda \cdot \begin{pmatrix}3\\6\\-3\end{pmatrix}; \quad \overrightarrow{CF} = \begin{pmatrix}0\\-6\\0\end{pmatrix} + \lambda \cdot \begin{pmatrix}3\\6\\-3\end{pmatrix}$$

$$\overrightarrow{CF} \circ \overrightarrow{AB} = 0: \quad \left[\begin{pmatrix}0\\-6\\0\end{pmatrix} + \lambda \cdot \begin{pmatrix}3\\6\\-3\end{pmatrix}\right] \circ \begin{pmatrix}3\\6\\-3\end{pmatrix} = 0; \quad 9\lambda - 36 + 36\lambda + 9\lambda = 0 \;\Rightarrow\; -36 + 54\lambda = 0 \;\Rightarrow\; \lambda = \frac{2}{3}$$

$$\vec{F} = \begin{pmatrix}2\\0\\3\end{pmatrix} + \frac{2}{3} \cdot \begin{pmatrix}3\\6\\-3\end{pmatrix} = \begin{pmatrix}4\\4\\1\end{pmatrix}$$

b) $A_{ABC} = \frac{1}{2} \cdot g \cdot h; \quad g = |\overrightarrow{AB}| = \left|\begin{pmatrix}3\\6\\-3\end{pmatrix}\right| = \sqrt{9+36+9} = 3\sqrt{6}$

$h = |\overrightarrow{CF}| = \left|\begin{pmatrix}2\\-2\\-2\end{pmatrix}\right| = \sqrt{4+4+4} = 2\sqrt{3}$

$A_{ABC} = \frac{1}{2} \cdot 3\sqrt{6} \cdot 2\sqrt{3} = 9\sqrt{2}$ FE

c) $A_{ABC} = \frac{1}{2} \cdot |\overrightarrow{AB} \times \overrightarrow{AC}| = \frac{1}{2} \cdot \left|\begin{pmatrix}3\\6\\-3\end{pmatrix} \times \begin{pmatrix}0\\6\\0\end{pmatrix}\right| = A_{ABC} = \frac{1}{2} \cdot \left|\begin{pmatrix}18\\0\\18\end{pmatrix}\right| = \frac{1}{2} \cdot \sqrt{324+324} = \frac{1}{2} \cdot 18 \cdot \sqrt{2} = 9\sqrt{2}$ FE

d) $\cos\alpha = \dfrac{\begin{pmatrix}3\\6\\-3\end{pmatrix} \circ \begin{pmatrix}0\\6\\0\end{pmatrix}}{3\sqrt{6} \cdot 6} = \dfrac{36}{18\sqrt{6}} = \dfrac{2}{\sqrt{6}} \approx 0{,}8165; \quad \alpha \approx 35{,}3°$

$\cos\beta = \dfrac{\begin{pmatrix}-3\\-6\\3\end{pmatrix} \circ \begin{pmatrix}-3\\0\\3\end{pmatrix}}{3\sqrt{6} \cdot 3\sqrt{2}} = \dfrac{18}{18\sqrt{3}} = \dfrac{1}{3}\sqrt{3} \approx 0{,}5774; \quad \beta \approx 54{,}7°$

$\gamma = 180° - (35{,}3° + 54{,}7°)$
$= 180° - 90° = 90°$

S. 136

12 a) $\vec{u}$ ist Richtungsvektor der Geraden g; $\vec{v}$ ist Richtungsvektor der Geraden h. Man bestimmt den Richtungsvektor $\overrightarrow{w_l}$ der Geraden l: $\overrightarrow{w_l} = \vec{u} \times \vec{v}$.
Daraus bestimmt man den Normalenvektor $\overrightarrow{n_E}$ von E: $\overrightarrow{n_E} = \vec{w} \times \vec{u}$.
Mit dem Aufpunkt $\overrightarrow{A_g}$ der Geraden g und dem Normalenvektor $\overrightarrow{n_E}$ kann die Normalengleichung von E bestimmt werden: E: $\overrightarrow{n_E} \circ \left[\vec{X} - \overrightarrow{A_g}\right] = 0$.
Die Ebene E schneidet die Gerade h in S.
Somit lautet die Gleichung der Geraden l: $\vec{X} = \vec{S} + \sigma \cdot \vec{w}$.

b) $\overrightarrow{w_l} = \begin{pmatrix}1\\2\\-1\end{pmatrix} \times \begin{pmatrix}3\\2\\1\end{pmatrix} = \begin{pmatrix}4\\-4\\-4\end{pmatrix} = -4 \cdot \begin{pmatrix}-1\\1\\1\end{pmatrix}; \quad \overrightarrow{w_l} = \begin{pmatrix}-1\\1\\1\end{pmatrix}; \quad \overrightarrow{n_E} = \begin{pmatrix}-1\\1\\1\end{pmatrix} \times \begin{pmatrix}1\\2\\-1\end{pmatrix} = \begin{pmatrix}-3\\0\\-3\end{pmatrix} = -3 \cdot \begin{pmatrix}1\\0\\1\end{pmatrix}; \quad \overrightarrow{n_E} = \begin{pmatrix}1\\0\\1\end{pmatrix}$

E: $\begin{pmatrix}1\\0\\1\end{pmatrix} \circ \left[\vec{X} - \begin{pmatrix}3\\2\\1\end{pmatrix}\right] = 0; \quad$ E: $x_1 + x_3 - 4 = 0$

$E \cap h$: $8 + 3\mu + 8 + \mu - 4 = 0 \;\Rightarrow\; \mu = -3$; $S(-1|0|5)$

l: $\vec{X} = \begin{pmatrix}-1\\0\\5\end{pmatrix} + \sigma \cdot \begin{pmatrix}-1\\1\\1\end{pmatrix}$

c) $l \cap g$: $\begin{pmatrix}-1\\0\\5\end{pmatrix} + \sigma \cdot \begin{pmatrix}-1\\1\\1\end{pmatrix} = \begin{pmatrix}3\\2\\1\end{pmatrix} + \lambda \cdot \begin{pmatrix}1\\2\\-1\end{pmatrix}$

I: $-1 - \sigma = 3 + \lambda$
II: $\sigma = 2 + 2\lambda$

II in I: $-1 - 2 - 2\lambda = 3 + \lambda \;\Rightarrow\; \lambda = -2$
in II: $\sigma = 2 - 4 = -2$
in III: $5 - 2 = 1 + 2$ wahr

$\vec{R} = \begin{pmatrix}-1\\0\\5\end{pmatrix} - 2 \cdot \begin{pmatrix}-1\\1\\1\end{pmatrix} = \begin{pmatrix}1\\-2\\3\end{pmatrix}; \quad R(1|-2|3)$

d) Veranschaulichung mit Vektoris.

13 Individuelle Lösungen

Mögliches Vorgehen: Je einen Punkt auf den drei Achsen vorgeben und die Spurgeraden zeichnen.

Alternative: Je einen Punkt auf zwei Achsen vorgeben und Ebene parallel zur dritten Achse zeichnen.

z. B.:

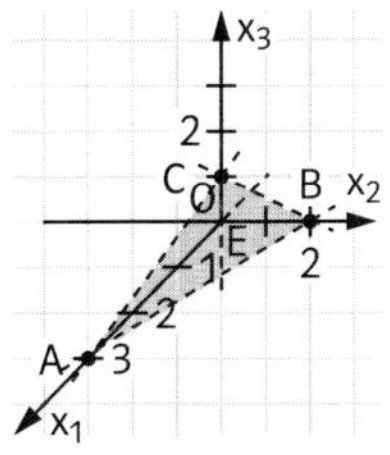

$E: \vec{X} = \begin{pmatrix}4\\0\\0\end{pmatrix} + \lambda\cdot\begin{pmatrix}-4\\2\\0\end{pmatrix} + \mu\cdot\begin{pmatrix}-4\\0\\0{,}5\end{pmatrix}$

$E: x_1 + 2x_2 + 8x_3 - 4 = 0$

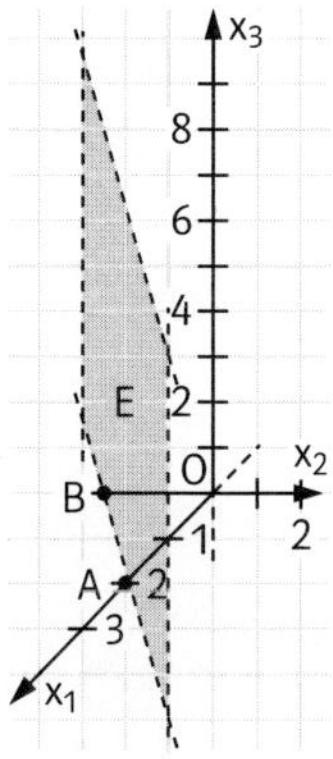

$E: \vec{X} = \begin{pmatrix}2\\0\\0\end{pmatrix} + \lambda\cdot\begin{pmatrix}-2\\-2\\0\end{pmatrix} + \mu\cdot\begin{pmatrix}0\\0\\1\end{pmatrix}$

$E: -2x_1 + 2x_2 + 4 = 0$

14 a)

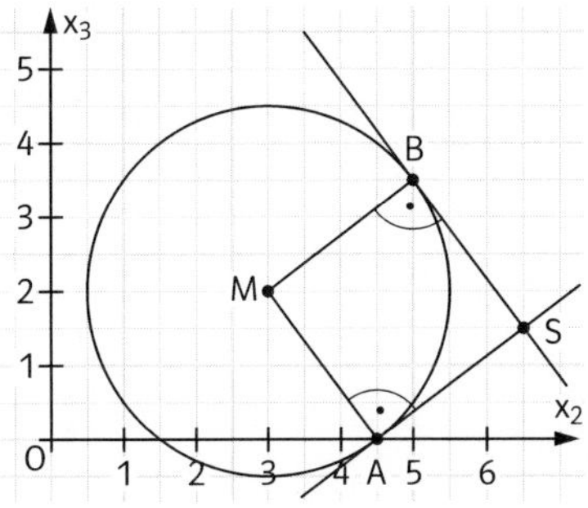

b) Die Tangenten gehen durch A bzw. B und stehen senkrecht auf dem Berührkreisradius [MA] bzw. [MB].

$M(3|2)$; $A(4{,}5|0)$; $B(5|3{,}5)$; $\overrightarrow{MA} = \begin{pmatrix}1{,}5\\-2\end{pmatrix}$; $\overrightarrow{MB} = \begin{pmatrix}2\\1{,}5\end{pmatrix}$

$\overrightarrow{MA} \perp \overrightarrow{MB}$

$t_1: \vec{X} = \begin{pmatrix}4{,}5\\0\end{pmatrix} + \lambda\cdot\begin{pmatrix}2\\1{,}5\end{pmatrix}$; $t_2: \vec{X} = \begin{pmatrix}5\\3{,}5\end{pmatrix} + \mu\cdot\begin{pmatrix}1{,}5\\-2\end{pmatrix}$

c) $t_1 \cap t_2 = \{S\}$

I: $4{,}5 + 2\lambda = 5 + 1{,}5\mu$

II: $1{,}5\lambda = 3{,}5 - 2\mu$

$4\cdot(\text{I}) + 3\cdot(\text{II}): 18 + 12{,}5\lambda = 30{,}5$

$\Rightarrow \lambda = 1$

eingesetzt in I: $\mu = 1$

$\Rightarrow S(6{,}5|1{,}5)$;

d) Die Dreiecke MSA und MSB sind nach dem SsW-Satz kongruent, denn $\overline{MS} = \overline{MS}$, $\overline{MA} = \overline{MB} = r$, $\sphericalangle SAM = \sphericalangle MBS = 90°$. MS ist also Symmetrieachse des Vierecks ASBM.

e) $\overrightarrow{AS} = \begin{pmatrix}2\\1{,}5\end{pmatrix}$; $\overrightarrow{AS} \circ \overrightarrow{AM} = \begin{pmatrix}2\\1{,}5\end{pmatrix} \circ \begin{pmatrix}-1{,}5\\2\end{pmatrix} = 0$; also $\sphericalangle SAM = 90°$.

Analog: $\overrightarrow{BS} \perp \overrightarrow{BM}$

$\overline{MA} = \overline{MB}$ ohne Rechnung einsichtig, weil sie auf dem Kreis liegen.

Alternativ: Koordinaten in die Kreisgleichung einsetzen.

15 a) $A(2|-2|0)$; $B(2|2|0)$; $C(-2|2|0)$; $D(-2|-2|0)$; $E(0|0|-2\sqrt2)$; $F(0|0|2\sqrt2)$

$\overrightarrow{AB} = \begin{pmatrix}0\\4\\0\end{pmatrix}$; $\overrightarrow{AF} = \begin{pmatrix}-2\\2\\2\sqrt2\end{pmatrix}$; $\overrightarrow{AB} \times \overrightarrow{AF} = \begin{pmatrix}8\sqrt2\\0\\8\end{pmatrix} = 8\cdot\begin{pmatrix}\sqrt2\\0\\1\end{pmatrix}$

$E(ABF): \begin{pmatrix}\sqrt2\\0\\1\end{pmatrix} \circ \left[\vec{X} - \begin{pmatrix}2\\-2\\0\end{pmatrix}\right] = 0$ Vektordarstellung; $\sqrt2 x_1 + x_3 - 2\sqrt2 = 0$ Koordinatendarstellung

b) $l: \vec{X} = \lambda\cdot\begin{pmatrix}\sqrt2\\0\\1\end{pmatrix}$

c) O ist der Mittelpunkt der Kugel, weil es Symmetriezentrum des Oktaeders ist.

Der Schnittpunkt S von l mit der Ebene durch ABF liegt auf der Kugel.

$\{S\} = E \cap l: \begin{pmatrix}\sqrt2\\0\\1\end{pmatrix} \circ \left[\lambda\cdot\begin{pmatrix}\sqrt2\\0\\1\end{pmatrix} - \begin{pmatrix}2\\-2\\0\end{pmatrix}\right] = 0$; $32 - 2\sqrt2 = 0 \Rightarrow \lambda = \frac{2}{3}\sqrt2$; $S\left(\frac{4}{3}\middle|0\middle|\frac{2}{3}\sqrt2\right)$

$K: \overrightarrow{X}^2 = r^2$; $S \in K \Rightarrow \begin{pmatrix}\frac43\\0\\\frac23\sqrt2\end{pmatrix}^2 = r^2$; $r^2 = \frac{16}{9} + \frac{8}{9} \Rightarrow r = \frac{2}{3}\sqrt6$; $K: \overrightarrow{X}^2 = \frac{24}{9}$

d) $V_O = \frac{2}{3}\cdot 4^2 \cdot 2\sqrt2 = \frac{64}{3}\sqrt2$ [VE]

e) $V_K = \frac{4}{3}\cdot\left(\frac{2}{3}\sqrt6\right)^3\pi = \frac{64}{27}\pi\sqrt6$ $\quad \frac{V_O}{V_K} = \frac{9}{\pi\sqrt3} \approx 1{,}65$

Das Volumen des Oktaeders ist um 65 % größer als das Kugelvolumen.

16 a) $\left[\begin{pmatrix}5\\4\\4\end{pmatrix}-\begin{pmatrix}3\\-2\\1\end{pmatrix}\right]^2 = \begin{pmatrix}2\\6\\3\end{pmatrix}^2 = 4+36+9 = 49 \;\Rightarrow\; A \in K$

b) Die Ebene E, die die Kugel im Punkt A berührt, ist senkrecht zur Geraden MA.

$MA\colon \vec{X} = \begin{pmatrix}3\\-2\\1\end{pmatrix}+2\cdot\begin{pmatrix}2\\6\\3\end{pmatrix};\quad E\colon \begin{pmatrix}2\\6\\3\end{pmatrix}\circ\left[\vec{X}-\begin{pmatrix}5\\4\\4\end{pmatrix}\right]=0$

c) Jede Gerade g, die in der Ebene E liegt und durch A geht, ist Tangente an die Kugel.

$E\colon 2x_1+6x_2+3x_3-46=0$; möglicher Punkt: $P(2|6|p_3)\in E \;\Rightarrow\; p_3 = 2$

Gerade AP: $\vec{X} = \begin{pmatrix}5\\4\\4\end{pmatrix}+\mu\cdot\begin{pmatrix}-3\\2\\-2\end{pmatrix}$ ist Tangente.

17 $H_0\colon p \leqq 0{,}3$; $H_1\colon p > 0{,}3$; kritischer Bereich $K = \{g, g+1, \ldots, n\}$

$P^{50}_{0,3}(Z \geqq g) \leqq 0{,}05 \;\Rightarrow\; P^{50}_{0,3}(Z \leqq g-1) \geqq 0{,}95$ stochastische Tabelle liefert: $g-1 = 20$; $g = 21$

Ablehnung der Nullhypothese für $Z \in K = \{21; 22; \ldots; 50\}$.

18 $\lim\limits_{x\to+\infty} f(x) = 10 \;\Rightarrow\; c = 10$; $f(x) = b\cdot a^x + 10$

$P(0|2)\in G_f \;\Rightarrow\; b\cdot 1+10 = 2 \;\Rightarrow\; b = -8$

$Q(2|7{,}12)\in G_f \;\Rightarrow\; -8\cdot a^2+10 = 7{,}12 \;\Rightarrow\; a = 0{,}6$

$\Rightarrow\; f(x) = -8\cdot 0{,}6^x + 10$

($0 < a$ war vorausgesetzt)

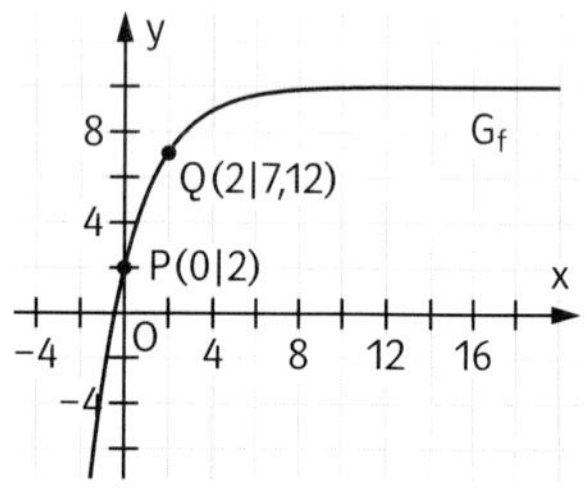

7 Gegenseitige Lage von Ebenen

S. 137 **1** a) Aufpunkt $(3|0|0)$, Richtungsvektoren $\begin{pmatrix}-3\\0\\2\end{pmatrix}; \begin{pmatrix}3\\4\\0\end{pmatrix}$; $E\colon \vec{X} = \begin{pmatrix}3\\0\\0\end{pmatrix}+\lambda\cdot\begin{pmatrix}-3\\0\\2\end{pmatrix}+\mu\cdot\begin{pmatrix}3\\4\\0\end{pmatrix}$

b) Für die gemeinsamen Punkte der Ebene E mit der x_1x_2-Ebene gelten zwei Bedingungen: ihre Ortsvektoren erfüllen die Vektorgleichung für E und $x_3 = 0$.

c) $x_3 = 0 \;\Rightarrow\; 0 = 0+2\lambda+0\mu \;\Rightarrow\; \lambda = 0$ $\quad s_{12}\colon \vec{X} = \begin{pmatrix}3\\0\\0\end{pmatrix}+\mu\cdot\begin{pmatrix}3\\4\\0\end{pmatrix}$

d) $x_2 = 0 \;\Rightarrow\; 0 = 0+0\lambda+4\mu \;\Rightarrow\; \mu = 0$ $\quad s_{13}\colon \vec{X} = \begin{pmatrix}3\\0\\0\end{pmatrix}+\lambda\cdot\begin{pmatrix}-3\\0\\2\end{pmatrix}$

$x_1 = 0 \;\Rightarrow\; 0 = 3-3\lambda+3\mu \;\Rightarrow\; \lambda = 1+\mu$ $\quad s_{23}\colon \vec{X} = \begin{pmatrix}3\\0\\0\end{pmatrix}+(1+\mu)\cdot\begin{pmatrix}-3\\0\\2\end{pmatrix}+\mu\cdot\begin{pmatrix}3\\4\\0\end{pmatrix}$;

$s_{23}\colon \vec{X} = \begin{pmatrix}0\\0\\2\end{pmatrix}+\mu\cdot\begin{pmatrix}0\\4\\2\end{pmatrix}$

S. 138 **2** a) $\overrightarrow{n_E} = \begin{pmatrix}1\\-2\\3\end{pmatrix}$; $\overrightarrow{n_F} = \begin{pmatrix}1\\2\\1\end{pmatrix}$; Normalenvektoren sind linear abhängig, somit schneiden sich die beiden Ebenen in einer Geraden.

(I): $x_1-2x_2+3x_3-6 = 0$

(II): $x_1+2x_2+x_3-4 = 0$; unterbestimmtes Gleichungssystem; $\lambda = x_3$; $\lambda\in\mathbb{R}$

(I): $x_1-2x_2+3\lambda-6 = 0$ (I)+(II): $2x_1+4\lambda-10 = 0 \;\Rightarrow\; x_1 = -2\lambda+5$

(II): $x_1+2x_2+\lambda-4 = 0$ in (II): $-2\lambda+5+2x_2+\lambda-4 = 0 \;\Rightarrow\; x_2 = +\frac{1}{2}\lambda-\frac{1}{2}$

$g\colon \vec{X} = \begin{pmatrix}5\\-\frac{1}{2}\\0\end{pmatrix}+\lambda\cdot\begin{pmatrix}-2\\\frac{1}{2}\\1\end{pmatrix}$

b) Begründung wie in a)

(I): $7x_1-5x_2+x_3-21=0$; unterbestimmtes Gleichungssystem; $\lambda = x_1$; $\lambda \in \mathbb{R}$

(II): $x_1-2x_2+x_3-6=0$

(I): $7\lambda-5x_2+x_3-21=0$ (I)−(II): $6\lambda-3x_2-15=0 \Rightarrow x_2=2\lambda-5$

(II): $\lambda-2x_2+x_3-6=0$ in (II): $\lambda-2(2\lambda-5)+x_3-6=0 \Rightarrow x_3=3\lambda-4$

$$g: \vec{x} = \begin{pmatrix} 0 \\ -5 \\ -4 \end{pmatrix} + \lambda \cdot \begin{pmatrix} 1 \\ 2 \\ 3 \end{pmatrix}$$

3 a) 1. Schnitt mit der x_1x_2-Ebene: $x_3=0$

(I): $x_3=0$

(II): $4x_1-3x_2-2x_3+15=0$; $x_1=\lambda$

(I) in (II): $4\lambda-3x_2+15=0$; $x_2=\frac{4}{3}\lambda+5$

$$s_{12}: \vec{x} = \begin{pmatrix} 0 \\ 5 \\ 0 \end{pmatrix} + \lambda \cdot \begin{pmatrix} 1 \\ \frac{4}{3} \\ 0 \end{pmatrix}$$

2. Schnitt mit der x_1x_3-Ebene: $x_2=0$

(I): $x_2=0$

(II): $4x_1-3x_2-2x_3+15=0$; $x_1=\lambda$

(I) in (II): $4\lambda-2x_3+15=0$; $x_3=2\lambda+7{,}5$

$$s_{13}: \vec{x} = \begin{pmatrix} 0 \\ 0 \\ 7{,}5 \end{pmatrix} + \lambda \cdot \begin{pmatrix} 1 \\ 0 \\ 2 \end{pmatrix}$$

3. Schnitt mit der x_2x_3-Ebene: $x_1=0$

(I): $x_1=0$

(II): $4x_1-3x_2-2x_3+15=0$; $x_2=\lambda$

(I) in (II): $3\lambda-2x_3+15=0$

$\Rightarrow x_3=-1{,}5\lambda+7{,}5$;

$$s_{23}: \vec{x} = \begin{pmatrix} 0 \\ 0 \\ 7{,}5 \end{pmatrix} + \lambda \cdot \begin{pmatrix} 0 \\ 1 \\ -1{,}5 \end{pmatrix}$$

b) $E: \vec{x} = \begin{pmatrix} 2 \\ 1 \\ -2 \end{pmatrix} + \lambda \cdot \begin{pmatrix} 1 \\ 2 \\ 3 \end{pmatrix} + \mu \cdot \begin{pmatrix} -2 \\ 1 \\ -3 \end{pmatrix}$

Schnitt mit der x_1x_2-Ebene: $x_3=0$

$0=-2+3\lambda-3\mu \Rightarrow \lambda=\frac{2}{3}+\mu$

$$s_{12}: \vec{x} = \begin{pmatrix} 2 \\ 1 \\ -2 \end{pmatrix} + \left(\frac{2}{3}+\mu\right) \cdot \begin{pmatrix} 1 \\ 2 \\ 3 \end{pmatrix} + \mu \cdot \begin{pmatrix} -2 \\ 1 \\ -3 \end{pmatrix}$$

$$s_{12}: \vec{x} = \begin{pmatrix} \frac{8}{3} \\ \frac{7}{3} \\ 0 \end{pmatrix} + \mu \cdot \begin{pmatrix} -1 \\ 3 \\ 0 \end{pmatrix}$$

Schnitt mit der x_1x_3-Ebene: $x_2=0$

$0=1+2\lambda+\mu \Rightarrow \mu=-1-2\lambda$

$$s_{13}: \vec{x} = \begin{pmatrix} 2 \\ 1 \\ -2 \end{pmatrix} + \lambda \cdot \begin{pmatrix} 1 \\ 2 \\ 3 \end{pmatrix} + (-1-2\lambda) \cdot \begin{pmatrix} -2 \\ 1 \\ -3 \end{pmatrix}$$

$$s_{13}: \vec{x} = \begin{pmatrix} 4 \\ 0 \\ 1 \end{pmatrix} + \lambda \cdot \begin{pmatrix} 5 \\ 0 \\ 9 \end{pmatrix}$$

Schnitt mit der x_2x_3-Ebene: $x_1=0$

$0=2+\lambda-2\mu \Rightarrow \lambda=-2+2\mu$

$$s_{23}: \vec{x} = \begin{pmatrix} 2 \\ 1 \\ -2 \end{pmatrix} + (-2+2\mu) \cdot \begin{pmatrix} 1 \\ 2 \\ 3 \end{pmatrix} + \mu \cdot \begin{pmatrix} -2 \\ 1 \\ -3 \end{pmatrix}; \quad s_{23}: \vec{x} = \begin{pmatrix} 0 \\ -3 \\ -8 \end{pmatrix} + \mu \cdot \begin{pmatrix} 0 \\ 5 \\ 3 \end{pmatrix}$$

S. 139

4 a) $\overrightarrow{n_{E_1}} = \begin{pmatrix} 1 \\ 1 \\ 1 \end{pmatrix} \times \begin{pmatrix} -5 \\ -3 \\ 1 \end{pmatrix} = \begin{pmatrix} 4 \\ -6 \\ 2 \end{pmatrix} = 2 \cdot \begin{pmatrix} 2 \\ -3 \\ 1 \end{pmatrix}$; $\quad E_1: \begin{pmatrix} 2 \\ -3 \\ 1 \end{pmatrix} \circ \left[\vec{x} - \begin{pmatrix} 4 \\ 1 \\ 1 \end{pmatrix}\right] = 0$

$\overrightarrow{n_{E_1}} = \overrightarrow{n_{E_2}} \Rightarrow E_1 \parallel E_2$ oder $E_1 = E_2$

$P(4|1|1)$ in E_2: $2\cdot4-3+1-12=-6 \neq 0 \Rightarrow E_1 \parallel E_2$

b) $\overrightarrow{n_{E_1}} = \begin{pmatrix} 1 \\ 2 \\ 3 \end{pmatrix} \times \begin{pmatrix} 2 \\ 3 \\ 1 \end{pmatrix} = \begin{pmatrix} -7 \\ 5 \\ -1 \end{pmatrix}$; $\quad E_1: \begin{pmatrix} -7 \\ 5 \\ -1 \end{pmatrix} \circ \left[\vec{x} - \begin{pmatrix} 2 \\ -1 \\ 2 \end{pmatrix}\right] = 0$; $\quad E_1: -7x_1+5x_2-x_3+21=0$

$\overrightarrow{n_{E_2}} = \begin{pmatrix} 1 \\ 3 \\ 2 \end{pmatrix} \times \begin{pmatrix} 0 \\ 1 \\ -1 \end{pmatrix} = \begin{pmatrix} -5 \\ 1 \\ 1 \end{pmatrix}$; $\quad E_2: \begin{pmatrix} -5 \\ 1 \\ 1 \end{pmatrix} \circ \left[\vec{x} - \begin{pmatrix} 3 \\ 1 \\ -1 \end{pmatrix}\right] = 0$; $\quad E_2: -5x_1+x_2+x_3+15=0$

$\overrightarrow{n_{E_1}}$ und $\overrightarrow{n_{E_2}}$ sind linear unabhängig, also schneiden sich E_1 und E_2 in einer Geraden.

(I): $-7x_1+5x_2-x_3+21=0$; $x_1=\lambda$

(II): $-5x_1+x_2+x_3+15=0$

(I)+(II): $-12\lambda+6x_2+36=0 \Rightarrow x_2=2\lambda-6$

in (I): $-7\lambda+5(2\lambda-6)-x_3+21=0 \Rightarrow x_3=3\lambda-9$ $\quad g: \vec{x} = \begin{pmatrix} 0 \\ -6 \\ -9 \end{pmatrix} + \lambda \cdot \begin{pmatrix} 1 \\ 2 \\ 3 \end{pmatrix}$

c) $\overrightarrow{n_{E_1}} = \begin{pmatrix}1\\2\\2\end{pmatrix} \times \begin{pmatrix}-3\\0\\4\end{pmatrix} = \begin{pmatrix}8\\-10\\6\end{pmatrix} = 2\cdot\begin{pmatrix}4\\-5\\3\end{pmatrix}$; E_1: $= \begin{pmatrix}4\\-5\\3\end{pmatrix} \circ \left[\vec{x} - \begin{pmatrix}4\\-2\\2\end{pmatrix}\right] = 0$; E_1: $4x_1 - 5x_2 + 3x_3 - 32 = 0$

$\overrightarrow{n_{E_1}}$ und $\overrightarrow{n_{E_2}}$ sind linear unabhängig, also schneiden sich E_1 und E_2 in einer Geraden.

(I): $4x_1 - 5x_2 + 3x_3 - 32 = 0$ | (I) − 2·(II): $-4x_2 - 8 = 0 \Rightarrow x_2 = -2$

(II): $2x_1 - 0{,}5x_2 + 1{,}5x_3 - 12 = 0$ | in (I): $4x_1 + 10 + 3x_3 - 32 = 0 \Rightarrow x_1 = 5{,}5 - 0{,}75x_3$

$x_3 = \lambda \Rightarrow x_1 = 5{,}5 - 0{,}75\lambda$

g: $\vec{x} = \begin{pmatrix}5{,}5\\-2\\0\end{pmatrix} + \lambda\cdot\begin{pmatrix}-0{,}75\\0\\1\end{pmatrix}$

5 a) $\overrightarrow{n_E} = \begin{pmatrix}1\\2\\3\end{pmatrix} \times \begin{pmatrix}2\\0\\1\end{pmatrix} = \begin{pmatrix}2\\5\\-4\end{pmatrix}$; E: $\begin{pmatrix}2\\5\\-4\end{pmatrix} \circ \left[\vec{x} - \begin{pmatrix}2\\-1\\1\end{pmatrix}\right] = 0$; E: $2x_1 + 5x_2 - 4x_3 + 5 = 0$

Schnitt von E mit der x_1x_2-Ebene:

(I): $2x_1 + 5x_2 - 4x_3 + 5 = 0$

(II): $x_1 = 0$; $\lambda = x_2$

aus (I): $2x_1 + 5\lambda + 5 = 0 \Rightarrow x_3 = -2{,}5\lambda - 2{,}5$

s_{12}: $\vec{x} = \begin{pmatrix}-2{,}5\\0\\0\end{pmatrix} + \lambda\cdot\begin{pmatrix}-2{,}5\\1\\0\end{pmatrix}$

Schnitt von E mit der x_1x_3-Ebene:

(I): $2x_1 + 5x_2 - 4x_3 + 5 = 0$

(II): $x_2 = 0$; $\lambda = x_1$

aus (I): $2\lambda - 4x_3 + 5 = 0 \Rightarrow x_3 = \frac{1}{2}\lambda + 1{,}25$

s_{13}: $\vec{x} = \begin{pmatrix}0\\0\\1{,}25\end{pmatrix} + \lambda\cdot\begin{pmatrix}1\\0\\0{,}5\end{pmatrix}$

Schnitt von E mit der x_2x_3-Ebene:

(I): $2x_1 + 5x_2 - 4x_3 + 5 = 0$

(II): $x_1 = 0$; $\lambda = x_2$

aus (I): $5\lambda - 4x_3 + 5 = 0 \Rightarrow x_3 = 1{,}25\lambda + 1{,}25$

s_{23}: $\vec{x} = \begin{pmatrix}0\\0\\1{,}25\end{pmatrix} + \lambda\cdot\begin{pmatrix}0\\1\\1{,}25\end{pmatrix}$

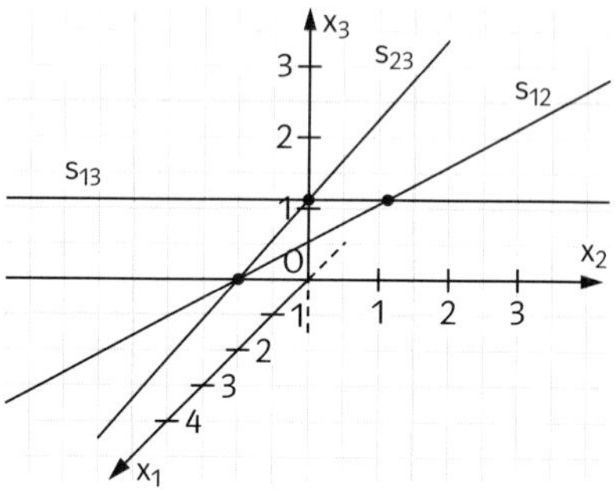

b) E: $2x_1 - 3x_2 - 6 = 0$; $\vec{n} = \begin{pmatrix}2\\-3\\0\end{pmatrix}$;

E ∥ x_3-Achse bzw. E ⊥ x_1x_2-Ebene

Schnitt von E mit der x_1x_2-Ebene:

(I): $2x_1 - 3x_2 - 6 = 0$; $x_2 = \lambda$

(II): $x_3 = 0$

aus (I): $2x_1 - 3\lambda - 6 = 0 \Rightarrow x_1 = 1{,}5\lambda + 3$

s_{12}: $\vec{x} = \begin{pmatrix}3\\0\\0\end{pmatrix} + \lambda\cdot\begin{pmatrix}1{,}5\\1\\0\end{pmatrix}$

Schnitt von E mit der x_1x_3-Ebene: $x_2 = 0$

$2x_1 - 6 = 0 \Rightarrow x_1 = 3$; $x_3 = \mu$

s_{13}: $\vec{x} = \begin{pmatrix}3\\0\\0\end{pmatrix} + \mu\cdot\begin{pmatrix}0\\0\\1\end{pmatrix}$

Schnitt von E mit der x_2x_3-Ebene: $x_1 = 0$

$-3x_2 - 6 = 0 \Rightarrow x_2 = -2$; $x_3 = \tau$

s_{23}: $\vec{x} = \begin{pmatrix}0\\-2\\0\end{pmatrix} + \tau\cdot\begin{pmatrix}0\\0\\1\end{pmatrix}$

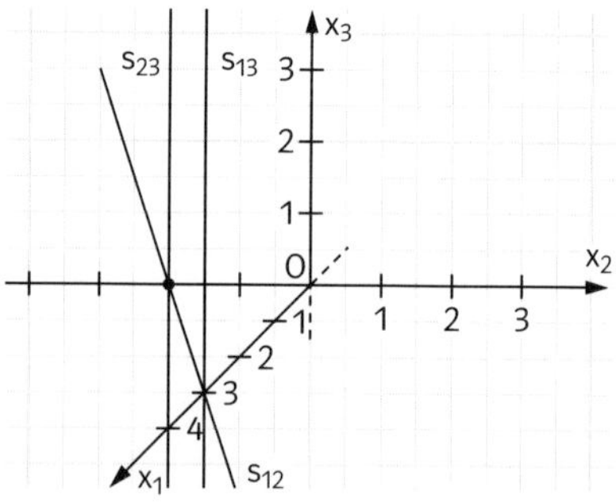

6 a) $\begin{pmatrix}1\\1\\0\end{pmatrix} \times \begin{pmatrix}1\\2\\1\end{pmatrix} = \begin{pmatrix}1\\-1\\1\end{pmatrix}$; $H_1 \parallel E$: $\begin{pmatrix}1\\-1\\1\end{pmatrix} \circ \left[\vec{x} - \begin{pmatrix}3\\4\\-1\end{pmatrix}\right] = 0$;

$H_2 \perp E$: möglicher Normalenvektor: $\begin{pmatrix}1\\2\\1\end{pmatrix}$; H_2: $\begin{pmatrix}1\\2\\1\end{pmatrix} \circ \left[\vec{x} - \begin{pmatrix}3\\4\\-1\end{pmatrix}\right] = 0$

b) $\vec{n_E} = \begin{pmatrix}3\\-2\\1\end{pmatrix}$; $H_1 \parallel E$: $\begin{pmatrix}3\\-2\\1\end{pmatrix} \circ \left[\vec{X} - \begin{pmatrix}4\\3\\2\end{pmatrix}\right] = 0$;

der Normalenvektor von $H_2 \perp E$: erfüllt die Gleichung: $3n_1 - 2n_2 + n_3 = 0$

mögliche Lösung: $n_1 = 1$; $n_2 = 1$; $n_3 = -1$; H_2: $\begin{pmatrix}1\\1\\-1\end{pmatrix} \circ \left[\vec{X} - \begin{pmatrix}4\\3\\2\end{pmatrix}\right] = 0$

7 $g = E_1 \cap E_3$: (I): $x_1 - 2x_2 + x_3 - 2 = 0$; (II): $x_1 - 2x_2 - 2x_3 - 3 = 0$

(I) − (II): $3x_3 + 1 = 0 \Rightarrow x_3 = -\frac{1}{3}$

in (I): $x_1 - 2x_2 - \frac{1}{3} - 2 = 0 \Rightarrow x_1 = 2x_2 + \frac{7}{3}$; $x_2 = \lambda \in \mathbb{R}$

$$g: \vec{X} = \begin{pmatrix}\frac{7}{3}\\0\\-\frac{1}{3}\end{pmatrix} + \lambda \cdot \begin{pmatrix}2\\1\\0\end{pmatrix}$$

$g \cap E_2$: $2 \cdot \left(\frac{7}{3} + 2\lambda\right) + \lambda + \frac{1}{3} + 4 = 0 \Rightarrow 9 + 5\lambda = 0 \Rightarrow \lambda = -\frac{9}{5}$

$\lambda = -\frac{9}{5}$ eingesetzt in g: $S\left(-\frac{19}{15} \middle| -\frac{9}{5} \middle| -\frac{1}{3}\right)$

8

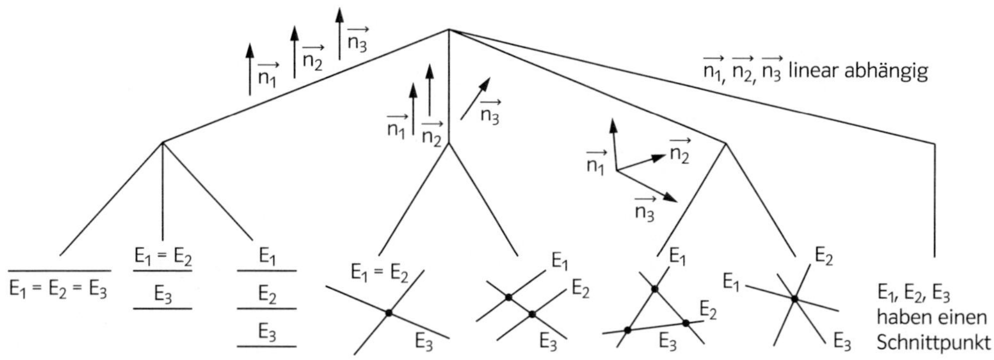

9 $\vec{BA} \times \vec{BC} = \begin{pmatrix}2\\0\\4\end{pmatrix} \times \begin{pmatrix}2\\4\\0\end{pmatrix} = \begin{pmatrix}-16\\8\\8\end{pmatrix} = 8 \cdot \begin{pmatrix}-2\\1\\1\end{pmatrix}$; E_1: $\begin{pmatrix}-2\\1\\1\end{pmatrix} \circ \left[\vec{X} - \begin{pmatrix}3\\0\\0\end{pmatrix}\right] = 0$; (I): $-2x_1 + x_2 + x_3 + 6 = 0$

$\vec{DE} \times \vec{DF} = \begin{pmatrix}0\\-4\\2\end{pmatrix} \times \begin{pmatrix}-2\\0\\2\end{pmatrix} = \begin{pmatrix}-8\\-4\\-8\end{pmatrix} = -4 \cdot \begin{pmatrix}2\\1\\2\end{pmatrix}$; E_2: $\begin{pmatrix}2\\1\\2\end{pmatrix} \circ \left[\vec{X} - \begin{pmatrix}5\\5\\3\end{pmatrix}\right] = 0$; (II): $2x_1 + x_2 + 2x_3 - 21 = 0$

(I) + (II): $2x_2 + 3x_3 - 15 = 0$; $x_3 = \lambda$; $x_2 = 7{,}5 - 1{,}5\lambda$

in (II): $2x_1 + 7{,}5 - 1{,}5\lambda + 2\lambda - 21 = 0 \Rightarrow x_1 = 6{,}75 - 0{,}25\lambda$

$g = E_1 \cap E_2$: $\vec{X} = \begin{pmatrix}6{,}75\\7{,}5\\0\end{pmatrix} + \lambda \cdot \begin{pmatrix}-0{,}25\\-1{,}5\\1\end{pmatrix}$

10 a)

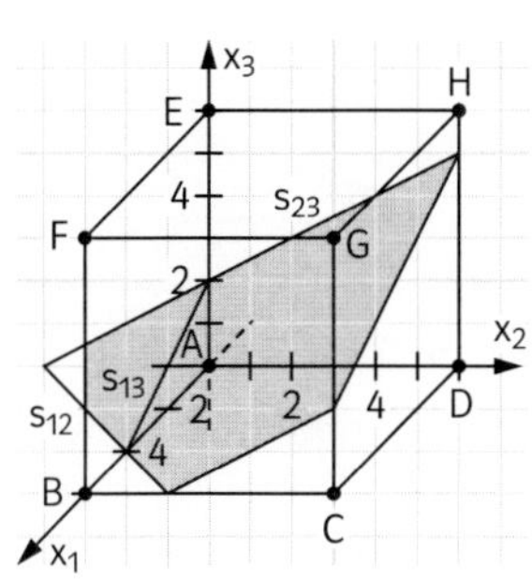

b) E_{-4}: $x_1 - x_2 + 2x_3 - 4 = 0$

Mithilfe der Spurgeraden von E_{-4} lässt sich die Schnittfigur von E_{-4} mit dem Würfel zeichnen.

Parallele Würfelflächen schneiden die Ebenen E_a in parallelen Strecken.

$F(6|0|6) \in E_a \Rightarrow 6 - 0 + 12 + a = 0 \Rightarrow a = -18$

$D(0|6|0) \in E_a \Rightarrow 0 - 6 + 0 + a = 0 \Rightarrow a = 6$

Für $-18 \leq a \leq 6$ haben die Ebenen E_a mit dem Würfel gemeinsame Punkte.

11 a) $\overrightarrow{n_{E_1}} = \begin{pmatrix}-1\\4\\9\end{pmatrix} \times \begin{pmatrix}2\\2\\-3\end{pmatrix} = \begin{pmatrix}-30\\15\\-10\end{pmatrix} = 5\cdot\begin{pmatrix}-6\\3\\-2\end{pmatrix}$; $\overrightarrow{n_{E_2}} = \begin{pmatrix}6\\-3\\2\end{pmatrix}$; $\overrightarrow{n_{E_2}} = -1\cdot\overrightarrow{n_{E_1}}$;

$\begin{pmatrix}14\\-1\\16\end{pmatrix}$ in E_2 einsetzen: $6\cdot14-3\cdot(-1)+\lambda\cdot16 = 21 \neq 0$; also $E_1 \parallel E_2$

b) $l\!:\ \vec{X} = \begin{pmatrix}9\\-2\\5\end{pmatrix} + \lambda\cdot\begin{pmatrix}6\\-3\\2\end{pmatrix}$

$l \cap E_1 = \{S_1\}$ $\quad \begin{pmatrix}6\\-3\\2\end{pmatrix} \circ \left[\begin{pmatrix}9\\-2\\5\end{pmatrix} + \lambda\cdot\begin{pmatrix}6\\-3\\2\end{pmatrix} - \begin{pmatrix}14\\-1\\16\end{pmatrix}\right] = 0;\quad \begin{pmatrix}6\\-3\\2\end{pmatrix} \circ \left[\lambda\cdot\begin{pmatrix}6\\-3\\2\end{pmatrix} + \begin{pmatrix}-5\\-1\\-11\end{pmatrix}\right] = 0$

$49\lambda - 49 = 0 \;\Rightarrow\; \lambda = 1;\quad S_1(15\,|\,-5\,|\,7)$

$l \cap E_2 = \{S_2\}$ $\quad 6\cdot(9+6\lambda)-3(-2-3\lambda)+2(5+2\lambda)-21 = 0$

$54+36\lambda+6+9\lambda+10+4\lambda-21 = 0 \;\Rightarrow\; 49+49\lambda = 0 \;\Rightarrow\; \lambda = -1;\quad S_2(3\,|\,1\,|\,3)$

c) $\frac{1}{2}\left(\vec{S_1}+\vec{S_2}\right) = \frac{1}{2}\cdot\left[\begin{pmatrix}15\\-5\\7\end{pmatrix} + \begin{pmatrix}3\\1\\3\end{pmatrix}\right] = \begin{pmatrix}9\\-2\\5\end{pmatrix}$; M ist Mittelpunkt von $[S_1S_2]$

$r = \left|\overrightarrow{MS_1}\right| = \left|\begin{pmatrix}15\\-5\\7\end{pmatrix} - \begin{pmatrix}9\\-2\\5\end{pmatrix}\right| = \left|\begin{pmatrix}6\\-3\\2\end{pmatrix}\right| = \sqrt{49} = 7;\quad K\!:\ \left[\vec{X} - \begin{pmatrix}9\\-2\\5\end{pmatrix}\right]^2 = 49$

Die Ebenen E_1 und E_2 berühren die Kugel in S_1 bzw. S_2.

12 $3\cos x = 2\sin^2 x \;\Leftrightarrow\; 3\cos x = 2(1-\cos^2 x)$

$\Leftrightarrow\; 2\cos^2 x + 3\cos x - 2 = 0$

Sei $\cos x = z$: $\quad 2z^2+3z-2 = 0$

$z_{1/2} = \frac{-3\pm\sqrt{9+16}}{4};\quad z_1 = \frac{1}{2};\quad z_2 = -2$

$\cos x = \frac{1}{2}$ für $x = \frac{\pi}{3}$ und $x = \frac{5}{3}\pi$; $\cos x = -2$ hat keine Lösung.

13 Ansatz: $f(x) = a\cdot(x+2)(x-3)$

$f(x) = a\cdot(x^2-x-6) = a\cdot\left[\left(x-\frac{1}{2}\right)^2 - 6 + \ldots\right] = a\cdot\left(x-\frac{1}{2}\right)^2 - \ldots$

x-Koordinate des Scheitelpunktes: $x_S = \frac{1}{2}$

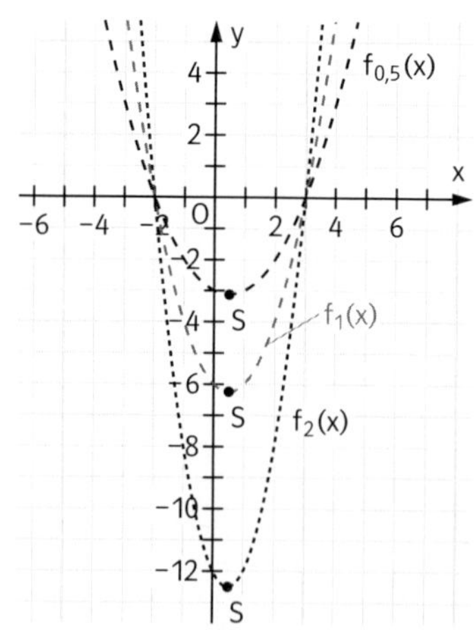

8 Abstandsbestimmungen

S. 140

1 a) [PA] ist Lot von P auf AF. $\overline{PA}$ ist gleich dem Abstand des Punktes P von AF.

$\overline{PA} = \sqrt{\overline{AE}^2 + \overline{EP}^2}$

b) Der Abstand des Punktes P von der Ebene E durch D, B und G ist gleich der Länge des Lotes von P auf diese Ebene.

Gerade l durch P senkrecht zur Ebene E: $\quad l\!:\ \vec{X} = \vec{P} + \lambda\cdot\left(\overrightarrow{BD}\times\overrightarrow{BG}\right)$

Ebene E: $\left(\overrightarrow{BD}\times\overrightarrow{BG}\right)\circ\left(\vec{X}-\vec{B}\right) = 0$

$E \cap l = \{S\}$; $\quad$ Abstand $= \left|\overrightarrow{PS}\right|$

S. 143

2 a) HNF von E: $-\frac{1}{3}\cdot(2x_1-x_2+2x_3+1)=0$

$d_A=\left|-\frac{1}{3}\cdot(2\cdot2-0+2\cdot2+1)\right|=|-3|=3;$ $\quad d_B=\left|-\frac{1}{3}\cdot(2\cdot2-1+2\cdot(-8)+1)\right|=|4|=4$

$d_C=\left|-\frac{1}{3}\cdot(2\cdot5-5+2\cdot5+1)\right|=\left|-\frac{16}{3}\right|=\frac{16}{3}$

b) HNF von E: $\frac{1}{15}\cdot(2x_1-10x_2+11x_3-30)=0$

Rechnung analog a)

$d_A=\frac{4}{15};\ d_B=\frac{124}{15};\ d_C=1$

3 a) $\vec{n_E}=\overrightarrow{AB}\times\overrightarrow{AC}=\begin{pmatrix}4\\7\\-3\end{pmatrix}\times\begin{pmatrix}-4\\3\\3\end{pmatrix}=\begin{pmatrix}30\\0\\40\end{pmatrix}=10\cdot\begin{pmatrix}3\\0\\4\end{pmatrix};$ E: $\begin{pmatrix}3\\0\\4\end{pmatrix}\circ\left[\vec{x}-\begin{pmatrix}2\\0\\4\end{pmatrix}\right]=0;$ E: $3x_1+4x_3-22=0$

HNF: $\frac{1}{5}\cdot(3x_1+4x_3-22)=0\quad d_P=\frac{29}{5};\ d_Q=\frac{106}{5};\ d_R=\frac{57}{5}$

b) $\vec{n_E}=\overrightarrow{AB}\times\overrightarrow{AC}=\begin{pmatrix}2\\1\\-2\end{pmatrix}\times\begin{pmatrix}3\\3\\0\end{pmatrix}=\begin{pmatrix}6\\-6\\3\end{pmatrix}=3\cdot\begin{pmatrix}2\\-2\\1\end{pmatrix};$ E: $\begin{pmatrix}2\\-2\\1\end{pmatrix}\circ\left[\vec{x}-\begin{pmatrix}1\\2\\6\end{pmatrix}\right]=0;$ E: $2x_1-2x_2+x_3-4=0$

HNF: $\frac{1}{3}\cdot(2x_1-2x_2+x_3-4)=0;\quad d_P=\frac{8}{3};\ d_Q=7;\ d_R=2$

4 A, B und C haben die gleiche x_2-Koordinate. Somit ist die Ebene parallel zur x_1x_3-Ebene. Der Punkt P hat von dieser Ebene den Abstand $5-2=3$.

5 $\overline{AB}$: $\vec{x}=\begin{pmatrix}0\\2\\0\end{pmatrix}+\lambda\cdot\begin{pmatrix}5\\-3\\-2\end{pmatrix};$ E: $x_1+3x_2-2x_3=0;\quad \vec{n_E}=\begin{pmatrix}1\\3\\-2\end{pmatrix}$

$\overline{AB}\parallel E$, wenn $\begin{pmatrix}5\\-3\\-2\end{pmatrix}\circ\begin{pmatrix}1\\3\\-2\end{pmatrix}=0\quad(5-9+4=0)$ und $\begin{pmatrix}0\\2\\0\end{pmatrix}\notin E$: $(0+3\cdot2-0\neq0)$

$d(AB;E)=d(A;E)=\left|\frac{1}{\sqrt{14}}\cdot(0+3\cdot2-20)\right|=\frac{6}{\sqrt{14}}$

6 a) E: $3x_2+4x_3-22=0;\quad$ HNF: $\frac{1}{5}\cdot(3x_2+4x_3-22)=0$

$d_A=\left|\frac{1}{5}\cdot(3a-22)\right|=5\quad\Rightarrow\quad|3a-22|=25$

$3a-22=25\ \Rightarrow\ 3a=47\ \Rightarrow\ a=\frac{47}{3}$

oder $-3a+22=25\ \Rightarrow\ 3a=-3\ \Rightarrow\ a=-1$

b) HNF: $\frac{1}{13}\cdot(12x_1-5x_2-10)=0$

$d_A=\left|\frac{1}{13}\cdot(36-5a-10)\right|=5\quad\Rightarrow\quad|36-5a|=65$

$36-5a=65\ \Rightarrow\ 5a=-29\ \Rightarrow\ a=-\frac{29}{5}=-5{,}8$

oder $-36+5a=65\ \Rightarrow\ 5a=91\ \Rightarrow\ a=\frac{91}{5}=18{,}2$

7 HNF_E: $\frac{1}{3}\cdot(2x_1+2x_2-x_3-6)=0;\quad HNF_F$: $\frac{1}{7}\cdot(6x_1+2x_2+3x_3-14)=0$

Punkte auf der x_1-Achse $(x_1|0|0)$: $\left|\frac{1}{3}\cdot(2x_1-6)\right|=\left|\frac{1}{7}\cdot(6x_1-14)\right|$

$\frac{2}{3}x_1-2=\frac{6}{7}x_1-2\ \Rightarrow\ x_1=0\quad P_1(0|0|0)$

oder $\frac{2}{3}x_1-2=-\frac{6}{7}x_1+2\ \Rightarrow\ x_1=\frac{21}{8}\quad P_2\left(\frac{21}{8}\middle|0\middle|0\right)$

Punkte auf der x_2-Achse $(0|x_2|0)$: $\left|\frac{1}{3}\cdot(2x_1-6)\right|=\left|\frac{1}{7}\cdot(2x_2-14)\right|$

$\frac{2}{3}x_2-2=\frac{2}{7}x_2-2\ \Rightarrow\ x_2=0\quad P_3(0|0|0)$

oder $\frac{2}{3}x_2-2=-\frac{2}{7}x_2+2\ \Rightarrow\ x_2=\frac{21}{5}\quad P_4\left(0\middle|\frac{21}{5}\middle|0\right)$

Punkte auf der x_3-Achse $(0|0|x_3)$: $\left|\frac{1}{3}\cdot(-x_3-6)\right|=\left|\frac{1}{7}\cdot(3x_3-14)\right|$

$-\frac{x_3}{3}-2=\frac{3}{7}x_3-2\ \Rightarrow\ x_3=0\quad P_5(0|0|0)$

oder $-\frac{x_3}{3}-2=-\frac{3}{7}x_3+2\ \Rightarrow\ x_3=42\quad P_6(0|0|42)$

8 a) $E \perp g_1$ durch P: E: $\begin{pmatrix}3\\0\\-2\end{pmatrix} \circ \left[\vec{x} - \begin{pmatrix}6\\7\\-3\end{pmatrix}\right] = 0$

$E \cap g = \{F\}$; $\begin{pmatrix}3\\0\\-2\end{pmatrix} \circ \left[\begin{pmatrix}2\\1\\4\end{pmatrix} + \lambda \cdot \begin{pmatrix}3\\0\\-2\end{pmatrix} - \begin{pmatrix}6\\7\\-3\end{pmatrix}\right] = 0$; $-12 + 9\lambda - 14 + 4\lambda = 0 \Rightarrow \lambda = 2$; $F(8|1|0)$

$d(P, g) = |\overrightarrow{PF}| = \left|\begin{pmatrix}8\\1\\0\end{pmatrix} - \begin{pmatrix}6\\7\\-3\end{pmatrix}\right| = \left|\begin{pmatrix}2\\-6\\3\end{pmatrix}\right| = \sqrt{49} = 7$

b) $E \perp g_2$ durch P: E: $\begin{pmatrix}3\\2\\2\end{pmatrix} \circ \left[\vec{x} - \begin{pmatrix}6\\7\\-3\end{pmatrix}\right] = 0$

$E \cap g = \{F\}$; $\begin{pmatrix}3\\2\\2\end{pmatrix} \circ \left[\begin{pmatrix}5\\1\\4\end{pmatrix} + \mu \cdot \begin{pmatrix}3\\2\\2\end{pmatrix} - \begin{pmatrix}6\\7\\-3\end{pmatrix}\right] = 0$; $-3 + 9\mu - 12 + 4\mu + 14 + 4\mu = 0 \Rightarrow \mu = \frac{1}{17}$; $F\left(5\tfrac{3}{17}\middle|4\tfrac{2}{17}\middle|1\tfrac{2}{17}\right)$

$d(P, g) = |\overrightarrow{PF}| = \left|\begin{pmatrix}5\frac{3}{17}\\4\frac{2}{17}\\1\frac{2}{17}\end{pmatrix} - \begin{pmatrix}6\\7\\-3\end{pmatrix}\right| = \left|\begin{pmatrix}-\frac{14}{17}\\-2\frac{15}{17}\\4\frac{2}{17}\end{pmatrix}\right| = \frac{1}{17} \cdot \sqrt{7497} \approx 5{,}09$

9 a) Dachflächenebene E: $A(20|0|8)$; $B(20|12|6)$; $C(0|12|6)$

$\vec{n}_E = \overrightarrow{AB} \times \overrightarrow{AC} = \begin{pmatrix}0\\12\\-2\end{pmatrix} \circ \begin{pmatrix}-20\\12\\-2\end{pmatrix} = \begin{pmatrix}0\\40\\240\end{pmatrix} = 40 \cdot \begin{pmatrix}0\\1\\6\end{pmatrix}$; E: $\begin{pmatrix}0\\1\\6\end{pmatrix} \circ \left[\vec{x} - \begin{pmatrix}20\\0\\8\end{pmatrix}\right] = 0$

HNF: $\frac{1}{\sqrt{37}} \cdot (x_2 + 6x_3 - 48) = 0$

$d(R, E) = \left|\frac{1}{\sqrt{37}}(10 + 6 \cdot 8 - 48)\right| = \frac{10}{\sqrt{37}} \approx 1{,}64$

Der Sicherheitsabstand von 1,5 m wird nicht eingehalten.

b) Rohrgerade g: $\vec{x} = \begin{pmatrix}10\\10\\8\end{pmatrix} + \lambda \cdot \begin{pmatrix}0\\0\\1\end{pmatrix}$

$E \cap g = \{S\}$; $10 + 6 \cdot (8 + \lambda) - 48 = 0 \Rightarrow 10 + 6\lambda = 0 \Rightarrow \lambda = -\frac{5}{3}$; $S\left(10\middle|10\middle|6\tfrac{1}{3}\right)$

$|\overrightarrow{RS}| = \left|\begin{pmatrix}10\\10\\6\frac{1}{3}\end{pmatrix} - \begin{pmatrix}10\\10\\8\end{pmatrix}\right| = \left|\begin{pmatrix}0\\0\\-1\frac{2}{3}\end{pmatrix}\right| = \sqrt{\frac{25}{9}} = \frac{5}{3} \approx 1{,}67$

Das Edelstahlrohr ragt 1,67 m über die Dachfläche hinaus.

10 a) $\vec{n}_E = \begin{pmatrix}1\\-1\\1\end{pmatrix}$; $\vec{n}_F = \begin{pmatrix}-2\\2\\-2\end{pmatrix} = -2 \cdot \vec{n}_E$; also $E \parallel F$

HNF_F: $\frac{1}{2\sqrt{3}} \cdot (-2x_1 + 2x_2 - 2x_3 - 22) = 0$; $d(E, F) = \left|\frac{1}{2\sqrt{3}} \cdot (-2 \cdot 2 + 2 \cdot 3 - 2 \cdot 1 - 22)\right| = \frac{11}{\sqrt{3}} \approx 6{,}35$

b) $\vec{n}_E = \begin{pmatrix}2\\-2\\1\end{pmatrix}$; $\vec{n}_F = \begin{pmatrix}-6\\6\\-3\end{pmatrix} = -3 \cdot \vec{n}_E$; also $E \parallel F$

HNF_F: $-\frac{1}{9} \cdot (6x_1 - 6x_2 + 3x_3 - 36) = 0$; $P(0|0|3) \in E$

$d(E, F) = \left|-\frac{1}{9} \cdot (6 \cdot 0 - 6 \cdot 0 + 3 \cdot 3 - 36)\right| = 3$

c) $\vec{n}_E = \begin{pmatrix}7\\6\\-4\end{pmatrix} \times \begin{pmatrix}2\\-1\\0\end{pmatrix} = \begin{pmatrix}-4\\-8\\-19\end{pmatrix}$; $\vec{n}_F = \begin{pmatrix}9\\5\\-4\end{pmatrix} \times \begin{pmatrix}1\\-10\\4\end{pmatrix} = \begin{pmatrix}-20\\-40\\-95\end{pmatrix} = 5 \cdot \vec{n}_E$; also $E \parallel F$ oder $E = F$

F: $\begin{pmatrix}-4\\-8\\-19\end{pmatrix} \circ \left[\vec{x} - \begin{pmatrix}3\\-1\\0\end{pmatrix}\right] = 0$; F: $-4x_1 - 8x_2 - 19x_3 + 4 = 0$; HNF_F: $-\frac{1}{21} \cdot (4x_1 + 8x_2 + 19x_3 - 4) = 0$

$d(E, F) = \left|-\frac{1}{21} \cdot (4 \cdot 5 + 8 \cdot 2 + 19 \cdot (-1) - 4)\right| = \frac{13}{21}$; also $E \parallel F$

11 a)

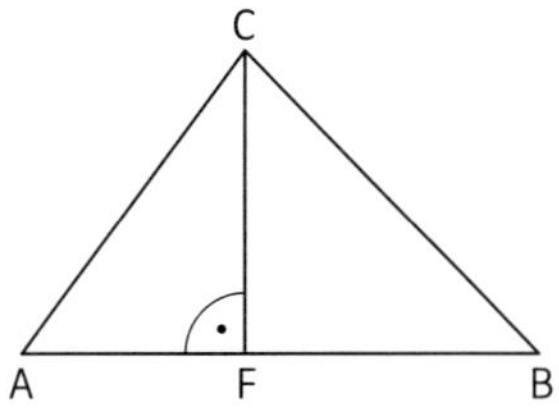

AB: $\vec{X} = \begin{pmatrix}1\\1\\1\end{pmatrix} + \lambda \cdot \begin{pmatrix}3\\6\\3\end{pmatrix}$;

Fußpunkt F der Höhe h_c: $\overrightarrow{CF} \perp AB$

$\left[\begin{pmatrix}1\\1\\1\end{pmatrix} + \lambda \cdot \begin{pmatrix}3\\6\\3\end{pmatrix} - \begin{pmatrix}5\\6\\-1\end{pmatrix}\right] \circ \begin{pmatrix}3\\6\\3\end{pmatrix} = 0;\quad \left[\begin{pmatrix}-4\\-5\\2\end{pmatrix} + \lambda \cdot \begin{pmatrix}3\\6\\3\end{pmatrix}\right] \circ \begin{pmatrix}3\\6\\3\end{pmatrix} = 0;$

$-36 + 54\lambda = 0 \;\Rightarrow\; \lambda = \frac{2}{3};\quad F(3\,|\,5\,|\,3)$

$h_c = |\overrightarrow{CF}| = \left|\begin{pmatrix}-2\\-1\\4\end{pmatrix}\right| = \sqrt{21};\quad |\overrightarrow{AB}| = \left|\begin{pmatrix}3\\6\\3\end{pmatrix}\right| = \sqrt{54}$

$A_{Dreieck} = \frac{1}{2} \cdot \overline{AB} \cdot h_c = \frac{1}{2} \cdot \sqrt{54} \cdot \sqrt{21} = \frac{1}{2} \cdot 3 \cdot 3 \cdot \sqrt{14} = \frac{9}{2}\sqrt{14}$

oder $A_{Dreieck} = \frac{1}{2}|\overrightarrow{AB} \times \overrightarrow{AC}| = \frac{1}{2} \cdot \left|\begin{pmatrix}3\\6\\3\end{pmatrix} \times \begin{pmatrix}4\\5\\-2\end{pmatrix}\right| = \frac{1}{2} \cdot \left|\begin{pmatrix}-27\\18\\-9\end{pmatrix}\right| = \frac{1}{2} \cdot \sqrt{1134} = \frac{9}{2}\sqrt{14}$

Aufgaben b) – d): Vorgehensweise und Rechnung analog a)

b) $F(3\,|\,-7\,|\,2)$; $h_c = 15$; $\overline{AB} = 6$; $A_{Dreieck} = 45$

c) $F\left(\frac{88}{31}\,\middle|\,\frac{32}{31}\,\middle|\,\frac{6}{31}\right)$; $h_c = \frac{1}{31} \cdot \sqrt{30\,442} = \frac{1}{31} \cdot \sqrt{62 \cdot 491}$; $\overline{AB} = \sqrt{62}$; $A_{Dreieck} = \sqrt{491}$

d) $B = F(0\,|\,3\,|\,0)$; $h_c = |\overrightarrow{BC}| = 4$; $\overline{AB} = 4$; $A_{Dreieck} = 8$

S. 144

12 a) $\overrightarrow{AB} \times \overrightarrow{AC} = \begin{pmatrix}8\\14\\-8\end{pmatrix} \times \begin{pmatrix}12\\3\\-3\end{pmatrix} = \begin{pmatrix}-18\\-72\\-144\end{pmatrix} = -18 \cdot \begin{pmatrix}1\\4\\8\end{pmatrix};\quad G = \frac{1}{2} \cdot |\overrightarrow{AB} \times \overrightarrow{AC}| = \frac{1}{2} \cdot 18 \cdot \sqrt{81} = 81$

b) 1. Möglichkeit: h ist gleich dem Abstand des Eckpunktes D von der Grundflächenebene E.

E: $\begin{pmatrix}1\\4\\8\end{pmatrix} \circ \left[\vec{X} - \begin{pmatrix}-7\\-5\\2\end{pmatrix}\right] = 0$; E: $x_1 + 4x_2 + 8x_3 + 11 = 0$; HNF_E: $-\frac{1}{9} \cdot (-x_1 - 4x_2 - 8x_3 - 11) = 0$

$d(D, E) = -\frac{1}{9} \cdot (+2 - 8 \cdot 9 - 11) = 9$

2. Möglichkeit: $h = \frac{3 \cdot V}{G}$

$V = \frac{1}{6} \cdot |(\overrightarrow{AB} \times \overrightarrow{AC}) \cdot \overrightarrow{AD}| = \frac{1}{6} \cdot \left|-18 \cdot \begin{pmatrix}1\\4\\8\end{pmatrix} \circ \begin{pmatrix}5\\5\\7\end{pmatrix}\right| = 3 \cdot 81;\quad h = \frac{3 \cdot 3 \cdot 81}{81} = 9$

13 a) AB: $\vec{X} = \begin{pmatrix}-9\\3\\-3\end{pmatrix} + \lambda \cdot \begin{pmatrix}6\\-9\\3\end{pmatrix}$; CD: $\vec{X} = \begin{pmatrix}-7\\5\\5\end{pmatrix} + \mu \cdot \begin{pmatrix}11\\3\\-5\end{pmatrix}$

Ebene E, die AB enthält und parallel zu CD ist: $\overrightarrow{n_E} = \begin{pmatrix}2\\-3\\1\end{pmatrix} \times \begin{pmatrix}11\\3\\-5\end{pmatrix} = \begin{pmatrix}12\\21\\39\end{pmatrix} = 3 \cdot \begin{pmatrix}4\\7\\13\end{pmatrix}$

E: $\begin{pmatrix}4\\7\\13\end{pmatrix} \circ \left[\vec{X} - \begin{pmatrix}-9\\3\\-3\end{pmatrix}\right] = 0$; E: $4x_1 + 7x_2 + 13x_3 + 54 = 0$; HNF_E: $-\frac{1}{\sqrt{234}} \cdot (-4x_1 - 7x_2 - 13x_3 - 54) = 0$

$d(AB, CD) = \left|-\frac{1}{\sqrt{234}} \cdot (-4 \cdot (-7) - 7 \cdot 5 - 13 \cdot 5 - 54)\right| = \frac{126}{\sqrt{134}}$

b) $\overrightarrow{BC} \times \overrightarrow{BD} = \begin{pmatrix}-4\\11\\5\end{pmatrix} \times \begin{pmatrix}7\\14\\0\end{pmatrix} = \begin{pmatrix}-70\\35\\-133\end{pmatrix} = -7 \cdot \begin{pmatrix}10\\-5\\19\end{pmatrix}$;

E: $\begin{pmatrix}10\\-5\\19\end{pmatrix} \circ \left[\vec{X} - \begin{pmatrix}-3\\-6\\0\end{pmatrix}\right] = 0$; E: $10x_1 - 5x_2 + 19x_3 = 0$; HNF_E: $\frac{1}{9\sqrt{6}} \cdot (10x_1 - 5x_2 + 19x_3) = 0$

$d(A, E) = \left|\frac{1}{9\sqrt{6}} \cdot (10 \cdot (-9) - 5 \cdot 3 + 19 \cdot (-3))\right| = \frac{18}{\sqrt{6}}$

c) $\vec{P} = \frac{1}{2}(\vec{A} + \vec{B}) = \frac{1}{2} \cdot \begin{pmatrix}-12\\-3\\-3\end{pmatrix} = \begin{pmatrix}-6\\-1{,}5\\-1{,}5\end{pmatrix}$; $\vec{Q} = \frac{1}{2}(\vec{A} + \vec{C}) = \frac{1}{2} \cdot \begin{pmatrix}-16\\8\\2\end{pmatrix} = \begin{pmatrix}-8\\4\\1\end{pmatrix}$

$\vec{R} = \frac{1}{2}(\vec{A} + \vec{D}) = \frac{1}{2} \cdot \begin{pmatrix}-5\\11\\-3\end{pmatrix} = \begin{pmatrix}-2{,}5\\5{,}5\\-1{,}5\end{pmatrix}$; $\vec{S} = \frac{1}{2}(\vec{B} + \vec{D}) = \frac{1}{2} \cdot \begin{pmatrix}1\\2\\0\end{pmatrix} = \begin{pmatrix}0{,}5\\1\\0\end{pmatrix}$

PQ: $\vec{X} = \begin{pmatrix}-6\\-1{,}5\\-1{,}5\end{pmatrix} + \lambda \cdot \begin{pmatrix}-2\\5{,}5\\2{,}5\end{pmatrix}$; RS: $\vec{X} = \begin{pmatrix}-2{,}5\\5{,}5\\-1{,}5\end{pmatrix} + \mu \cdot \begin{pmatrix}3\\-4{,}5\\1{,}5\end{pmatrix}$

Ebene E, die PQ enthält und parallel zu RS ist: $\overrightarrow{n_E} = \begin{pmatrix}-2\\5{,}5\\2{,}5\end{pmatrix} \times \begin{pmatrix}3\\-4{,}5\\1{,}5\end{pmatrix} = \begin{pmatrix}19{,}5\\10{,}5\\-7{,}5\end{pmatrix} = 1{,}5 \cdot \begin{pmatrix}13\\7\\-5\end{pmatrix}$

E: $\begin{pmatrix}13\\7\\5\end{pmatrix} \circ \left[\vec{X} - \begin{pmatrix}-8\\4\\1\end{pmatrix}\right] = 0$; E: $13x_1 + 7x_2 - 5x_3 + 81 = 0$; HNF_E: $-\frac{1}{9\sqrt{3}} \cdot (-13x_1 - 7x_2 + 5x_3 - 81) = 0$

$d(PQ, RS) = \left|-\frac{1}{9\sqrt{3}} \cdot (-13 \cdot 0{,}5 - 7 \cdot 1 - 81)\right| = \frac{10{,}5}{\sqrt{3}} = 3{,}5 \cdot \sqrt{3}$

d) $V = \frac{1}{6} \cdot \left|(\overrightarrow{AB} \times \overrightarrow{AC}) \circ \overrightarrow{AD}\right| = \frac{1}{6} \cdot \left|\left(\begin{pmatrix}6\\-9\\3\end{pmatrix} \times \begin{pmatrix}2\\2\\8\end{pmatrix}\right) \circ \begin{pmatrix}13\\5\\3\end{pmatrix}\right| = \frac{1}{6} \cdot \left|\begin{pmatrix}-78\\-42\\30\end{pmatrix} \circ \begin{pmatrix}13\\5\\3\end{pmatrix}\right| = 189$

14 E: $\frac{4}{13}x_1 + \frac{12}{13}x_2 - \frac{3}{13}x_3 - 2 = 0$

$d(0, E) = 2$;

für $A \in E$ gilt: $\overrightarrow{n_0} \circ \vec{A} = 2$

für $B \in F_1$ gilt: $\overrightarrow{n_0} \circ \vec{B} = 5$

$\Rightarrow$ F_1: $\frac{4}{13}x_1 + \frac{12}{13}x_2 - \frac{3}{13}x_3 - 5 = 0$

oder F_1: $4x_1 + 12x_2 - 3x_3 - 65 = 0$

für $C \in F_2$ muss gelten: $\overrightarrow{n_0} \circ \vec{C} = -1$

$\Rightarrow$ F_2: $\frac{4}{13}x_1 + \frac{12}{13}x_2 - \frac{3}{13}x_3 + 1 = 0$

oder F_2: $4x_1 + 12x_2 - 3x_3 + 13 = 0$

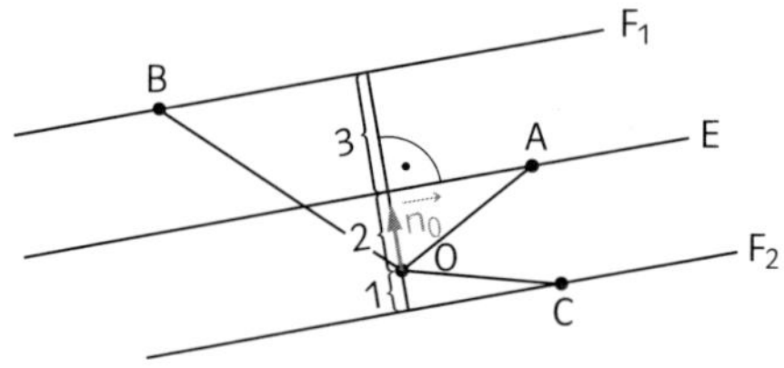

15

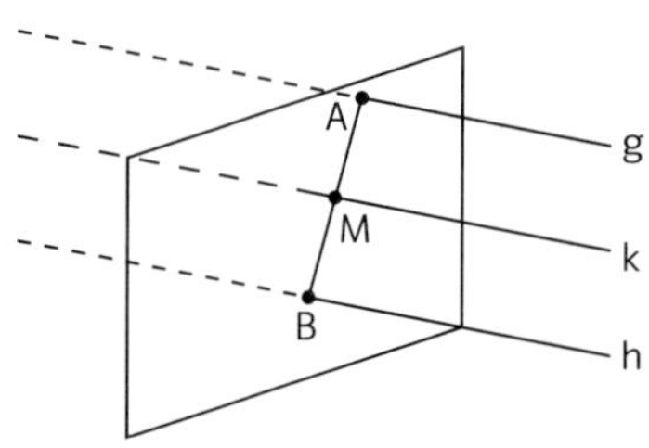

1) $E \perp g$ durch $A \in g$
2) $E \cap h = \{B\}$
3) $\vec{M} = \frac{1}{2}(\vec{A} + \vec{B})$

a) E: $\begin{pmatrix}-4\\3\\-2\end{pmatrix} \circ \left[\vec{X} - \begin{pmatrix}2\\6\\8\end{pmatrix}\right] = 0$; $E \in h$: $\begin{pmatrix}-4\\3\\-2\end{pmatrix} \circ \begin{pmatrix}4\mu-2\\-3\mu-6\\2\mu-8\end{pmatrix} = 0$; $-16\mu + 8 - 9\mu - 18 - 4\mu + 16 = 0$

$-29\mu + 6 = 0 \Rightarrow \mu = \frac{6}{29}$

$B\left(\frac{24}{29}\middle|-\frac{18}{29}\middle|\frac{12}{29}\right)$; $\vec{M} = \frac{1}{2}(\vec{A} + \vec{B}) = \frac{1}{29} \cdot \begin{pmatrix}41\\78\\122\end{pmatrix}$; k: $\vec{X} = \frac{1}{29} \cdot \begin{pmatrix}41\\78\\122\end{pmatrix} + \sigma \cdot \begin{pmatrix}4\\-3\\2\end{pmatrix}$

b) Vorgehensweise analog a)

E: $\begin{pmatrix}-1\\1\\2\end{pmatrix} \circ \left[\vec{X} - \begin{pmatrix}5\\0\\2\end{pmatrix}\right] = 0$; $B\left(-\frac{1}{3}\middle|\frac{4}{3}\middle|-\frac{4}{3}\right)$; $M\left(\frac{7}{3}\middle|\frac{2}{3}\middle|\frac{1}{3}\right)$; k: $\vec{X} = \frac{1}{3} \cdot \begin{pmatrix}7\\2\\1\end{pmatrix} + \sigma \cdot \begin{pmatrix}-1\\1\\2\end{pmatrix}$

16 a) $A(1|0|1)$; $B(1|2{,}4|0)$ (Nebenrechnung: $b_2 = \sqrt{2{,}6^2 - 1} = 2{,}4$); $D(0|0|1)$

$\overrightarrow{AB} \times \overrightarrow{AD} = \begin{pmatrix}0\\2{,}4\\-1\end{pmatrix} \times \begin{pmatrix}-1\\0\\0\end{pmatrix} = \begin{pmatrix}0\\1\\2{,}4\end{pmatrix}$; E: $\begin{pmatrix}0\\1\\2{,}4\end{pmatrix} \circ \left[\vec{X} - \begin{pmatrix}1\\0\\1\end{pmatrix}\right] = 0$; HNF: $\frac{1}{2{,}6} \cdot \begin{pmatrix}0\\1\\2{,}4\end{pmatrix} \circ \left[\vec{X} - \begin{pmatrix}1\\0\\1\end{pmatrix}\right] = 0$

b) $M(m_1|r|r)$

c) $d(M, E) = r$; $\frac{1}{2{,}6} \cdot \begin{pmatrix}0\\1\\2{,}4\end{pmatrix} \circ \left[\begin{pmatrix}m_1\\r\\r\end{pmatrix} - \begin{pmatrix}1\\0\\1\end{pmatrix}\right] = r$

$\frac{1}{2{,}6} \cdot |3{,}4r - 2{,}4| = r \Rightarrow |3{,}4r - 2{,}4| = 2{,}6r$

$3{,}4r - 2{,}4 = 2{,}6r \Rightarrow r = 3$ keine Lösung des Sachproblems

$-3{,}4r + 2{,}4 = 2{,}6r \Rightarrow r = 0{,}4$

Der Ball darf einen Radius von höchstens 40 cm haben.

17

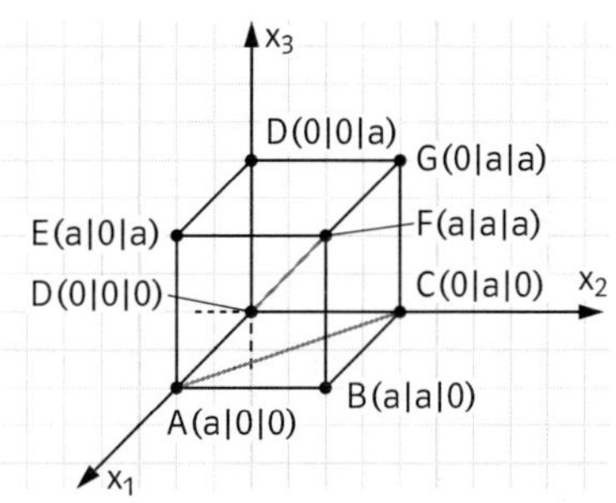

Ebene W, die AC enthält und parallel zu DF ist.

$\overrightarrow{n_W} = \overrightarrow{AC} \times \overrightarrow{DF} = \begin{pmatrix} -a \\ a \\ 0 \end{pmatrix} \times \begin{pmatrix} a \\ a \\ a \end{pmatrix} = \begin{pmatrix} a^2 \\ a^2 \\ -2a^2 \end{pmatrix} = a^2 \cdot \begin{pmatrix} 1 \\ 1 \\ -2 \end{pmatrix}$

W: $\begin{pmatrix} 1 \\ 1 \\ -2 \end{pmatrix} \circ \left[\vec{X} - \begin{pmatrix} a \\ 0 \\ 0 \end{pmatrix}\right] = 0$; W: $\frac{1}{\sqrt{6}} \cdot \begin{pmatrix} 1 \\ 1 \\ -2 \end{pmatrix} \circ \left[\vec{X} - \begin{pmatrix} a \\ 0 \\ 0 \end{pmatrix}\right] = 0$

$d(D, W) = \frac{1}{\sqrt{6}} \cdot \begin{pmatrix} 1 \\ 1 \\ -2 \end{pmatrix} \circ \begin{pmatrix} -a \\ 0 \\ 0 \end{pmatrix} = \frac{a}{\sqrt{6}}$

Der Abstand zwischen [AC] und [DF] beträgt $\frac{a}{\sqrt{6}}$.

18 a) $\overrightarrow{PX} = \begin{pmatrix} 9 \\ 2 \\ 10 \end{pmatrix} + \lambda \cdot \begin{pmatrix} 3 \\ 2 \\ 4 \end{pmatrix} - \begin{pmatrix} 7 \\ 0 \\ -2 \end{pmatrix} = \begin{pmatrix} 2 \\ 2 \\ 12 \end{pmatrix} + \lambda \cdot \begin{pmatrix} 3 \\ 2 \\ 4 \end{pmatrix}$

$f(\lambda) = |\overrightarrow{PX}|^2 = (2+3\lambda)^2 + (2+2\lambda)^2 + (12+4\lambda)^2 = 4 + 12\lambda + 9\lambda^2 + 4 + 8\lambda + 4\lambda^2 + 144 + 96\lambda + 16\lambda^2$
$= 29\lambda^2 + 116\lambda + 152$

$f'(\lambda) = 58\lambda + 116$

$f'(\lambda) = 0$ für $\lambda = -2$

$\vec{Q} = \begin{pmatrix} 9 \\ 2 \\ 10 \end{pmatrix} + (-2) \cdot \begin{pmatrix} 3 \\ 2 \\ 4 \end{pmatrix} = \begin{pmatrix} 3 \\ -2 \\ 2 \end{pmatrix}$; Q(3|−2|2)

b) $\overrightarrow{PX} \perp g$: $\left[\begin{pmatrix} 2 \\ 2 \\ 12 \end{pmatrix} + \lambda \cdot \begin{pmatrix} 3 \\ 2 \\ 4 \end{pmatrix}\right] \circ \begin{pmatrix} 3 \\ 2 \\ 4 \end{pmatrix} = 0$; $6 + 9\lambda + 4 + 4\lambda + 48 + 16\lambda = 0$

$58 + 29\lambda = 0 \Rightarrow \lambda = -2$; $\vec{X} = \begin{pmatrix} 3 \\ -2 \\ 2 \end{pmatrix}$; X(3|−2|2)

c) Zur Bestimmung des Abstandes eines Punktes P von einer Geraden g gibt es drei Möglichkeiten:

1. Die Ebene E durch P senkrecht zu g wird mit g geschnitten. Man erhält den Schnittpunkt F. $|\overrightarrow{PF}|$ ist der gesuchte Abstand.
2. Man bestimmt den Extremwert λ_0 der Funktion $f(\lambda) = |\overrightarrow{PX}|^2$, wobei X ein Punkt der Geraden ist. $|\overrightarrow{PX_0}|$ ist der gesuchte Abstand.
3. Man bestimmt den Punkt X_0 auf g, für den $\overrightarrow{PX_0}$ senkrecht zum Richtungsvektor der Geraden ist. $\overrightarrow{PX_0}$ ist der gesuchte Abstand.

19 a) Zeichnung mit Vektoris, geeignet drehen. Es soll sichtbar werden, dass P und O auf der gleichen Stelle von E, und Q und O auf verschiedenen Seiten von E liegen.

b) HNF_E: $\frac{1}{7}(2x_1 + 3x_2 + 6x_3 - 12) = 0$

$d_P = \left|\frac{1}{7}(2 \cdot 2 + 3 \cdot (-4) + 6 \cdot 1 - 12)\right| = \left|-\frac{14}{7}\right| = 2$; $d_Q = \left|\frac{1}{7} \cdot (2 \cdot 5 + 3 \cdot 6 + 6 \cdot 2 - 12)\right| = \left|\frac{28}{7}\right| = 4$

S. 145

19 a) g: $\vec{X} = \begin{pmatrix} 5 \\ 7 \\ 9 \end{pmatrix} + \lambda \cdot \begin{pmatrix} 12 \\ 4 \\ 3 \end{pmatrix}$; $\overrightarrow{RX} = \begin{pmatrix} 5 \\ 7 \\ 9 \end{pmatrix} + \lambda \cdot \begin{pmatrix} 12 \\ 4 \\ 3 \end{pmatrix} - \begin{pmatrix} -7 \\ -3 \\ 14 \end{pmatrix} = \begin{pmatrix} 12 \\ 10 \\ -5 \end{pmatrix} + \lambda \cdot \begin{pmatrix} 12 \\ 4 \\ 3 \end{pmatrix}$

$\overrightarrow{RX} \perp g \Rightarrow \left[\begin{pmatrix} 12 \\ 10 \\ -5 \end{pmatrix} + \lambda \cdot \begin{pmatrix} 12 \\ 4 \\ 3 \end{pmatrix}\right] \circ \begin{pmatrix} 12 \\ 4 \\ 3 \end{pmatrix} = 0$; $144 + 40 - 15 + 144\lambda + 16\lambda + 9\lambda = 0$; $169 + 169\lambda = 0$

$\Rightarrow \lambda = -1$; F(−7|3|6)

b) $\overrightarrow{AF} = \begin{pmatrix} -12 \\ -4 \\ -3 \end{pmatrix}$; $|\overrightarrow{AF}| = \sqrt{169} = 13$; $\overrightarrow{FR} = \begin{pmatrix} 0 \\ -6 \\ 8 \end{pmatrix}$; $|\overrightarrow{FR}| = \sqrt{100} = 10$

$A_{\Delta AFR} = \frac{1}{2} \cdot |\overrightarrow{AF}| \cdot |\overrightarrow{FR}| = 65$

c) $V = \frac{1}{3} \cdot G \cdot h = \frac{1}{3} \cdot |\overrightarrow{FR}|^2 \cdot \pi \cdot |\overrightarrow{AF}| = \frac{1}{3} \cdot 10^2 \cdot \pi \cdot 13 = \frac{1300}{3}\pi \approx 1361{,}36$

20 a) Die Pyramide BDEG wird von 4 gleichseitigen Dreiecken begrenzt, ist also ein Tetraeder. Die Kantenlänge ist gleich einer Flächendiagonale des Würfels.

b) A(0|0|0); B(0|a|0); D(−a|0|0); E(0|0|a); G(−a|a|a)

c) $\overrightarrow{BD} \times \overrightarrow{BE} = \begin{pmatrix} -a \\ -a \\ 0 \end{pmatrix} \times \begin{pmatrix} 0 \\ -a \\ a \end{pmatrix} = \begin{pmatrix} -a^2 \\ a^2 \\ a^2 \end{pmatrix} = a^2 \cdot \begin{pmatrix} -1 \\ 1 \\ 1 \end{pmatrix}$

Ebene durch BDE: E: $\begin{pmatrix} -1 \\ 1 \\ 1 \end{pmatrix} \circ \left[\vec{X} - \begin{pmatrix} 0 \\ a \\ 0 \end{pmatrix}\right] = 0$; E: $-x_1 + x_2 + x_3 - a = 0$

HNF_E: $\frac{1}{\sqrt{3}} \cdot (-x_1 + x_2 + x_3 - a) = 0$; $d(G, E) = \left|\frac{1}{\sqrt{3}} \cdot (a + a + a - a)\right| = \left|\frac{2a}{\sqrt{3}}\right| = \frac{2}{\sqrt{3}} a$

d) $O_{Tetraeder} = 4 \cdot A_{Dreieck} = 4 \cdot \frac{1}{2} \cdot |\overrightarrow{BD} \times \overrightarrow{BE}| = 2 \cdot \left|\begin{pmatrix} -a^2 \\ a^2 \\ a^2 \end{pmatrix}\right| = 2 \cdot |\sqrt{3a^4}| = 2a^2\sqrt{3}$

$V_{Tetraeder} = \frac{1}{3} \cdot A_{Dreieck} \cdot d(G; E) = \frac{1}{3} \cdot \frac{1}{2} \cdot a^2\sqrt{3} \cdot \frac{2}{\sqrt{3}} a = \frac{1}{3} a^3$

e) Die Kugel geht durch die Eckpunkte des Würfels und somit auch durch die Eckpunkte des Tetraeders.

$M\left(-\frac{a}{2}\middle|\frac{a}{2}\middle|\frac{a}{2}\right)$; $r = \frac{a}{2}\sqrt{3}$ (= halbe Raumdiagonale); K: $\left[\vec{X} - \frac{a}{2} \cdot \begin{pmatrix} -1 \\ 1 \\ 1 \end{pmatrix}\right]^2 = \frac{3}{4} a^2$

f) Zeichnung mit Vektoris

g) $V_{Kugel} = \frac{4}{3} \cdot \left(\frac{a}{2}\sqrt{3}\right)^3 \cdot \pi = \frac{a^3}{2} \cdot \sqrt{3}\,\pi$; $V_{Tetraeder} = \frac{a^3}{3}$;

$\frac{V_K}{V_T} = \frac{a^3 \cdot \pi \cdot \sqrt{3} \cdot 3}{2 \cdot a^3} = 1{,}5 \cdot \pi \cdot \sqrt{3} \approx 8{,}16$; $V_K \approx 8{,}16 \cdot V_T$, also 816 % von V_T

21 F ist der Fußpunkt des Lotes von R auf g.

$\overrightarrow{RF} = \begin{pmatrix} 1 \\ 1 \\ 0 \end{pmatrix} + \lambda \cdot \begin{pmatrix} 3 \\ 2 \\ 1 \end{pmatrix} - \begin{pmatrix} 1 \\ 2 \\ 0{,}08 \end{pmatrix} = \begin{pmatrix} 0 \\ -1 \\ -0{,}08 \end{pmatrix} + \lambda \cdot \begin{pmatrix} 3 \\ 2 \\ 1 \end{pmatrix}$;

$\overrightarrow{RF} \perp g \Rightarrow \left[\begin{pmatrix} 0 \\ -1 \\ -0{,}08 \end{pmatrix} + \lambda \cdot \begin{pmatrix} 3 \\ 2 \\ 1 \end{pmatrix}\right] \circ \begin{pmatrix} 3 \\ 2 \\ 1 \end{pmatrix} = 0$; $-2 - 0{,}08 + 9\lambda + 4\lambda + \lambda = 0$; $14\lambda = 2{,}08$

$\Rightarrow \lambda \approx 0{,}22$

F(1,44|1,66|0,22); $\overrightarrow{RF} = \begin{pmatrix} -0{,}44 \\ -0{,}34 \\ 0{,}14 \end{pmatrix}$; $|\overrightarrow{RF}| = \sqrt{0{,}44^2 + (-0{,}34)^2 + 0{,}14^2} \approx 0{,}5734$

Der minimale Abstand des Flugzeugs vom Kirchturm beträgt 573 m.

22 a) r = 3; M(1|2|2)

b) Skizze vgl. *Schülerbuch* S. 142

N ist der Schnittpunkt der Lotgeraden l von M auf E.

l: $\begin{pmatrix} 1 \\ 2 \\ 2 \end{pmatrix} + \lambda \cdot \begin{pmatrix} 1 \\ 2 \\ 2 \end{pmatrix}$; $E \cap l$: $1 + \lambda + 2 \cdot (2 + 2\lambda) + 2 \cdot (2 + 2\lambda) - 3 = 0$;

$1 + \lambda + 4 + 4\lambda + 4 + 4\lambda - 3 = 0$; $6 + 9\lambda = 0 \Rightarrow \lambda = -\frac{2}{3}$

$N\left(\frac{1}{3}\middle|\frac{2}{3}\middle|\frac{2}{3}\right)$

$\varrho^2 = r^2 - |\overrightarrow{MN}|^2$; $\overrightarrow{MN} = -\frac{2}{3} \cdot \begin{pmatrix} 1 \\ 2 \\ 2 \end{pmatrix}$; $|\overrightarrow{MN}| = \left|-\frac{2}{3} \cdot \sqrt{9}\right| = 2$

$\varrho^2 = 9 - 4 = 5$; $\varrho = \sqrt{5} \approx 2{,}24$

c) MN = l; $l \cap K$: $\left[\begin{pmatrix} 1 \\ 2 \\ 2 \end{pmatrix} + \lambda \cdot \begin{pmatrix} 1 \\ 2 \\ 2 \end{pmatrix} - \begin{pmatrix} 1 \\ 2 \\ 2 \end{pmatrix}\right]^2 = 9 \Rightarrow \left[\lambda \cdot \begin{pmatrix} 1 \\ 2 \\ 2 \end{pmatrix}\right]^2 = 9$; $9\lambda^2 = 9$

$\lambda_1 = -1$ oder $\lambda_2 = 1$

$\lambda_1 = -1$: $S_1(0|0|0)$; $\lambda_2 = 1$: $S_2(2|4|4)$

23 Sind die Ereignisse A und B unabhängig, so sind die bedingten Wahrscheinlichkeiten im Baumdiagramm gleich den unbedingten Wahrscheinlichkeiten.

Also: $b = P_A(B) = P(B)$ und $c = P_{\bar{A}}(B) = P(B)$

Es muss also $b = c$ gelten.

24 a) Nullstellen: $-0{,}5x^2+2=0 \Rightarrow x_1=-2;\ x_2=2$

$$A=\left|\int_{-2}^{2}(-0{,}5x^2+2)\,dx\right| = \left|\left[-\tfrac{1}{6}x^3+2x\right]_{-2}^{2}\right| = 5\tfrac{1}{3}$$

b) Schnittpunkte von G_f und y:

$-0{,}5x^2+2=0{,}5x+1 \Rightarrow x^2+x-2=0;$

$\Rightarrow x_1=-2;\ x_2=1$

Eingeschlossenes Flächenstück:

$$A_1=\left|\int_{-2}^{1}[-0{,}5x^2+2-(0{,}5x+1)]\,dx\right|$$

$$=\left|\left[-\tfrac{1}{6}x^3-\tfrac{1}{4}x^2+x\right]_{-2}^{1}\right|$$

$$=\left|-\tfrac{1}{6}-\tfrac{1}{4}+1-\left(\tfrac{8}{6}-1-2\right)\right|=\tfrac{9}{4}$$

$$A_2=\tfrac{16}{3}-\tfrac{9}{4}=\tfrac{37}{12};$$

$$A_2:A_1=\tfrac{37}{12}:\tfrac{9}{4}=37:27\left(=\tfrac{37}{27}:1\approx 1{,}37\right)$$

c) $\int_{-2}^{2}|f(x)+g(x)|\,dx=0;\quad \int_{-2}^{2}|f(x)-g(x)|\,dx=10\tfrac{2}{3}$

Ausgenutzt wurde die Symmetrie der Graphen von g und f bezüglich der x-Achse.

Skizze oder Graphenplott zu b) und c)

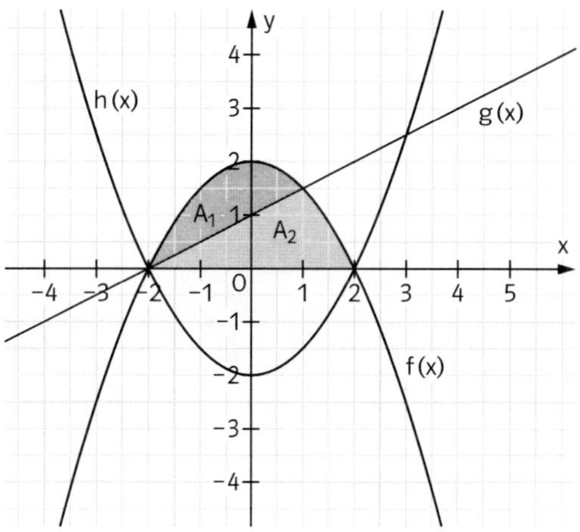

9 Schnittwinkel

S. 146

1 a) $\overrightarrow{MH}=\begin{pmatrix}-3\\0\\0\end{pmatrix};\quad \overrightarrow{MD}=\begin{pmatrix}-3\\0\\5\end{pmatrix}$

$$\cos\alpha=\frac{\left|\begin{pmatrix}-3\\0\\0\end{pmatrix}\circ\begin{pmatrix}-3\\0\\5\end{pmatrix}\right|}{\left|\begin{pmatrix}-3\\0\\0\end{pmatrix}\right|\circ\left|\begin{pmatrix}-3\\0\\5\end{pmatrix}\right|}=\frac{9}{3\cdot\sqrt{34}}=\frac{3}{\sqrt{34}};\quad \alpha\approx 59{,}04°$$

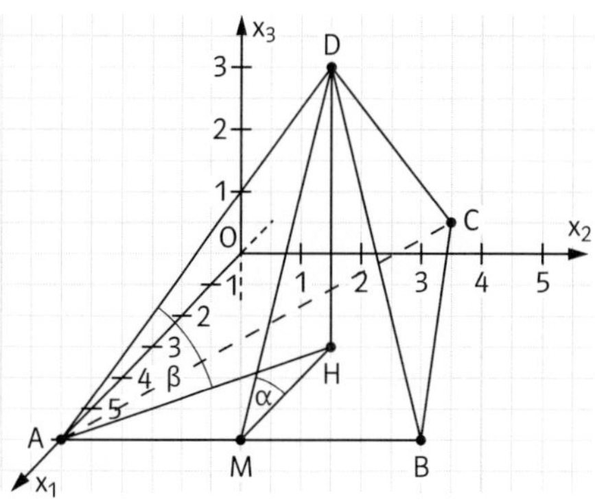

b) Normalenvektor von E_{ABD} =

$$\overrightarrow{AB}\times\overrightarrow{AD}=\begin{pmatrix}0\\6\\0\end{pmatrix}\times\begin{pmatrix}-3\\3\\5\end{pmatrix}=\begin{pmatrix}30\\0\\18\end{pmatrix}=6\cdot\begin{pmatrix}5\\0\\3\end{pmatrix}$$

Normalenvektor von $E_{ABC}=\begin{pmatrix}0\\0\\1\end{pmatrix}$

$$\cos\gamma=\frac{\left|\begin{pmatrix}5\\0\\3\end{pmatrix}\circ\begin{pmatrix}0\\0\\1\end{pmatrix}\right|}{\left|\begin{pmatrix}5\\0\\3\end{pmatrix}\right|\circ\left|\begin{pmatrix}0\\0\\1\end{pmatrix}\right|}=\frac{3}{\sqrt{34}\cdot 1};\quad \gamma\approx 59{,}04°$$

c) $\cos\beta=\dfrac{|\overrightarrow{AH}\circ\overrightarrow{AD}|}{|\overrightarrow{AH}|\circ|\overrightarrow{AD}|}$

S. 148

2 a) Schnittpunkt:

(I): $1+\lambda=2+\mu$
(II): $1=2-\mu$
(III): $3\lambda=3+3\mu$

aus II: $\mu=1$; in I: $\lambda=2$
$\mu=1$ und $\lambda=2$ in III: $3\cdot 2=3+3$ (wahr)

; $S(3\,|\,1\,|\,6)$

Schnittwinkel: $\cos\sphericalangle(g,h)=\dfrac{\left|\begin{pmatrix}1\\0\\3\end{pmatrix}\circ\begin{pmatrix}1\\-1\\3\end{pmatrix}\right|}{\left|\begin{pmatrix}1\\0\\3\end{pmatrix}\right|\circ\left|\begin{pmatrix}1\\-1\\3\end{pmatrix}\right|}=\dfrac{10}{\sqrt{10}\cdot\sqrt{11}}\approx 0{,}9535;\quad \sphericalangle(g,h)\approx 17{,}5°$

b) analog a); $S(10\,|\,8\,|\,15)$; $\sphericalangle(g,h)\approx 30{,}2°$

3 a) $S\left(3\frac{4}{5}\middle|-\frac{4}{5}\right)$; $\sphericalangle(g,h) \approx 78{,}7°$

b) $g\colon \vec{X} = \begin{pmatrix}2\\5\end{pmatrix} + \lambda \cdot \begin{pmatrix}1\\2\end{pmatrix}$ $\quad g \cap h\colon \begin{pmatrix}4\\1\end{pmatrix} \circ \left[\begin{pmatrix}2\\5\end{pmatrix} + \lambda \cdot \begin{pmatrix}1\\2\end{pmatrix} - \begin{pmatrix}3\\7\end{pmatrix}\right] = 0$; $\begin{pmatrix}4\\1\end{pmatrix} \circ \left[\begin{pmatrix}-1\\-2\end{pmatrix} + \lambda \cdot \begin{pmatrix}1\\2\end{pmatrix}\right] = 0$;

$-4 + 4\lambda - 2 + 2\lambda = 0 \;\Rightarrow\; \lambda = 1$; $S(3\,|\,7)$

$$\cos \sphericalangle(g,h) = \frac{\left|\begin{pmatrix}2\\-1\end{pmatrix} \circ \begin{pmatrix}4\\1\end{pmatrix}\right|}{\left|\begin{pmatrix}2\\-1\end{pmatrix}\right| \circ \left|\begin{pmatrix}4\\1\end{pmatrix}\right|} \approx 0{,}759; \quad \sphericalangle(g,h) \approx 40{,}6°$$

c) $g \cap h\colon \begin{pmatrix}-2\\5\end{pmatrix} \circ \left[\begin{pmatrix}8\\6\end{pmatrix} + \lambda \cdot \begin{pmatrix}7\\-1\end{pmatrix} - \begin{pmatrix}0\\-1\end{pmatrix}\right] = 0$; $\begin{pmatrix}-2\\5\end{pmatrix} \circ \left[\begin{pmatrix}8\\7\end{pmatrix} + \lambda \cdot \begin{pmatrix}7\\-1\end{pmatrix}\right] = 0$;

$-16 - 14\lambda + 35 - 5\lambda = 0$; $19 - 19\lambda = 0 \;\Rightarrow\; \lambda = 1$; $S(15\,|\,5)$

$$\cos \sphericalangle(g,h) = \frac{\left|\begin{pmatrix}-2\\5\end{pmatrix} \circ \begin{pmatrix}1\\7\end{pmatrix}\right|}{\left|\begin{pmatrix}-2\\5\end{pmatrix}\right| \circ \left|\begin{pmatrix}1\\7\end{pmatrix}\right|} = \frac{33}{\sqrt{29} \cdot \sqrt{50}} \approx 0{,}867; \quad \sphericalangle(g,h) \approx 29{,}93°$$

4 Die Normalenvektoren sind linear unabhängig, also schneiden sich die Ebenen in einer Geraden.

a) $$\cos \sphericalangle(E_1,E_2) = \frac{\left|\begin{pmatrix}5\\0\\1\end{pmatrix} \circ \begin{pmatrix}6\\1\\0\end{pmatrix}\right|}{\left|\begin{pmatrix}5\\0\\1\end{pmatrix}\right| \circ \left|\begin{pmatrix}6\\1\\0\end{pmatrix}\right|} = \frac{30}{\sqrt{26} \cdot \sqrt{37}} \approx 0{,}967; \quad \sphericalangle(E_1,E_2) \approx 14{,}7°$$

b) $$\cos \sphericalangle(E_1,E_2) = \frac{\left|\begin{pmatrix}1\\1\\1\end{pmatrix} \circ \begin{pmatrix}1\\-1\\7\end{pmatrix}\right|}{\left|\begin{pmatrix}1\\1\\1\end{pmatrix}\right| \circ \left|\begin{pmatrix}1\\-1\\7\end{pmatrix}\right|} = \frac{7}{\sqrt{3} \cdot \sqrt{51}} \approx 0{,}566; \quad \sphericalangle(E_1,E_2) \approx 55{,}5°$$

5 $A(3\,|\,0\,|\,2)$; $B(6\,|\,4\,|\,2)$; $C(3\,|\,8\,|\,2)$; $E(3\,|\,4\,|\,0)$; $F(3\,|\,4\,|\,4)$

a) $\alpha = \sphericalangle BAF$; $$\cos\alpha = \frac{|\overrightarrow{AB} \circ \overrightarrow{AF}|}{|\overrightarrow{AB}| \circ |\overrightarrow{AF}|} = \frac{\begin{pmatrix}3\\4\\0\end{pmatrix} \circ \begin{pmatrix}0\\4\\2\end{pmatrix}}{5 \cdot \sqrt{20}} = \frac{16}{10\sqrt{5}} \approx 0{,}7155; \quad \alpha \approx 44{,}3°$$

$\beta = \sphericalangle ABF$; $$\cos\beta = \frac{|\overrightarrow{BA} \circ \overrightarrow{BF}|}{|\overrightarrow{BA}| \circ |\overrightarrow{BF}|} = \frac{\begin{pmatrix}-3\\-4\\0\end{pmatrix} \circ \begin{pmatrix}-3\\0\\2\end{pmatrix}}{5 \cdot \sqrt{13}} \approx 0{,}4992; \qquad \alpha \approx 60{,}1°$$

$\gamma = \sphericalangle AFB$; $\cos\gamma = 180° - (44{,}3° + 60{,}1°) = 75{,}6°$

b) $$\vec{n}_{\text{Ebene ABF}} = \overrightarrow{AB} \times \overrightarrow{AF} = \begin{pmatrix}3\\4\\0\end{pmatrix} \times \begin{pmatrix}0\\4\\2\end{pmatrix} = \begin{pmatrix}8\\-6\\12\end{pmatrix} = 2 \cdot \begin{pmatrix}4\\-3\\6\end{pmatrix};$$

$$\vec{n}_{\text{Ebene ABE}} = \overrightarrow{AB} \times \overrightarrow{AE} = \begin{pmatrix}3\\4\\0\end{pmatrix} \times \begin{pmatrix}0\\4\\-2\end{pmatrix} = \begin{pmatrix}-8\\6\\12\end{pmatrix} = 2 \cdot \begin{pmatrix}-4\\3\\6\end{pmatrix}$$

$$\cos\alpha = \frac{\left|\begin{pmatrix}4\\-3\\6\end{pmatrix} \circ \begin{pmatrix}-4\\3\\6\end{pmatrix}\right|}{\left|\begin{pmatrix}4\\-3\\6\end{pmatrix}\right| \circ \left|\begin{pmatrix}-4\\3\\6\end{pmatrix}\right|} = \frac{-16-9+36}{\sqrt{61} \cdot \sqrt{61}} = \frac{11}{61} \approx 0{,}1803; \quad \alpha \approx 79{,}6°$$

c) $$V_P = \left|2 \cdot \frac{1}{6} \cdot \left[\left(\overrightarrow{BA} \times \overrightarrow{BC}\right) \circ \overrightarrow{BF}\right]\right| = \left|\frac{1}{3} \cdot \left\{\left[\begin{pmatrix}-3\\-4\\0\end{pmatrix} \times \begin{pmatrix}-3\\4\\0\end{pmatrix}\right] \circ \begin{pmatrix}-3\\0\\2\end{pmatrix}\right\}\right| = \left|\frac{1}{3} \cdot \left[\begin{pmatrix}0\\0\\-24\end{pmatrix} \circ \begin{pmatrix}-3\\0\\2\end{pmatrix}\right]\right| = \left|\frac{1}{3} \cdot (-48)\right| = 16$$

d) $V_Q = 6 \cdot 8 \cdot 4 = 192$; $\frac{V_P}{V_Q} = \frac{16}{192} = \frac{1}{12} \approx 0{,}083$

Die Doppelpyramide füllt 8,3 % des Quaders aus.

6 a) $$\cos \sphericalangle(\vec{n},\vec{u}) = \frac{\left|\begin{pmatrix}3\\5\\-2\end{pmatrix} \circ \begin{pmatrix}1\\2\\1\end{pmatrix}\right|}{\left|\begin{pmatrix}3\\5\\-2\end{pmatrix}\right| \circ \left|\begin{pmatrix}1\\2\\1\end{pmatrix}\right|} = \frac{11}{\sqrt{38} \cdot \sqrt{6}} = \frac{11}{\sqrt{228}} \approx 0{,}728; \quad \cos \sphericalangle(\vec{n},\vec{u}) \approx 43{,}2°; \quad \sphericalangle(E,g) = 46{,}8°$$

b) $\vec{n_E} = \vec{u_g} \;\Rightarrow\; E \perp g$; $\sphericalangle(E,g) = 90°$

c) $$\vec{n_E} = \begin{pmatrix}1\\-2\\-2\end{pmatrix} \times \begin{pmatrix}-1\\6\\5\end{pmatrix} = \begin{pmatrix}2\\-3\\4\end{pmatrix}; \quad \cos \sphericalangle(\vec{n},\vec{u}) = \frac{\left|\begin{pmatrix}2\\-3\\4\end{pmatrix} \circ \begin{pmatrix}1\\2\\1\end{pmatrix}\right|}{\sqrt{29} \cdot \sqrt{6}} = 0; \quad \sphericalangle(\vec{n},\vec{u}) = 90°;$$

$\sphericalangle(E,g) = 0°$

7 a) $\vec{n}_{ABC} = \overrightarrow{AB} \times \overrightarrow{AC} = \begin{pmatrix}0\\6\\0\end{pmatrix} \times \begin{pmatrix}-2\\2\\0\end{pmatrix} = \begin{pmatrix}0\\0\\12\end{pmatrix} = 12 \cdot \begin{pmatrix}0\\0\\1\end{pmatrix}$; α = Winkel([AD], E_{ABC}); β = Winkel([BD], E_{ABC}); γ = Winkel([CD], E_{ABC})

$\sin\alpha = \frac{\begin{pmatrix}0\\0\\1\end{pmatrix} \circ \begin{pmatrix}-1\\2\\4\end{pmatrix}}{1 \cdot \sqrt{21}} = \frac{4}{\sqrt{21}} \approx 0{,}873$; $\alpha \approx 60{,}8°$

$\sin\beta = \frac{\begin{pmatrix}0\\0\\1\end{pmatrix} \circ \begin{pmatrix}-1\\-4\\4\end{pmatrix}}{1 \cdot \sqrt{33}} = \frac{4}{\sqrt{33}} \approx 0{,}696$; $\beta \approx 44{,}1°$

$\sin\gamma = \frac{\begin{pmatrix}0\\0\\1\end{pmatrix} \circ \begin{pmatrix}1\\0\\4\end{pmatrix}}{1 \cdot \sqrt{17}} = \frac{4}{\sqrt{17}} \approx 0{,}970$; $\gamma \approx 76°$

b) δ-Winkel (ABC, ABD); $\vec{n}_{ABC} = \begin{pmatrix}0\\0\\1\end{pmatrix}$; $\vec{n}_{ABD} = \begin{pmatrix}0\\6\\0\end{pmatrix} \times \begin{pmatrix}-1\\2\\4\end{pmatrix} = \begin{pmatrix}24\\0\\6\end{pmatrix} = 6 \cdot \begin{pmatrix}4\\0\\1\end{pmatrix}$

$\cos\delta = \frac{\left|\begin{pmatrix}0\\0\\1\end{pmatrix} \circ \begin{pmatrix}4\\0\\1\end{pmatrix}\right|}{\left|\begin{pmatrix}0\\0\\1\end{pmatrix}\right| \circ \left|\begin{pmatrix}4\\0\\1\end{pmatrix}\right|} = \frac{1}{\sqrt{17}} \approx 0{,}243$; $\delta \approx 76°$

ε-Winkel (BCD, ACD); $\vec{n}_{BCD} = \overrightarrow{BC} \times \overrightarrow{BD} = \begin{pmatrix}-2\\-4\\0\end{pmatrix} \times \begin{pmatrix}-1\\-4\\4\end{pmatrix} = \begin{pmatrix}-16\\8\\4\end{pmatrix} = 4 \cdot \begin{pmatrix}-4\\2\\1\end{pmatrix}$

$\vec{n}_{ACD} = \overrightarrow{AC} \times \overrightarrow{AD} = \begin{pmatrix}-2\\2\\0\end{pmatrix} \times \begin{pmatrix}-1\\2\\4\end{pmatrix} = \begin{pmatrix}8\\8\\-2\end{pmatrix} = 2 \cdot \begin{pmatrix}4\\4\\-1\end{pmatrix}$

$\cos\varepsilon = \frac{\begin{pmatrix}-4\\2\\1\end{pmatrix} \circ \begin{pmatrix}4\\4\\-1\end{pmatrix}}{\begin{pmatrix}-4\\2\\1\end{pmatrix} \circ \begin{pmatrix}4\\4\\-1\end{pmatrix}} = \frac{9}{\sqrt{21} \cdot \sqrt{33}} \approx 0{,}342$; $\delta \approx 70°$

8 a) $E_1 \cap E_2$: $6 \cdot (2+3\lambda+\mu) - 7 - 2\lambda - \mu + 2 \cdot (9+2\lambda) - 13 = 0$; $12 + 18\lambda + 6\mu - 7 - 2\lambda - \mu + 18 + 4\lambda - 13 = 0$;

$10 + 20\lambda + 5\mu = 0 \Rightarrow \mu = -2 - 4\lambda$

$\vec{X} = \begin{pmatrix}2\\7\\9\end{pmatrix} + \lambda \cdot \begin{pmatrix}3\\2\\2\end{pmatrix} + (-2-4\lambda) \cdot \begin{pmatrix}1\\1\\0\end{pmatrix} \Rightarrow \vec{X} = \begin{pmatrix}0\\5\\9\end{pmatrix} + \lambda \cdot \begin{pmatrix}-1\\-2\\2\end{pmatrix}$

$\vec{n_{E_1}} = \begin{pmatrix}3\\2\\2\end{pmatrix} \times \begin{pmatrix}1\\1\\0\end{pmatrix} = \begin{pmatrix}-2\\2\\1\end{pmatrix}$; $\cos\sphericalangle(E_1, E_2) = \frac{\left|\begin{pmatrix}-2\\2\\1\end{pmatrix} \circ \begin{pmatrix}6\\-1\\2\end{pmatrix}\right|}{\left|\begin{pmatrix}-2\\2\\1\end{pmatrix}\right| \circ \left|\begin{pmatrix}6\\-1\\2\end{pmatrix}\right|} = \frac{12}{\sqrt{9} \cdot \sqrt{41}} \approx 0{,}625$; $\sphericalangle(E_1, E_2) \approx 51{,}3°$

b) $\vec{n_{E_1}} = \begin{pmatrix}0\\1\\1\end{pmatrix} \times \begin{pmatrix}3\\-1\\0\end{pmatrix} = \begin{pmatrix}1\\3\\-3\end{pmatrix}$; E_1: $\begin{pmatrix}1\\3\\-3\end{pmatrix} \circ \left[\vec{X} - \begin{pmatrix}2\\0\\0\end{pmatrix}\right] = 0$; E_1: $x_1 + 3x_2 - 3x_3 - 2 = 0$

$E_1 \cap E_2$: $4\sigma + \tau + 3 \cdot (2+\sigma+\tau) - 3 \cdot \sigma - 2 = 0$; $4\sigma + \tau + 6 + 3\sigma + 3\tau - 3\sigma - 2 = 0$;

$4\sigma + 4\tau + 4 = 0 \Rightarrow \sigma = -1 - \tau$

$\vec{X} = \begin{pmatrix}0\\2\\0\end{pmatrix} + (-1-\tau) \cdot \begin{pmatrix}4\\1\\1\end{pmatrix} + \tau \cdot \begin{pmatrix}1\\1\\0\end{pmatrix} = \begin{pmatrix}-4\\1\\-1\end{pmatrix} + \tau \cdot \begin{pmatrix}-3\\0\\-1\end{pmatrix}$

$\vec{n_{E_2}} = \begin{pmatrix}4\\1\\1\end{pmatrix} \times \begin{pmatrix}1\\1\\0\end{pmatrix} = \begin{pmatrix}-1\\1\\3\end{pmatrix}$; $\cos\sphericalangle(E_1, E_2) = \frac{\left|\begin{pmatrix}-1\\1\\3\end{pmatrix} \circ \begin{pmatrix}1\\3\\-3\end{pmatrix}\right|}{\left|\begin{pmatrix}-1\\1\\3\end{pmatrix}\right| \circ \left|\begin{pmatrix}1\\3\\-3\end{pmatrix}\right|} = \frac{7}{\sqrt{11} \cdot \sqrt{19}} \approx 0{,}484$; $\sphericalangle(E_1, E_2) \approx 61°$

c) $\vec{n_{E_1}} = \begin{pmatrix}1\\1\\1\end{pmatrix} \times \begin{pmatrix}2\\1\\0\end{pmatrix} = \begin{pmatrix}-1\\2\\-1\end{pmatrix}$; E_1: $\begin{pmatrix}-1\\2\\-1\end{pmatrix} \circ \left[\vec{X} - \begin{pmatrix}2\\1\\2\end{pmatrix}\right] = 0$; E_1: $-x_1 + 2x_2 - x_3 + 2 = 0$

$E_1 \cap E_2$: $-(2+3\tau) + 2 \cdot (1+\sigma-\tau) - \sigma + 2\tau + 2 = 0$; $-2 - 3\tau + 2 + 2\sigma - 2\tau - \sigma + 2\tau + 2 = 0$;

$2 - 3\tau + \sigma = 0 \Rightarrow \sigma = 3\tau - 2$

$\vec{X} = \begin{pmatrix}2\\1\\0\end{pmatrix} + (3\tau-2) \cdot \begin{pmatrix}0\\1\\1\end{pmatrix} + \tau \cdot \begin{pmatrix}3\\-1\\-2\end{pmatrix} = \begin{pmatrix}2\\-1\\-2\end{pmatrix} + \tau \cdot \begin{pmatrix}3\\2\\1\end{pmatrix}$

$\vec{n_{E_2}} = \begin{pmatrix}0\\1\\1\end{pmatrix} \times \begin{pmatrix}3\\-1\\-2\end{pmatrix} = \begin{pmatrix}-1\\3\\-3\end{pmatrix}$; $\cos\sphericalangle(E_1, E_2) = \frac{\left|\begin{pmatrix}-1\\2\\-1\end{pmatrix} \circ \begin{pmatrix}-1\\3\\-3\end{pmatrix}\right|}{\left|\begin{pmatrix}-1\\2\\-1\end{pmatrix}\right| \circ \left|\begin{pmatrix}-1\\3\\-3\end{pmatrix}\right|} = \frac{10}{\sqrt{6} \cdot \sqrt{19}} \approx 0{,}937$; $\sphericalangle(E_1, E_2) \approx 20{,}5°$

d) Zeichnungen mit Vektoris

S. 149

9 a) Die Dreiecke sind alle gleichseitig mit der Seitenlänge $\frac{1}{2}\sqrt{2}$. $\left(a_\Delta = \sqrt{\left(\frac{1}{2}\right)^2+\left(\frac{1}{2}\right)^2} = \sqrt{\frac{2}{4}} = \frac{1}{2}\sqrt{2}\right)$

Die Vierecke sind als Mittenvierecke eines Quadrates wiederum Quadrate mit der Seitenlänge $\frac{1}{2}\sqrt{2}$.

b)

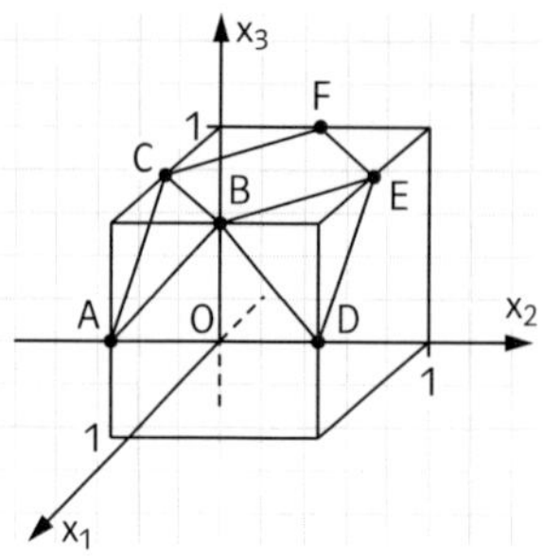

$A\left(1\middle|0\middle|\frac{1}{2}\right)$; $B\left(1\middle|\frac{1}{2}\middle|1\right)$; $C\left(\frac{1}{2}\middle|0\middle|1\right)$; $D\left(1\middle|1\middle|\frac{1}{2}\right)$; $E\left(\frac{1}{2}\middle|1\middle|1\right)$

$$\vec{n}_{\text{Ebene BCED}} = \overrightarrow{BC} \times \overrightarrow{BE} = \begin{pmatrix} -\frac{1}{2} \\ -\frac{1}{2} \\ 0 \end{pmatrix} \times \begin{pmatrix} -\frac{1}{2} \\ \frac{1}{2} \\ 0 \end{pmatrix} = \begin{pmatrix} 0 \\ 0 \\ -\frac{2}{4} \end{pmatrix} = -\frac{1}{2}\begin{pmatrix} 0 \\ 0 \\ 1 \end{pmatrix}$$

$$\vec{n}_{\text{Ebene ABC}} = \overrightarrow{AB} \times \overrightarrow{AC} = \begin{pmatrix} 0 \\ \frac{1}{2} \\ \frac{1}{2} \end{pmatrix} \times \begin{pmatrix} -\frac{1}{2} \\ 0 \\ \frac{1}{2} \end{pmatrix} = \begin{pmatrix} \frac{1}{4} \\ -\frac{1}{4} \\ \frac{1}{4} \end{pmatrix} = \frac{1}{4}\begin{pmatrix} 1 \\ -1 \\ 1 \end{pmatrix}$$

$$\vec{n}_{\text{Ebene BDE}} = \overrightarrow{BD} \times \overrightarrow{BE} = \begin{pmatrix} 0 \\ \frac{1}{2} \\ -\frac{1}{2} \end{pmatrix} \times \begin{pmatrix} -\frac{1}{2} \\ \frac{1}{2} \\ 0 \end{pmatrix} = \begin{pmatrix} \frac{1}{4} \\ \frac{1}{4} \\ \frac{1}{4} \end{pmatrix} = \frac{1}{4}\begin{pmatrix} 1 \\ 1 \\ 1 \end{pmatrix}$$

α-Winkel zwischen Quadrat BEFC und Ebene ABC: $\cos\alpha = \frac{\begin{pmatrix} 1 \\ -1 \\ 1 \end{pmatrix} \circ \begin{pmatrix} 0 \\ 0 \\ 1 \end{pmatrix}}{\sqrt{3}} = \frac{1}{\sqrt{3}}$; $\alpha \approx 54{,}7°$

β-Winkel zwischen den Dreiecksebenen ABC und BDE: $\cos\beta = \frac{\begin{pmatrix} 1 \\ 1 \\ 1 \end{pmatrix} \circ \begin{pmatrix} 1 \\ -1 \\ 1 \end{pmatrix}}{\sqrt{3}\cdot\sqrt{3}} = \frac{1}{3}$; $\beta \approx 70{,}5°$

Der Winkel zwischen einer Dreiecksfläche und einer Quadratfläche beträgt $180° - \alpha \approx 125{,}3°$.
Der Winkel zwischen zwei Dreiecksflächen beträgt $180° - \beta \approx 109{,}5°$.

c) Volumen einer abgeschnittenen Ecke:

$$\left|\frac{1}{6}\cdot\left[\left(\overrightarrow{AB} \times \overrightarrow{AC}\right) \circ \overrightarrow{AG}\right]\right| = \left|\frac{1}{6}\cdot\frac{1}{4}\cdot\begin{pmatrix} 1 \\ -1 \\ 1 \end{pmatrix} \circ \begin{pmatrix} 0 \\ 0 \\ -0{,}5 \end{pmatrix}\right| = \left|\frac{1}{24}\cdot\frac{1}{2}\right| = \frac{1}{48}$$

Volumen des Kuboktaeders: $V_K = 1 - 8\cdot\frac{1}{48} = \frac{5}{6}$

Flächeninhalt eines Dreiecks: $\left|\frac{1}{2}\cdot\left(\overrightarrow{AB} \times \overrightarrow{AC}\right)\right| = \left|\frac{1}{2}\cdot\frac{1}{4}\cdot\begin{pmatrix} 1 \\ -1 \\ 1 \end{pmatrix}\right| = \frac{1}{8}\cdot\sqrt{3}$

Flächeninhalt eines Quadrates: $\left(\frac{1}{2}\sqrt{2}\right)^2 = \frac{1}{2}$

Oberfläche des Kuboktaeders: $O_K = 6\cdot\frac{1}{2} + 8\cdot\frac{1}{8}\cdot\sqrt{3} = 3 + \sqrt{3}$

d) $\frac{V_K}{V_W} = \frac{\frac{5}{6}}{1} = \frac{5}{6} \approx 0{,}83$

Das Volumen des Kuboktaeders ist um ca. 17% kleiner als das Volumen des Würfels.

10 a) HNF E_1: $\frac{1}{3}\cdot(2x_1 - x_2 + 2x_3 - 21) = 0$; HNF E_1: $\frac{2}{3}x_1 - \frac{1}{3}x_2 + \frac{2}{3}x_3 - 7 = 0$

HNF E_2: $\frac{1}{7}\cdot(6x_1 + 3x_2 - 2x_3 - 21) = 0$; HNF E_2: $\frac{6}{7}x_1 + \frac{3}{7}x_2 - \frac{2}{7}x_3 - 3 = 0$

W_1: $\left(\frac{2}{3}+\frac{6}{7}\right)x_1 + \left(\frac{3}{7}-\frac{1}{3}\right)x_2 + \left(\frac{2}{3}-\frac{2}{7}\right)x_3 - 10 = 0 \Rightarrow$ W_1: $\frac{32}{21}x_1 + \frac{2}{21}x_2 + \frac{8}{21}x_3 - 10 = 0$

W_2: $\left(\frac{2}{3}-\frac{6}{7}\right)x_1 + \left(-\frac{1}{3}-\frac{3}{7}\right)x_2 + \left(\frac{2}{3}+\frac{2}{7}\right)x_3 - 4 = 0 \Rightarrow$ W_2: $-\frac{4}{21}x_1 - \frac{16}{21}x_2 + \frac{20}{21}x_3 - 4 = 0$

b) $g = E_1 \cap E_2$

$$\left.\begin{array}{ll} \text{(I):} & 2x_1 - x_2 + 2x_3 - 21 = 0 \\ \text{(II):} & 6x_1 + 3x_2 - 2x_3 - 21 = 0 \end{array}\right\} \text{(I)+(II):}\quad 8x_1 + 2x_2 - 42 = 0 \;\Rightarrow\; x_2 = -4x_1 + 21;\; x_1 = \lambda \in \mathbb{R}$$

in (I): $2\lambda + 4\lambda - 21 + 2x_3 - 21 = 0 \Rightarrow x_3 = -3\lambda + 21$

$$g\colon X = \begin{pmatrix} 0 \\ 21 \\ 21 \end{pmatrix} + \lambda\cdot\begin{pmatrix} 1 \\ -4 \\ -3 \end{pmatrix}$$

$W_1 \cap g$: $32\lambda + 2\cdot(21 - 4\lambda) + 8\cdot(21 - 3\lambda) - 210 = 0$; $0 = 0$;
Die Gleichung ist für $\lambda \in \mathbb{R}$ erfüllt, also gilt $g \subset W_1$.

$W_2 \cap g$: $-4\lambda - 16\cdot(21 - 3\lambda) + 20\cdot(21 - 4\lambda) - 84 = 0$; $0 = 0$;
Die Gleichung ist ebenfalls für $\lambda \in \mathbb{R}$ erfüllt, also gilt $g \subset W_2$.

c) $\overrightarrow{n_{W_1}} \circ \overrightarrow{n_{W_2}} = \begin{pmatrix}32\\2\\8\end{pmatrix} \circ \begin{pmatrix}-4\\-16\\20\end{pmatrix} = -4\cdot 32 - 2\cdot 16 + 8\cdot 20 = 0 \quad \Rightarrow \quad W_1 \perp W_2$

d) $\alpha = \sphericalangle(W_1, E_1)$: $\cos\alpha = \dfrac{\begin{pmatrix}32\\2\\8\end{pmatrix} \circ \begin{pmatrix}2\\-1\\2\end{pmatrix}}{\sqrt{1092}\cdot 3} = \dfrac{78}{6\cdot\sqrt{273}} = \dfrac{13}{\sqrt{273}}$; $\alpha \approx 38{,}11°$

$\beta = \sphericalangle(W_1, E_2)$: $\cos\beta = \dfrac{\begin{pmatrix}32\\2\\8\end{pmatrix} \circ \begin{pmatrix}6\\3\\-2\end{pmatrix}}{\sqrt{1092}\cdot 7} = \dfrac{182}{14\cdot\sqrt{273}} = \dfrac{13}{\sqrt{273}}$; $\beta \approx 38{,}11°$

Daraus folgt, dass W_2 den anderen Winkel zwischen E_1 und E_2 halbiert.

e)

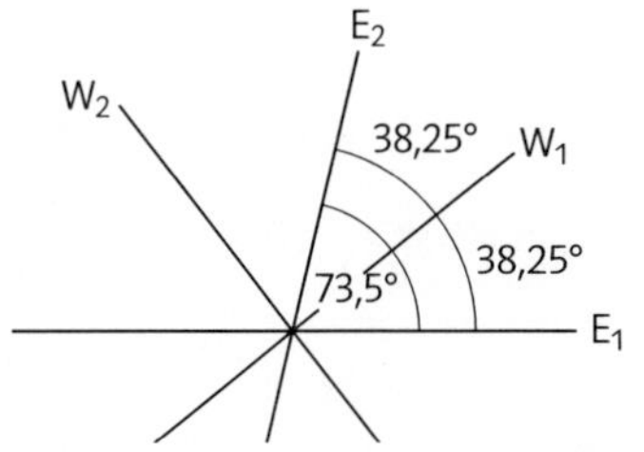

11 a)

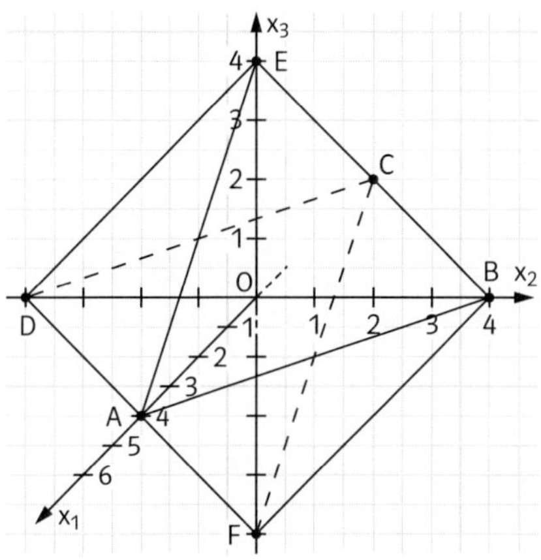

b) Wegen der Symmetrie ist es gleichgültg, welche Kante und welche Seitenfläche, in der die Kante liegt, man wählt.

$\overrightarrow{AE} = \begin{pmatrix}-4\\0\\4\end{pmatrix}$;

$\overrightarrow{AB} \times \overrightarrow{AF} = \begin{pmatrix}-4\\4\\0\end{pmatrix} \times \begin{pmatrix}-4\\0\\-4\end{pmatrix} = \begin{pmatrix}-16\\-16\\16\end{pmatrix} = -16\cdot\begin{pmatrix}1\\1\\-1\end{pmatrix}$

$\sin\alpha = \left|\dfrac{\begin{pmatrix}-4\\0\\4\end{pmatrix} \circ \begin{pmatrix}1\\1\\-1\end{pmatrix}}{4\sqrt{2}\cdot\sqrt{3}}\right| = \left|\dfrac{-8}{4\sqrt{2}\cdot\sqrt{3}}\right| = \dfrac{2}{\sqrt{6}}$; $\alpha \approx 54{,}7°$

c) β ist der Winkel zwischen (ABF) und (ABE).

$\overrightarrow{AB} \times \overrightarrow{AE} = \begin{pmatrix}-4\\4\\0\end{pmatrix} \circ \begin{pmatrix}-4\\0\\4\end{pmatrix} = \begin{pmatrix}16\\16\\16\end{pmatrix} = 16\cdot\begin{pmatrix}1\\1\\1\end{pmatrix}$

$\cos\beta = \left|\dfrac{\begin{pmatrix}1\\1\\1\end{pmatrix} \circ \begin{pmatrix}1\\1\\-1\end{pmatrix}}{\sqrt{3}\cdot\sqrt{3}}\right| = \dfrac{1}{3}$; $\beta \approx 70{,}5°$

d) $O = 8\cdot\frac{1}{2}\cdot|\overrightarrow{AB} \times \overrightarrow{AE}| = 4\cdot\begin{pmatrix}16\\16\\16\end{pmatrix} = 64\cdot\sqrt{3}$; $V = \frac{2}{3}\cdot G\cdot h = \frac{2}{3}\cdot(4\cdot\sqrt{2})^2\cdot 4 = \frac{256}{3}$

12 a)

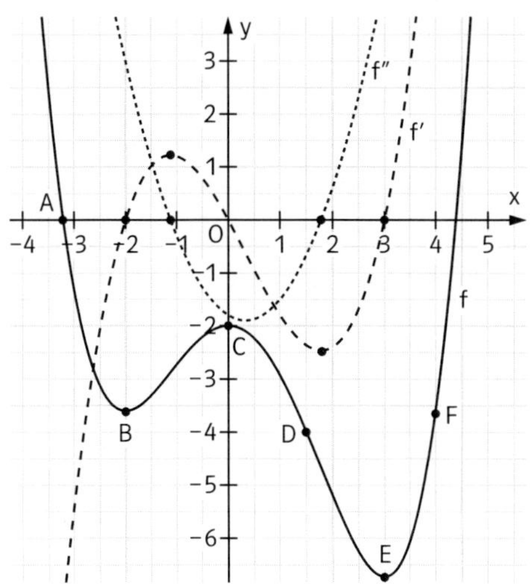

b)

$f(x_A) = 0$;	$f'(x_A) < 0$;	$f''(x_A) > 0$
$f(x_B) < 0$;	$f'(x_B) = 0$;	$f''(x_B) > 0$
$f(x_C) < 0$;	$f'(x_C) = 0$;	$f''(x_C) < 0$
$f(x_D) < 0$;	$f'(x_D) < 0$;	$f''(x_D) \approx 0$
$f(x_E) < 0$;	$f'(x_E) = 0$;	$f''(x_E) > 0$
$f(x_F) < 0$;	$f'(x_F) > 0$;	$f''(x_F) > 0$

c) G_f rechtsgekrümmt in $[-1{,}2; 1{,}7]$
G_f linksgekrümmt in $]-\infty; -1{,}2[\,\cup\,]1{,}7; +\infty[$

13 a) $\triangle ABC \sim \triangle DEC$ weil $\sphericalangle BAC = \sphericalangle EDC$ (Stufenwinkel an Parallelen)

$\sphericalangle ACB = \sphericalangle DCE$

$\triangle APC \sim \triangle DQC$; $\triangle PBC \sim \triangle QEC$

b) Bei der zentrischen Streckung mit Streckfaktor k verhalten sich die Flächeninhalte wie $k^2:1$.

Ansatz: $k^2:1 = 9:4 \Rightarrow \left(\frac{k}{1}\right)^2 = \frac{9}{4} = \left(\frac{3}{2}\right)^2 \Rightarrow k = \frac{3}{2}$

$\overline{AC}:\overline{DC} = 2:3$; $\overline{AP}:\overline{DQ} = 2:3$

c) $\overline{CP}:\overline{PQ} = 2:1$; $\overline{CP} = 2\cdot\overline{PQ} = 4$

d) Die Berechnung von $\overline{AC}$ ist durch die zusätzliche Angabe z. B. von

- $\overline{CD}$
- $\overline{AD}$ ($\Rightarrow \overline{AC} = 2\cdot\overline{AD}$)
- $\overline{CD} - \overline{AC}$

jeweils mithilfe des Strahlensatzes,

- $A_{\triangle APC}$ und $h_{[AC]}$ mithilfe der Flächeninhaltsformel

möglich.

Thema: Tangenten an Kreis und Kugel, Tangentialebenen

S. 151

1 t: $\left[\begin{pmatrix}x_1\\x_2\end{pmatrix} - \begin{pmatrix}3\\-2\end{pmatrix}\right] \circ \left[\begin{pmatrix}7\\1\end{pmatrix} - \begin{pmatrix}3\\-2\end{pmatrix}\right] = 25$; $\left[\begin{pmatrix}x_1\\x_2\end{pmatrix} - \begin{pmatrix}3\\-2\end{pmatrix}\right] \circ \begin{pmatrix}4\\3\end{pmatrix} - 25 = 0$

t: $4x_1 + 3x_2 - 31 = 0$

2 g: $\begin{pmatrix}7\\1\end{pmatrix} \circ [\vec{X} - \vec{0}] = 25$; g: $7x_1 + x_2 - 25 = 0$; $x_2 = -7x_1 + 25$; K: $\vec{X}^2 = 25$

$K \cap g$: $x_1^2 + (-7x_1 + 25)^2 = 25$; $x_1^2 + 49x_1^2 - 350x_1 + 625 = 25$; $50x_1^2 - 350x_1 + 600 = 0$

$\Rightarrow x_1^2 - 7x_1 + 12 = 0$; $x_1 = 3$; $x_1 = 4$

$\Rightarrow B_1(3\,|\,4)$; $B_2(4\,|\,-3)$

$\Rightarrow t_1$: $3x_1 + 4x_2 - 25 = 0$; t_2: $4x_1 - 3x_2 - 25 = 0$

3 $r = d(M, E) = \left|\frac{2\cdot 2 - 1 + 2\cdot 5 - 31}{3}\right| = 6$

4 K: $\left[\vec{X} - \begin{pmatrix}3\\-1\\4\end{pmatrix}\right]^2 = 49$

$B \in K$: $\left[\begin{pmatrix}-3\\1\\1\end{pmatrix} - \begin{pmatrix}3\\-1\\4\end{pmatrix}\right]^2 = 49$; $\begin{pmatrix}-6\\2\\-3\end{pmatrix}^2 = (-6)^2 + 2^2 + (-3)^2 = 49$

T: $\left[\vec{X} - \begin{pmatrix}3\\-1\\4\end{pmatrix}\right] \circ \left[\begin{pmatrix}-3\\1\\1\end{pmatrix} - \begin{pmatrix}3\\-1\\4\end{pmatrix}\right] = 49$; T: $-6x_1 + 2x_2 - 3x_3 - 17 = 0$

5

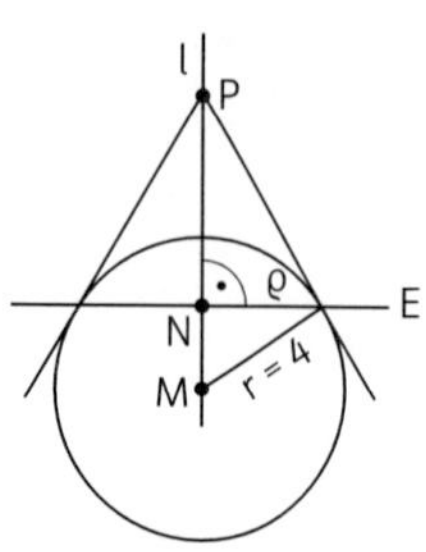

E: $\left[\begin{pmatrix}3\\2\\-4\end{pmatrix} - \begin{pmatrix}-1\\4\\1\end{pmatrix}\right] \circ \left[\vec{X} - \begin{pmatrix}-1\\4\\1\end{pmatrix}\right] = 16$

E: $\begin{pmatrix}4\\-2\\-5\end{pmatrix} \circ \left[\vec{X} - \begin{pmatrix}-1\\4\\1\end{pmatrix}\right] = 16$; E: $4x_1 - 2x_2 - 5x_3 + 1 = 0$

l: $\vec{X} = \begin{pmatrix}3\\2\\-4\end{pmatrix} + \lambda\cdot\begin{pmatrix}4\\-2\\-5\end{pmatrix}$

$E \cap l$: $4\cdot(3 + 4\lambda) - 2\cdot(2 - 2\lambda) - 5\cdot(-4 - 5\lambda) + 1 = 0$

$12 + 16\lambda - 4 + 4\lambda + 20 + 25\lambda + 1 = 0$; $29 + 45\lambda = 0 \Rightarrow \lambda = -\frac{29}{45}$

$N\left(\frac{19}{45}\,\middle|\,3\frac{13}{45}\,\middle|\,-\frac{7}{9}\right)$; $\overrightarrow{NM} = \begin{pmatrix}-1\\4\\1\end{pmatrix} - \begin{pmatrix}\frac{19}{45}\\3\frac{13}{45}\\-\frac{7}{9}\end{pmatrix} = \frac{16}{45}\cdot\begin{pmatrix}-4\\2\\5\end{pmatrix}$

$\overline{NM} = \frac{16}{45}\cdot\sqrt{45} = \frac{16}{15}\cdot\sqrt{5}$

$\varrho = \sqrt{16 - \left(\frac{16}{15}\cdot\sqrt{5}\right)^2} \approx 3{,}2$

VI Anwendungen der Differential- und Integralrechnung

1 Exponentielles Wachstum

S. 156

1 a) $H(t) = 4000 \cdot 1{,}02^t$
b) $1{,}02^t = e^{kt} \Rightarrow 1{,}02 = e^k \Rightarrow k = \ln 1{,}02 \approx 0{,}02$
$H(t) = 4000 \cdot e^{0{,}02 \cdot t}$
c) $k = \ln 1{,}02 = \ln(1 + 2\%)$

S. 158

2 a) $c = 20\,000\,€$; $k = \ln 1{,}05 \approx 0{,}05$; $f(t) = 20\,000 \cdot e^{0{,}05 \cdot t}$
Anmerkung: Die Bank rechnet nicht mit $g(t) = 20\,000 \cdot 0{,}05^t$, durch die unzulässige Rundung auf 0,05 entsteht eine Differenz z. B. bei $f(20) - g(20) \approx 700\,€$ zu Ungunsten der Bank.
b) $f(1) = 20\,000 \cdot e^{0{,}05 \cdot 1} \approx 21\,025{,}40\,€$; $f(2) \approx 22\,103{,}40\,€$; $f(3) \approx 23\,236{,}70\,€$; $f(5) \approx 25\,680{,}50\,€$; $f(10) \approx 32\,974{,}40\,€$; $f(20) \approx 54\,365{,}60\,€$
c) $f(t+1) - f(t) > 2000\,€$
$20\,000 \cdot e^{0{,}05(t+1)} - 20\,000 \cdot e^{0{,}05t} > 2000\,€$
$20\,000 \cdot e^{0{,}05t} \cdot (e^{0{,}05} - 1) > 2000\,€$
$e^{0{,}05t} > 1{,}95$
$t > 13{,}36$
Im 14. Jahr beträgt das mittlere Wachstum mehr als 2000 €.
d) $f'(t) = 20\,000 \cdot e^{0{,}05t} \cdot 0{,}05 = 1000 \cdot e^{0{,}05t}$
$f'(t) = 2000 \Rightarrow 1000 \cdot e^{0{,}05t} = 2000$
$e^{0{,}05t} = 2$
$t \cdot 0{,}05 = \ln 2$
$t \approx 13{,}86$
Nach 14 Jahren erreicht die momentane Wachstumsrate 2000 € pro Jahr.

3 a) Prüfe die Quotienten der Bakterienzahlen jeweils aufeinander folgender Zeitschritte:
$7{,}7 : 7{,}1 \approx 1{,}08$; $8{,}3 : 7{,}7 \approx 1{,}08$; $9{,}0 : 8{,}3 \approx 1{,}08$
b) $k = \ln 1{,}08 \approx 0{,}08$; $f(t) = 7{,}1 \cdot e^{0{,}08 \cdot t}$
c) $12 = 7{,}1 \cdot e^{0{,}08 \cdot t}$
$1{,}69 = e^{0{,}08 \cdot t}$
$\ln 1{,}69 = 0{,}08 \cdot t$
$t = \frac{\ln 1{,}69}{0{,}08} \approx 6{,}6$
Nach etwas weniger als 7 Stunden werden es mehr als 12 Millionen Bakterien sein.

4 rot: Ablesen zweier Punkte: $P_1(0\,|\,2{,}5)$ und $P_2(4\,|\,0{,}5)$;
einsetzen in $f(x) = a \cdot e^{kx}$ ergibt zwei Gleichungen:
(I) $2{,}5 = a \cdot e^0 \Rightarrow a = 2{,}5$; (II) $0{,}5 = 2{,}5 \cdot e^{4b} \Rightarrow b \approx -0{,}4$
Gleichung: $f(x) = 2{,}5 \cdot e^{-0{,}4x}$
analoge Vorgehensweise bei dem gelben und blauen Graphen.
gelb: $P_1(0\,|\,2)$; $P_2(4\,|\,5{,}5)$; $f(x) = 2 \cdot e^{0{,}25x}$
blau: $P_1(0\,|\,1)$; $P_2(4{,}5\,|\,6)$; $f(x) = e^{0{,}4x}$

5 a) $f(t) = c \cdot e^{kt}$
$f(0) = 88{,}9 \Rightarrow c = 88{,}9$
$f(15) = 88{,}9 \cdot e^{k \cdot 15} = 140$; $e^{k \cdot 15} = 1{,}57$; $k = \frac{\ln 1{,}57}{15} \approx 0{,}03$
$a = e^{0{,}03} \approx 1{,}03$
Die jährliche Zuwachsrate beträgt 3 %.
b) Neue Funktion g, die das Wachstum ab 2006 beschreibt:
$g(t) = 140 \cdot e^{0{,}03 \cdot t}$ bzw. $g(t) = 140 \cdot e^{0{,}025 \cdot t}$
$g(14) = 140 \cdot e^{0{,}03 \cdot 14} \approx 213$ Millionen
oder:
$g(14) = 140 \cdot e^{0{,}025 \cdot 14} \approx 199$ Millionen
Die Prognosewerte für das Jahr 2020 schwanken zwischen 199 Millionen und 213 Millionen.

S. 159

6 a) Vergleiche die Quotienten des relativen Risikos für Lungenkrebs aufeinander folgender gleicher Zeitschritte:

$30:38 \approx 0{,}79$; $22:30 \approx 0{,}73$; $17:22 \approx 0{,}77$; $13:17 \approx 0{,}76$; $10:13 \approx 0{,}77$

$f(t) = 38 \cdot e^{\ln 0{,}77 \cdot t} = 38 \cdot e^{-0{,}26 \cdot t}$; $t \triangleq 2$ Jahre

b) $f(7{,}5) = 38 \cdot e^{-0{,}26 \cdot 7{,}5} \approx 5{,}4$

15 Jahre nach der letzten Zigarette beträgt das Risiko an Lungenkrebs zu erkranken ca. 5,4 %.

c) $1 = 38 \cdot e^{-0{,}26 \cdot t}$

$t = \frac{\ln\left(\frac{1}{38}\right)}{-0{,}26} \approx 14$

Nach 28 Jahren wird etwa das Lungenkrebsrisiko eines Nichtrauchers erreicht.

7 a) $f(t) = c \cdot e^{kt}$

$f(0) = 400 \;\Rightarrow\; c = 400$

$f(2) = 400 \cdot e^{2k} = 30\,000$; $e^{2k} = 75$; $k = \frac{\ln 75}{2} \approx 2{,}16$

$f(t) = 400 \cdot e^{2{,}16 \cdot t}$

b) $f(5) \approx 19{,}6$ Millionen

c) $f'(t) = 400 \cdot e^{2{,}16 \cdot t} \cdot 2{,}16 = 864 \cdot e^{2{,}16 \cdot t}$

$f'(0) \approx 860$; $f'(1) = 864 \cdot e^{2{,}16} \approx 7500$; $f'(2) = 864 \cdot e^{2{,}16 \cdot 2} \approx 65\,000$

d) $f(10) = 400 \cdot e^{2{,}16 \cdot 10} \approx 9{,}6 \cdot 10^{11}$

$f(100) = 400 \cdot e^{2{,}16 \cdot 100} \approx 2{,}6 \cdot 10^{96}$

Die Berechnung ist weniger sinnvoll, weil sich das exponentielle Wachstum sicher nicht allzu lange fortsetzen kann.

8 $a = 0{,}96$; $k = \ln 0{,}96 \approx -0{,}04$

$f(t) = e^{-0{,}04 \cdot t}$ (t in s)

$f(120) = e^{-0{,}04 \cdot 120} \approx 0{,}8\,\%$

Die Pumpe arbeitet nicht normal.

9 a) $f(0) > g(0)$ und die Wachstumskonstante von f ist kleiner als die Wachstumskonstante von g.

b) $f(t_S) = g(t_S)$; $1800 \cdot e^{0{,}8 \cdot t_S} = 800 \cdot e^{1{,}2 \cdot t_S}$; $2{,}25 = e^{0{,}4 \cdot t_S}$; $t_S = \frac{\ln 2{,}25}{0{,}4} \approx 2{,}0273$; $S(2{,}0\,|\,9112)$

c) $f'(t) = 1800 \cdot e^{0{,}8 \cdot t} \cdot 0{,}8 = 1440 \cdot e^{0{,}8 \cdot t}$; $f'(2{,}0273) \approx 7290$; $\tan\alpha_1 = 7290 \;\Rightarrow\; \alpha_1 = 89{,}9921°$

$g'(t) = 800 \cdot e^{1{,}2 \cdot t} \cdot 1{,}2 = 960 \cdot e^{1{,}2 \cdot t}$; $g'(2{,}0273) \approx 10\,935$; $\tan\alpha_2 = 10\,935 \;\Rightarrow\; \alpha_2 = 89{,}9948°$

Schnittwinkel: $\varphi = \alpha_2 - \alpha_1 \approx 0{,}003°$

d) $A = \int_0^{2{,}0273} (f(t) - g(t))\,dt = \left[2250 \cdot e^{0{,}8 \cdot t} - 666{,}7 \cdot e^{1{,}2 \cdot t}\right]_0^{2{,}0273} \approx 11\,390 - 7594 - 2250 + 666$

≈ 2210

10 a) $h(0) = 0{,}02 \cdot e^{k \cdot 0} = 0{,}02$

Die Pflanze ist zu Beobachtungsbeginn 2 cm hoch.

b) $h(6) = 0{,}02 \cdot e^{k \cdot 6} = 0{,}4$; $e^{k \cdot 6} = 20$; $k = \frac{\ln 20}{6} \approx 0{,}5$

c) $h(9) = 0{,}02 \cdot e^{0{,}5 \cdot 9} \approx 1{,}80$

Nach 9 Wochen ist die Pflanze 1,80 m hoch.

d) $3 - 0{,}02 \cdot e^{0{,}5 \cdot t}$; $e^{0{,}5 \cdot t} = 150$; $t = \frac{\ln 150}{0{,}5} \approx 10$

Nach etwa 10 Wochen ist die Pflanze 3 m hoch.

e) $f(t+1) - f(t) = 1{,}5$

$0{,}02 \cdot e^{0{,}5(t+1)} - 0{,}02 \cdot e^{0{,}5t} = 1{,}5$; $0{,}02 \cdot e^{0{,}5t} \cdot (e^{0{,}5} - 1) = 1{,}5$; $t = 9{,}5$

Zwischen 9,5 und 10,5 Wochen wächst die Pflanze 150 cm.

f) $f'(t) = 0{,}02 \cdot e^{0{,}5 \cdot t} \cdot 0{,}5 = 0{,}01 \cdot e^{0{,}5 \cdot t}$

$0{,}01 \cdot e^{0{,}5 \cdot t} = 1$; $e^{0{,}5 \cdot t} = 100$; $t = \frac{\ln 100}{0{,}5} \approx 9{,}2$

Nach 9,2 Wochen ist die momentane Wachstumsrate $\frac{1\,\text{m}}{\text{Woche}}$.

g) $3 = 3{,}5 - 8{,}2 \cdot e^{-0{,}175 \cdot t}$; $-0{,}5 = -8{,}2 \cdot e^{-0{,}175 \cdot t}$; $e^{-0{,}175 \cdot t} = 0{,}06$; $t = \frac{\ln 0{,}06}{-0{,}175} \approx 16$

Nach dieser Modellierung ist die Pflanze erst nach etwa 16 Wochen 3 m hoch.

11 Die Zufallsgröße X beschreibt die Anzahl der entdeckten Fahrräder mit beiden Mängeln.
Es wird das Gegenereignis betrachtet:
Keines der untersuchten Fahrräder hat beide Mängel, d.h. $X = 0$
Für die Wahrscheinlichkeit dieses Ereignisses soll gelten: $P(X=0) \leqq 10\%$
X ist binomialverteilt mit $p = 0{,}05$.

$P(X=0) = \binom{n}{0} \cdot 0{,}05^0 \cdot (1-0{,}05)^n \overset{!}{\leqq} 10\%$

$\Rightarrow \quad n \geqq 45$

Es müssen wenigstens 45 Fahrräder überprüft werden.

12 a) Fehler im *Schülerbuch* bis Auflage 1^2.
Richtig muss es heißen: $x^3 - 3x^2 = \mathbf{4x}$
Die ganzrationale Funktion $x^3 - 3x^2 - 4x$ (vom Grad 3) besitzt höchstens 3 Nullstellen; es gibt also maximal 3 Lösungen.
$x^3 - 3x^2 - 4x = x(x^2 - 3x - 4) = 0 \;\Rightarrow\; x = 0$ oder $x^2 - 3x - 4 = 0$
Lösung der quadratischen Gleichung liefert: $x_1 = -1$; $x_2 = 4 \;\Rightarrow\; L = \{-1; 0; 4\}$
b) $L = [7{,}2; +\infty[$

2 Bestimmung von Halbwerts- und Verdoppelungszeiten

S. 160

1 a) $f(0) = 8$; $f(2) = 4$; $f(4) = 2$; $f(6) = 1$
Innerhalb von 2 Zeiteinheiten halbiert sich der Bestand.
b) $f(t) = 3 \cdot e^{0{,}5 \cdot t}$; $f(0) = 3 \cdot e^0 = 3$
$6 = 3 \cdot e^{0{,}5 \cdot t} \;\Rightarrow\; 2 = e^{0{,}5 \cdot t}$; $t = \frac{\ln 2}{0{,}5} \approx 1{,}4$
$12 = 3 \cdot e^{0{,}5 \cdot t} \;\Rightarrow\; 4 = e^{0{,}5 \cdot t}$; $t = \frac{\ln 4}{0{,}5} \approx 2{,}8$

S. 161

2 a) $a = 1 - 15\% = 0{,}85$; $k = \ln a = \ln 0{,}85 \approx -0{,}16$
$T_H = \frac{-\ln 2}{-0{,}16} \approx 4{,}3$
Nach 4,3 Jahren ist der Wert des Autos auf die Hälfte gesunken.
b) $a = 1 + 4{,}5\% = 1{,}045$; $k = \ln 1{,}045 \approx -0{,}04$
$T_V = \frac{\ln 2}{\ln 1{,}045} \approx 15{,}7$
Nach 15,7 Jahren hat sich das angelegte Geld verdoppelt.
c) $T_V = \frac{\ln 2}{k} \approx 12$; $k = \frac{\ln 2}{12} \approx 0{,}06$; $a = e^k = e^{0{,}06} \approx 1{,}06$
Der Zinssatz beträgt 6%.
d) $f(t) = c \cdot e^{kt}$; $f(0) = 1 \;\Rightarrow\; f(18{,}5) = 0{,}25 \;\Rightarrow\; k = \frac{\ln 0{,}25}{18{,}5} \approx -0{,}075$
$a = e^k \approx 0{,}9278$; $a - 1 \approx -0{,}072$
Es zerfallen täglich etwa 7,2%.

3 Anmerkung: Es wird mit dem exakten TR-Wert weitergearbeitet!
a) $T_H = -\frac{\ln 2}{k} = 24\,400$; $k = \frac{-\ln 2}{24\,400} \approx -2{,}8 \cdot 10^{-5}$
$f(t) = 30 \cdot e^{-2{,}8 \cdot 10^{-5} \cdot t}$
$f(-10) = 30 \cdot e^{-2{,}8 \cdot 10^{-5} \cdot (-10)} \approx 30{,}01\,\text{kg}$
$f(100) = 30 \cdot e^{-2{,}8 \cdot 10^{-5} \cdot 100} \approx 29{,}91\,\text{kg}$
b) $f(1000) = 1 \cdot e^{-2{,}8 \cdot 10^{-5} \cdot 1000} \approx 0{,}97$
Nach 1000 Jahren sind noch 97% vorhanden.
$f(10\,000) = 1 \cdot e^{-2{,}8 \cdot 10^{-5} \cdot 10\,000} \approx 0{,}75$
Nach 10 000 Jahren sind noch 75% vorhanden.
c) $0{,}1 = e^{-2{,}8 \cdot 10^{-5} \cdot t}$; $t = \frac{\ln 0{,}1}{-2{,}8 \cdot 10^{-5}} \approx 82\,000$
Nach ca. 82 000 Jahren sind 90% einer Menge zerfallen.

4 a) $a = 1 + 0{,}014 = 1{,}014$: $k = \ln 1{,}014 \approx 0{,}014$

$T_V = \frac{\ln 2}{0{,}014} \approx 50$

Nach etwa 50 Jahren hätte sich die Bevölkerung Indiens erneut verdoppelt.

b) $T_V = \frac{\ln 2}{k} = 33$; $k = \frac{\ln 2}{33} \approx 0{,}021$; $a = e^k = e^{0{,}021} \approx 1{,}021$

Die jährliche Zunahme betrug etwa 2,1%.

5 $g(t) = c \cdot e^{kt}$

$$\left.\begin{array}{ll} \text{(I)} & g(2) = c \cdot e^{2k} = 85 \;\Rightarrow\; c = \frac{85}{e^{2k}} \\ \text{(II)} & g(5) = c \cdot e^{5k} = 135 \end{array}\right\} \text{ in (II): } \frac{85}{e^{2k}} \cdot e^{5k} = 135 \;\Rightarrow\; e^{3k} \approx 1{,}59$$

$$k = \frac{\ln 1{,}59}{3} \approx 0{,}154$$

$$c = \frac{85}{e^{2 \cdot 0{,}154}} \approx 62$$

$g(t) = 62 \cdot e^{0{,}154 \cdot t}$

$T_V = \frac{\ln 2}{0{,}154} \approx 4$

6 blauer Graph: $f(0) = 1{,}5$; $f(2) = 5 \;\Rightarrow\; a \approx 1{,}826 \;\Rightarrow\; k \approx 0{,}6$

$f(t) = 1{,}5 \cdot e^{0{,}6 \cdot t}$; $T_V = \frac{\ln 2}{0{,}6} \approx 1{,}16$

relative Zunahme: $a - 1 \approx 83\,\%$

lila Graph: $f(0) = 2$; $f(2) = 3 \;\Rightarrow\; a \approx 1{,}225 \;\Rightarrow\; k \approx 0{,}2$

$f(t) = 2 \cdot e^{0{,}2 \cdot t}$; $T_V = \frac{\ln 2}{0{,}2} \approx 3{,}5$

relative Zunahme: $a - 1 \approx 23\,\%$

roter Graph: $f(1) = 2$; $f(3) = 1 \;\Rightarrow\; a \approx 0{,}707 \;\Rightarrow\; k \approx -0{,}35$

$f(t) = 2{,}84 \cdot e^{-0{,}35 \cdot t}$; $T_H = \frac{-\ln 2}{-0{,}35} \approx 2$

relative Abnahme: $a - 1 \approx -0{,}29 \approx 30\,\%$

7 $T_H = \frac{-\ln 2}{k} = 12{,}3$; $k = \frac{-\ln 2}{12{,}3} \approx -0{,}056$

$f(t) = e^{-0{,}056 \cdot t}$

$a = e^k \approx 0{,}945$; $a - 1 \approx -0{,}055$

Jährlich zerfällt ein Anteil von 5,5%.

8 a) Ansatz: $f(x) = ax^4 + bx^3 + cx^2 + dx + e$

Wegen $f(0) = 0$ und $f'(0) = 0 \;\Rightarrow\; d = e = 0$

$f(x) = ax^4 + bx^3 + cx^2$

$f'(x) = 4ax^3 + 3bx^2 + 2cx$

$f''(x) = 12ax^2 + 6bx + 2c$

$$\left.\begin{array}{ll} f(2) = 0: & 16a + 8b + 4c = 0 \\ f(1) = 1: & a + b + c = 1 \\ f''(1) = 0: & 12a + 6b + 2c = 0 \end{array}\right\} \;\Rightarrow\; a = -1;\; b = 2;\; c = 0$$

$\Rightarrow\; f(x) = -x^4 + 2x^3$ (roter Graph zugehörig)

b) Blauer Graph: $f(0) = 1 \;\Rightarrow\; a = 1$

$\Rightarrow\; f_{blau}(x) = -x^4 + 2x^3 - 2x + 1$

c) $f_a''(x) = -12x^2 + 12x$

Wendepunkte: $f_a''(x) = 0 \;\Rightarrow\; 12x(-x + 1) = 0$

$\Rightarrow\; x_1 = 0$; $x_2 = 1$

$\Rightarrow\; W_1(0\,|\,a)$; $W_2(1\,|\,1 - a)$

$d_a = \overline{W_1W_2} = \sqrt{4a^2 - 4a + 2}$

Extremwertuntersuchung mithilfe der Ersatzfunktion $E(a) = 4a^2 - 4a + 2$

$E'(a) = 8a - 4$

$E'(a) = 0 \;\Rightarrow\; a = \frac{1}{2}$

Für $a = \frac{1}{2}$ ergibt sich ein minimaler Abstand ($E''(a) = 8 > 0$).

3 Wiederholung: Extremwertprobleme

S. 162

1 a) Die nach unten geöffnete Parabel ist symmetrisch zur y-Achse, ihr Scheitel $S(0|9)$, ihre Schnittpunkte mit der x-Achse sind $N_1(-3|0)$ und $N_2(3|0)$. Somit kann für jedes u $(0 \leqq u \leqq 3)$ ein Rechteck einbeschrieben werden. Für $u = 0$ und $u = 3$ ist der Flächeninhalt gleich 0. Für einen Wert u_0, $0 < u_0 < 3$, ist der Flächeninhalt dann maximal.

b) 1) Man stellt eine Funktion f auf, die den Flächeninhalt des Rechtecks in Abhängigkeit von u beschreibt.

2) Man bestimmt die Extremwerte dieser Funktion f.
u_0 ist dann eine der Stellen, für die f ein lokales Maximum bestitzt, nämlich diejenige mit dem größten Funktionswert.

S. 163

2 a)

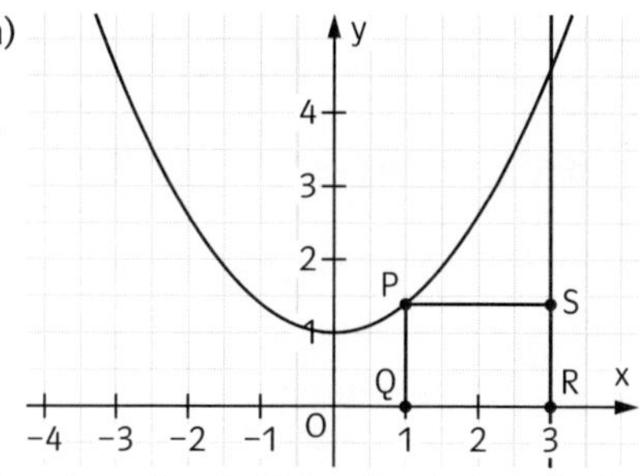

Da $0 \leqq x_P \leqq 3$ liegt auch Q auf der x-Achse so, dass $0 \leqq x_Q \leqq 3$.
Der Flächeninhalt beträgt $A = 3$ für $x = 0$ bzw. $A = 0$ für $x = 3$.
Für einen Wert x_0 besitzt das Rechteck maximalen Flächeninhalt, entweder an einem lokalen Maximum der Flächeninhaltsfunktion oder am Rand für $x = 0$.

b) $A(x) = (3-x)\cdot f(x) = (3-x)\cdot(0{,}4x^2+1)$

$A(x) = 1{,}2x^2+3-0{,}4x^3-x = -0{,}4x^3+1{,}2x^2-x+3$

$A'(x) = -1{,}2x^2+2{,}4x-1$

$A'(x) = 0$ wenn $-1{,}2x^2+2{,}4x-1 = 0;\quad x_{1/2} = \frac{-2{,}4\pm\sqrt{5{,}76-4{,}8}}{-2{,}4} = \frac{-2{,}4\pm 0{,}98}{-2{,}4}$

$x_1 = 1{,}41;\ x_2 = 0{,}6$

x_1 ist zwar lokales Maximum, wegen $A(x_1) \approx 2{,}85$ besitzt das Rechteck für $P(0|1)$ maximale Fläche.

3 a) $V = a^2\cdot h = 40\,l;\quad O = a^2+4\cdot a\cdot h$

$a^2\cdot h = 40 \Rightarrow h = \frac{40}{a^2}$

$\Rightarrow O(a) = a^2+4\cdot a\cdot\frac{40}{a^2} = a^2+\frac{160}{a}$

$\Rightarrow O'(a) = 2a-\frac{160}{a^2}$

$O'(a) = 0$ wenn $2a-\frac{160}{a^2} = 0 \Rightarrow 2a^3 = 160;\quad a^3 = 80;\quad a \approx 4{,}3;\quad O''(a) = 2+\frac{320}{a^3} > 0$

$h = \frac{40}{4{,}3^2} \approx 2{,}2$

Die Kiste muss mit den Maßen $a = 4{,}3\,dm$ (Grundkante) und der Höhe $h = 2{,}2\,dm$ gebaut werden.

b) $V = r^2\cdot\pi\cdot h = 500\,l \Rightarrow h = \frac{500}{r^2\cdot\pi}$ (h in dm, da $1\,l = 1\,dm^3$)

ohne Deckel: $O = r^2\cdot\pi+2r\pi\cdot h$

$O(r) = r^2\cdot\pi+2r\pi\cdot\frac{500}{r^2\cdot\pi} = r^2\cdot\pi+\frac{1000}{r}$

$O'(r) = 2r\pi-\frac{1000}{r^2}$

$O'(r) = 0$ wenn $2r\pi-\frac{1000}{r^2} = 0;\quad 2r^3\pi = 1000;\quad r = \sqrt[3]{\frac{500}{\pi}} \approx 5{,}4$

$h = \frac{500}{\left(\frac{500}{\pi}\right)^{\frac{2}{3}}} = \frac{500^{\frac{1}{3}}}{\pi^{\frac{1}{3}}} = r$

Der Materialverbrauch für die Tonne ohne Deckel wird für $r = h \approx 5{,}4\,dm$ möglichst gering.

mit Deckel: $O = 2r^2\pi+2r\pi\cdot h$

$O(r) = 2r^2\pi+2r\pi\cdot\frac{500}{r^2\cdot\pi} = 2r^2\pi+\frac{1000}{r}$

$O'(r) = 4r\pi-\frac{1000}{r^2}$

$O'(r) = 0$ wenn $4r\pi-\frac{1000}{r^2} = 0;\quad 4r^3\pi = 1000;\quad r = \sqrt[3]{\frac{250}{\pi}} \approx 4{,}3$

Mit Deckel wird der Materialverbrauch für die Tonne für $r = 4{,}3\,dm$ und $h = 8{,}6\,dm$ möglichst gering.

4

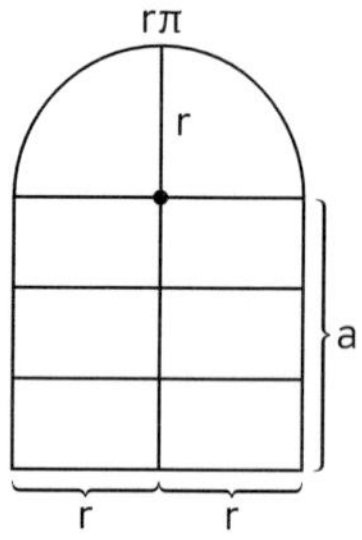

$U = 2a + 2r + r^2\pi = 2a + r(2+\pi r) = 10 \quad \Rightarrow \quad a = \frac{10 - r(2+\pi r)}{2}$

Maximale Lichtmenge für $S = 60\% \cdot \frac{1}{2} r^2 \cdot \pi + 80\% \cdot a \cdot 2 \cdot r$

$S(r) = 0{,}3 \cdot \pi \cdot r^2 + 0{,}8 \cdot (10 - r(2+\pi r)) \cdot r = (0{,}3\pi - 0{,}8(2+\pi r))r^2 + 8r$

$S'(r) = 0{,}6\pi r + 8 - 4r - 3\pi r^2; \quad S''(r) < 0$

$S'(r) = 0 \quad \Rightarrow \quad r \approx 0{,}816$

Für $r \approx 0{,}816\,m$ und $a \approx 3{,}14\,m$ würde eine maximale Lichtmenge ins Innere gelangen.

5 a) Schnittpunkte von $f_b(x)$ und $g_b(x)$ im Intervall $\left[-\frac{\pi}{2}; \frac{\pi}{2}\right]$:

$b \cdot \cos(2x) = -\frac{1}{b} \cdot \cos(2x) \quad \Rightarrow b \cdot \cos(2x) + \frac{1}{b} \cdot \cos(2x) = 0;$

also: $\left(b + \frac{1}{b}\right) \cdot \cos(2x) = 0; \quad \cos(2x) = 0$ für $x_1 = -\frac{\pi}{4}; \quad x_2 = \frac{\pi}{4}$

Die Fläche liegt also im Intervall $\left[-\frac{\pi}{4}; \frac{\pi}{4}\right]$:

Da die gesuchte Fläche symmetrisch zur y-Achse ist, gilt:

$$A(b) = 2 \cdot \left| \int_{-\frac{\pi}{4}}^{0} \left(\left(b + \frac{1}{b}\right) \cdot \cos(2x)\right) dx \right| = 2 \cdot \left| \left(b + \frac{1}{b}\right) \cdot \left[\frac{1}{2}\sin(2x)\right]_{-\frac{\pi}{4}}^{0} \right|$$

$$= 2 \cdot \left| \left(b + \frac{1}{b}\right) \cdot \left[\frac{1}{2}\sin 0 - \frac{1}{2}\sin\left(-\frac{\pi}{2}\right)\right] \right| = 2 \cdot \left| \left(b + \frac{1}{b}\right) \cdot \frac{1}{2} \right|$$

$$= \left| b + \frac{1}{b} \right|$$

Da die Funktionen für $b < 0$ nur die Rolle tauschen, der Flächeninhalt jedoch gleich bleibt, genügt es, $b > 0$ zu betrachten.

$A'(b) = 1 - \frac{1}{b^2}; \quad A'(b) = 0$ wenn $1 - \frac{1}{b^2} = 0; \quad b_1 = 1; \quad b_2 = -1$

$A''(b) = \frac{2}{b^3}; \quad A''(1) = 2;$ also liegt für $b = 1$ ein Tiefpunkt/Minimum vor.

Für $b = 1$ wird der Flächeninhalt minimal.

$A(1) = 2.$

b) Da kein lokales Maximum existiert und $\lim\limits_{b \to 0} A(b) = +\infty$ und $\lim\limits_{b \to +\infty} A(b) = +\infty$ existiert kein maximaler Flächeninhalt, sondern dieser kann beliebig groß werden.

6 a) $f(x) = -\frac{4}{3}x + 4; \quad B(x \mid f(x))$

$A(x) = x \cdot \left(-\frac{4}{3}x + 4\right) = -\frac{4}{3}x^2 + 4x$

$A'(x) = -\frac{8}{3}x + 4$

$A'(x) = 0$ wenn $-\frac{8}{3}x + 4 = 0 \quad \Rightarrow \quad x = 1{,}5; \quad A''(1{,}5) = -\frac{8}{3} < 0$

maximale Rechtecksfläche: $A(1{,}5) = 3\,FE; \quad B(1{,}5 \mid 2)$

b) $A_{Dreieck} = \frac{1}{2} \cdot 4 \cdot 3 = 6\,FE$

Variante 1: $P_1(0 \mid 3); \quad P_2(4 \mid 0); \quad f(x) = -\frac{3}{4}x + 3$

$A(x) = x \cdot \left(-\frac{3}{4}x + 3\right) = -\frac{3}{4}x^2 + 3x$

$A'(x) = -\frac{3}{2}x + 3; \quad A'(x) = 0$ wenn $-\frac{3}{2}x + 3 = 0 \quad \Rightarrow \quad x = 2$

maximale Rechtecksfläche: $A(2) = 3\,FE; \quad B_1(2 \mid 1{,}5)$

Variante 2: $P_1(0 \mid 2); \quad P_2(6 \mid 0); \quad f(x) = -\frac{1}{3}x + 2$

$A(x) = x \cdot \left(-\frac{1}{3}x + 2\right) = -\frac{1}{3}x^2 + 2x$

$A'(x) = -\frac{2}{3}x + 2; \quad A'(x) = 0$ wenn $-\frac{2}{3}x + 2 = 0 \quad \Rightarrow \quad x = 3$

maximale Rechtecksfläche: $A(3) = 3\,FE; \quad B_2(3 \mid 1)$

Ergebnis: Die maximale Rechtecksfläche bleibt immer gleich, nämlich 3 FE; der x-Wert von B ist stets der halbe x-Wert der Nullstelle von f.

7 $f(x) = 15 \cdot (200\,€ - 25x) \cdot (70 \text{ Passagieren} + 20x)$
$f'(x) = 15 \cdot (-500x^2 + 2250x + 14\,000)$
$f'(x) = 15 \cdot (-1000x + 2250)$
$f'(x) = 0$ wenn $-1000x + 2250 = 0 \Rightarrow x = 2{,}25$
Eine Preissenkung auf $200\,€ - 25 \cdot 2{,}25\,€ = 143{,}75\,€$ würde ca. $40 + 20 \cdot 2{,}25 = 115$ Passagiere pro Flug bringen und damit tägliche Einnahmen von 247969 €.

8 a) $3x^2 - \frac{3}{2}\cos x$ b) $(\cos x)^2 - (\sin x)^2$ c) $\frac{x}{\sqrt{x^2+1}}$
d) $12x^2 \cdot \sin x + 4x^3 \cdot \cos x$ e) $\frac{1}{2}\left(\frac{1}{\sqrt{x}} - \sin x\right)$ f) $\cos x\,(x^2-1) + \sin x \cdot 2x$

9 Ansatz: $\frac{\alpha}{360°} \cdot r^2\pi = r^2 \Rightarrow \alpha = \frac{360°}{\pi} \approx 114{,}6°$

4 Untersuchung verknüpfter Funktionen

S. 164

1 grüner Graph:
- vier einfache Nullstellen: $x_1 = -1;\ x_2 \approx -0{,}4;\ x_3 \approx 0{,}7;\ x_4 \approx 2{,}1$
- drei Extremwerte: Tiefpunkte bei $x_5 \approx -0{,}7;\ x_6 \approx 1{,}6;$ Hochpunkt bei $x_7 \approx 0{,}2$
- $\lim\limits_{x \to \pm\infty} f(x) = +\infty$

blauer Graph:
- zwei einfache Nullstellen: $x_1 = -1;\ x_2 = 1$
- Schnittpunkt mit der y-Achse bei (0 | 1)
- $\lim\limits_{x \to +\infty} f(x) = -\infty;\ \lim\limits_{x \to -\infty} f(x) = 0$ (x-Achse ist Asymptote)
- ein Hochpunkt bei $x_3 \approx 0{,}4$

roter Graph:
- Symmetrie zur y-Achse
- zwei einfache Nullstellen: $x_1 \approx -1{,}6;\ x_2 \approx 1{,}6$
- x-Achse ist Asymptote
- drei Extrempunkte: Tiefpunkte bei $x_1 = 2{,}5;\ x_2 = -2{,}5;$ Hochpunkte bei $x_3 = 0$

S. 167

2 a) $f'(x) = \sin x + (1+x) \cdot \cos x$ b) $g'(x) = -\sin(1+x^2) \cdot 2x$
c) $h'(x) = e^x \cdot (1+e^x) + e^x \cdot e^x = e^x \cdot (1+e^x+e^x) = e^x \cdot (1+2e^x)$ d) $f'(x) = 3 \cdot (\sin x)^2 \cdot \cos x$
e) $g'(x) = 3 \cdot e^{1+x}$ f) $h'(x) = e^x \cdot (x^2-2x+1) + e^x \cdot (2x-2) = e^x \cdot (x^2-1)$

3 Nullstellen: $g(x) = 0$ wenn $x+1 = 0$ oder $\ln x = 0$; Nullstelle: (1 | 0)
$x = -1$ n. d. $x = 1$
Extremwerte: $g'(x) = \frac{x+1}{x} + \ln x;\ g'(x) > 0$ für alle $x \in D_g$
$\Rightarrow$ keine Extremwerte; G_g ist echt monoton steigend.
Grenzwerte: $\lim\limits_{x \to 0^+} g(x) = -\infty;\ \lim\limits_{x \to +\infty} g(x) = +\infty$

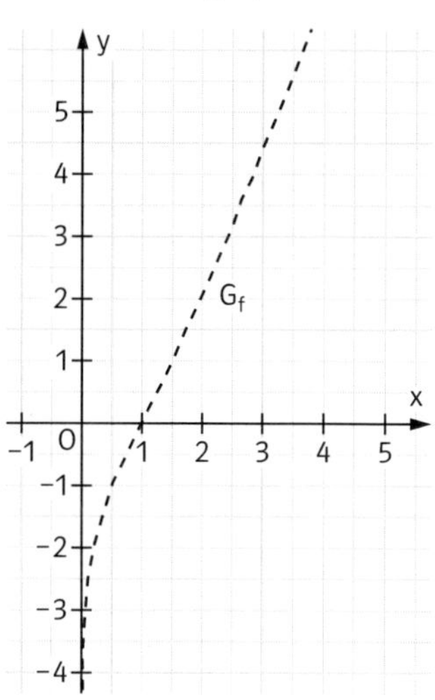

S. 168

4 a) $f(x) = 0$ wenn $-2e^x \cdot (x^2+2x) = 0$; $-2e^x < 0$ für alle $x \in D$

$x^2+2x = 0 \Rightarrow x \cdot (x+2) = 0$; $x_1 = 0$; $x_2 = -2$

b) $f'(x) = -2e^x \cdot (x^2+2x) - 2e^x \cdot (2x+2) = -2e^x \cdot (x^2+4x+2)$

$f'(x) = 0$ wenn $-2e^x \cdot (x^2+4x+2) = 0$;

$x^2+4x+2 = 0$; $x_{1/2} = \frac{-4 \pm \sqrt{16-8}}{2}$; $x_1 = -2+\sqrt{2}$; $x_2 = -2-\sqrt{2}$

$f''(x) = -2e^x \cdot (x^2+4x+2) - 2e^x \cdot (2x+4) = -2e^x \cdot (x^2+6x+6)$

$f''(-2+\sqrt{2}) < 0$, also Hochpunkt bei $(-2+\sqrt{2} \mid 0{,}92)$

$f''(-2-\sqrt{2}) > 0$, also Tiefpunkt bei $(-2-\sqrt{2} \mid -0{,}32)$

c) $f''(x) = 0$ wenn $-2e^x \cdot (x^2+6x+6) = 0$; $x^2+6x+6 = 0$; $x_{1/2} = \frac{-6 \pm \sqrt{36-24}}{2}$; $x_1 = -3+\sqrt{3}$;

$x_2 = -3-\sqrt{3}$

Wendepunkt bei $(-3-\sqrt{3} \mid -0{,}23)$ und $(-3+\sqrt{3} \mid 0{,}52)$

d) $\lim\limits_{x \to +\infty} -2e^x \cdot (x^2+2x) = -\infty$; $\lim\limits_{x \to -\infty} -2e^x \cdot (x^2+2x) = 0$

zu d)

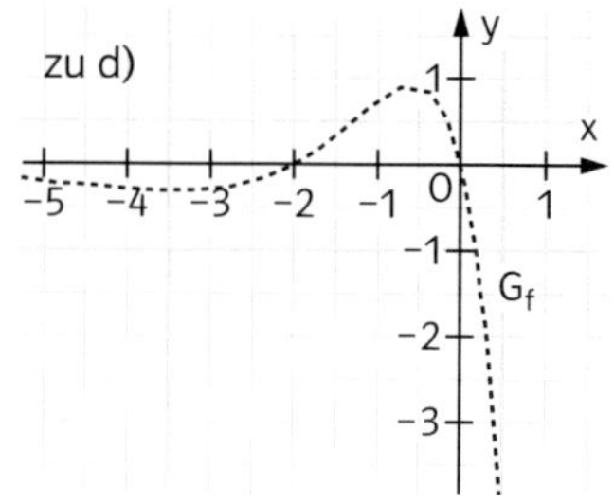

e) $F'(x) = -4x \cdot e^x - 2x^2 \cdot e^x = -2e^x \cdot (2x+x^2) = f(x)$

f) $\int_{-2}^{0} f(x)\,dx = [-2x^2e^x]_{-2}^{0} = 0-(-2 \cdot (-2)^2 \cdot e^{-2}) = -(-1{,}08) = 1{,}08$

g) $A_k = \int_{k}^{-2} f(x)\,dx = [-2x^2e^x]_{k}^{-2} = -2 \cdot (-2)^2 \cdot e^{-2} - (-2 \cdot k^2 \cdot e^k)$

$= -8e^{-2} + 2k^2 \cdot e^k$

$\lim\limits_{k \to -\infty} -8e^{-2} + 2k^2 \cdot e^k = -8e^{-2}$

5 Nullstellen bei $x_1 = 1$; $x_2 = -1$

Extremwerte: Tiefpunkt bei $(-0{,}4 \mid -5)$; Hochpunkt bei $(2{,}3 \mid 1{,}7)$

Wendepunkte: $W_1(-0{,}5 \mid -2)$; $W_2(4 \mid 1{,}1)$

$\int_{1}^{7} f(x)\,dx \approx 5$ (21 Kästchen oberhalb der x-Achse)

$\int_{-1}^{1} f(x)\,dx \approx -6$ (ca. 24 Kästchen unterhalb der x-Achse)

6 a) $f'(x) = 3 \cdot e^{-2x} + 3x \cdot e^{-2x} \cdot (-2) = 3e^{-2x} \cdot (1-2x)$

$f'(1) = 3e^{-2}(1-2) = -3e^{-2}$

$3e^{-2} = -3e^{-2} \cdot 1 + t \Rightarrow t = 6e^{-2}$

Tangente: $t{:}\ x = -3e^{-2} \cdot x + 6e^{-2}$

b) $f'(0{,}5) = 3 \cdot e^{-2 \cdot (0{,}5)} \cdot (1-2 \cdot 0{,}5) = 0$

Der Graph hat bei $\left(0{,}5 \mid \frac{3}{2}e^{-1}\right)$ eine waagrechte Tangente.

Normale: $x = 0{,}5$

c) $f''(x) = 3e^{-2x} \cdot (-2) \cdot (1-2x) + 3e^{-2x} \cdot (-2) = -6e^{-2x} \cdot (1-2x) - 6e^{-2x}$

$= -6e^{-2x}(2-2x) = -12e^{-2x}(1-x)$

$f''(x) = 0$ wenn $1-x = 0$; $x = 1$

$\Rightarrow$ Tangente aus a) ist auch Wendetangente; $t{:}\ x = -3e^{-2} \cdot x + 6e^{-2}$

7 a) Senkrechte Asymptote bei $x = -\frac{1}{2}$

Waagrechte Asymptote bei $y = -\frac{3}{2}$

$\Bigg\}$ $f(x) = \frac{x-a}{-\frac{2}{3} \cdot \left(x+\frac{1}{2}\right)}$; $f(0) = \frac{-a}{-\frac{2}{3} \cdot \frac{1}{2}} = -1 \Rightarrow a = \frac{1}{3}$

$f(0) = -1$;

$f(x) = \frac{x+\frac{1}{3}}{-\frac{2}{3} \cdot \left(x+\frac{1}{2}\right)} = \frac{3x+1}{-2\left(x+\frac{1}{2}\right)}$

b) $g(x) = e^{\frac{3x+1}{-2\left(x+\frac{1}{2}\right)}}$; $D_g = \mathbb{R} \setminus \left\{-\frac{1}{2}\right\}$

$\lim\limits_{x \to \pm\infty} e^{\frac{3x+1}{-2\left(x+\frac{1}{2}\right)}} = e^{-\frac{3}{2}}$

c) $h(x) = \ln\left(\frac{3x+1}{-2\left(x+\frac{1}{2}\right)}\right)$ $3x+1 > 0$ und $2\left(x+\frac{1}{2}\right) > 0$

$x > -\frac{1}{3}$ und $x+\frac{1}{2} < 0 \Rightarrow x < -\frac{1}{2}$

$D_h = \left]-\frac{1}{2}; -\frac{1}{3}\right[$

Die innere Funktion ist in D_h streng monoton abnehmend.
Die äußere Funktion $x \mapsto \ln x$ ist streng monoton zunehmend.
Daher ist $h(x)$ in D_h streng monoton abnehmend.

d) $k(x)$ muss für $\mathbb{R}\setminus[-1, 0]$ größer Null und für $x \in [-1, 0]$ kleiner Null oder nicht definiert sein.
Z.B. $k: x \mapsto \frac{x}{x+1}$

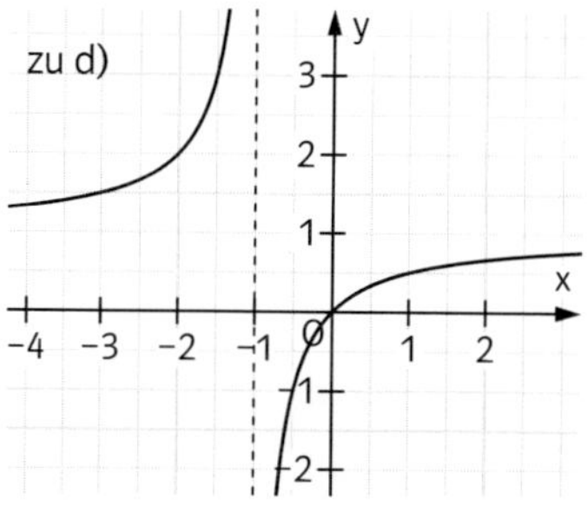

8 a) $f(x) = 0$ wenn $x^2+x = 0$; $x\cdot(x+1) = 0$; $x_1 = 0$; $x_2 = -1$

b) $g(x) = 0$ wenn $e^{3x}-e^x = 0$; $e^{3x} = e^x \Rightarrow 3x = x$; $x = 0$

c) $f(x) = 0$ wenn $x^3\cdot 2e^{2x}-x^2\cdot e^{2x} = 0$; $x^2e^{2x} = 0$; $x_1 = 0$; $x_2 = 1$

d) $g(x) = 0$ wenn $\ln(x^2+2x-2) = 0$; also $x^2+2x-2 = 1 \Rightarrow x^2+2x-3 = 0$

$x_{1/2} = \frac{-2\pm\sqrt{4+12}}{2}$; $x_1 = 1$; $x_2 = -3$

e) $h(x) = 0$ wenn $e^x-2e^{-x} = 0$; $e^x = 2e^{-x}$; $x = \frac{\ln 2}{2}$

f) $f(x) = 0$ wenn $x-1-\frac{1}{x} = 0$; $x^2-x-1 = 0$; $x_{1/2} = \frac{-1\pm\sqrt{1+4}}{2}$; $x_1 = \frac{1+\sqrt{5}}{2}$; $x_2 = \frac{1-\sqrt{5}}{2}$;

9 a) $f'(x) = 100\cdot e^{-0,05x}+100\cdot(x-10)\cdot e^{-0,05x}\cdot(-0,05)$

$= 100\cdot e^{-0,05x}\cdot(1-0,05(x-10)) = 100\cdot e^{-0,05x}\cdot(1,5-0,05x)$

$f'(x) = 0 \Rightarrow 1,5-0,05x = 0 \Rightarrow x = 30$

Nach 30 Tagen rechnet man mit der höchsten Besucherzahl.

$f(30) = 100\cdot(30-10)\cdot e^{-0,05\cdot 30}+10\,000 \approx 10\,446$

Die Besucherzahl wäre dann etwa 10 446.

b) Die Besucherzahl steigt von anfänglich 9000 bis zum erwarteten Maximum und sinkt dann langsam wieder, so bis zum 60. Tag auf ca. 10 250.

c) $f''(x) = 100\cdot e^{-0,05x}\cdot(0,05)\cdot(1-0,05x)+100\cdot e^{-0,05x}\cdot(0,05)$

$f''(x) = -5e^{-0,05x}\cdot(2,5-0,05x)$

$f''(x) = 0$ wenn $2,5-0,05x = 0 \Rightarrow x = 50$

Wegen des Vorzeichenwechsels (–/+) ist dies ein lokales Minimum der Ableitung; hier nimmt die Besucherzahl also am stärksten ab. Da $f''(x) < 0$ für $x < 50$ ist die Zunahme der Besucherzahl für $x = 0$ am größten.

S. 169

10 a) g ist echt monoton zunehmend für $x \in]-\infty; 0,6[$, für $x \in]0,6; +\infty[$ monoton abnehmend.
Der Graph schneidet bei $x \approx -0,4$ die x-Achse und bei $(0|2)$ die y-Achse.
$\lim_{x\to+\infty} g(x) = 0$, d.h. die x-Achse ist Asymptote. An $(0,6|3,1)$ liegt ein Hochpunkt vor, etwa an der Stelle $(2,0|1,8)$ ein Wendepunkt.

b) Bei einem Startwert $x \geqq 1$ nähern sich die x_n-Werte keinem Wert (der gesuchten Nullstelle) an, sondern sie wandern immer mehr nach rechts ins Unendliche.

11 a) $f(x) = 0 \Rightarrow x = 0$

b) $\lim_{x\to+\infty} 2xe^{1-x} = 0$; $\lim_{x\to-\infty} 2xe^{1-x} = -\infty$

c) $f'(x) = 2xe^{1-x}+2xe^{1-x}\cdot(-1) = 2e^{1-x}\cdot(1-x)$

$f'(x) = 0 \Rightarrow x = 1$; $E(1|2)$

$f''(x) = 2e^{1-x}\cdot(1-x)\cdot(-1) = 2e^{1-x}(x-2)$

$f''(x) = 2\cdot(-1) = -2 \Rightarrow$ Hochpunkt bei $(1|2)$

d) $f''(x) = 0$ wenn $2e^{1-x}\cdot(x-2) = 0 \Rightarrow x = 2$; Wendepunkt: $(2|4e^{-1})$

$f''(x) > 0$ für $x > 2 \Rightarrow G_f$ ist linksgekrümmt;

$f''(x) < 0$ für $x < 2 \Rightarrow G_f$ ist rechtsgekrümmt.

e) zu e) + g)

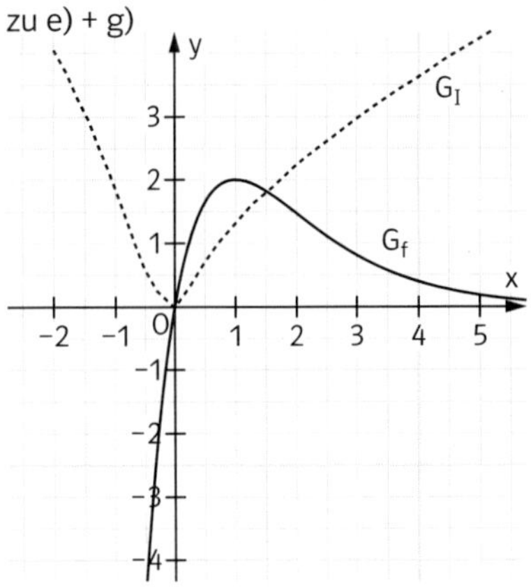

$f(-0{,}25) = -0{,}5 \cdot e^{1{,}25} \approx -1{,}75$
$f(5) = 10 \cdot e^{-4} \approx 0{,}18$

f) $\int_0^1 f(x)\,dx \approx \frac{1}{2}\cdot\frac{1}{2}\cdot 1{,}6 + \frac{1}{2}\cdot\left(\frac{2+1{,}6}{2}\right) = 1{,}3;\quad \int_1^5 f(x)\,dx \approx \frac{1}{2}\cdot 4\cdot 2 = 4$

g) $I'(x) = f(x) \;\Rightarrow\; I'(x) = 0$ für $x = 0$;
$I''(x) = f'(x);\quad f'(x) = 2e > 0 \;\Rightarrow$ Die Integralfunktion hat an der Stelle $(0\,|\,0)$ ein Minimum.

12

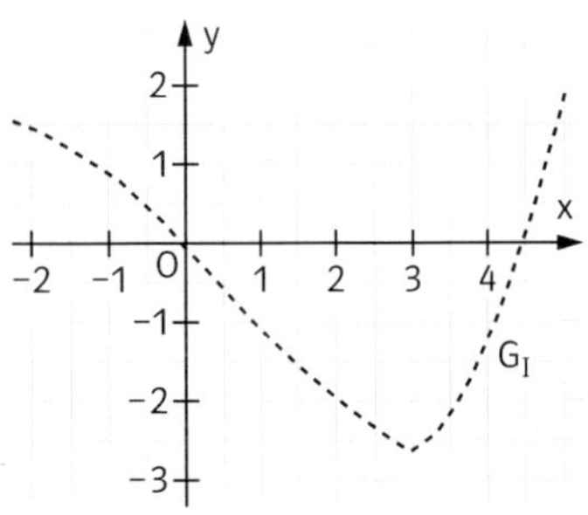

Der abgebildete Graph drückt die Ableitung $I'(x)$ aus.
Da f an der Stelle $x = 3$ eine Nullstelle hat, hat $I(x)$ bei $x = 3$ einen Extremwert.
Für $x < 3$ besitzt G_f negative Werte, somit fällt G_I, für $x > 3$ steigt G_I.
An der Stelle $x = 1$ hat G_f einen Tiefpunkt, somit hat G_I einen Wendepunkt.
G_I hat an der Stelle $x = 0$ eine Nullstelle.

13 Beide Begriffe werden beim Testen von Hypothesen verwendet. Ein Fehler 1. Art liegt vor, wenn die Nullhypothese wahr ist, jedoch irrtümlich (aufgrund der Testergebnisse) verworfen wird. Das Signifikanzniveau α (für einen zu konstruierenden Test) ist die vorgegebene maximale Wahrscheinlichkeit für diesen Fehler 1. Art, die man bereit ist, zu tolerieren.

14 a) E: $\vec{X} = \begin{pmatrix}3\\0\\0\end{pmatrix} + \lambda\begin{pmatrix}-2\\-2\\1\end{pmatrix} + \mu\begin{pmatrix}-2\\2\\3\end{pmatrix}$

b) z.B. $\overrightarrow{AB} \times \overrightarrow{AC} = \begin{pmatrix}-8\\4\\-8\end{pmatrix}$ ist ein Normalenvektor $\left|\begin{pmatrix}-8\\4\\-8\end{pmatrix}\right| = 12$

Mit dem Aufpunkt $\begin{pmatrix}3\\0\\0\end{pmatrix}$ ergibt sich $n_0 = -((-8)\cdot 3 + 0 + 0) = 24$

Hesse'sche Normalenform (Koordinatendarstellung): $\frac{-8x_1 + 4x_2 - 8x_3 - 24}{-12} = 0$

(Im Nenner Vorzeichen „–“, damit $\frac{n_0}{-12} = \frac{24}{-12} < 0$) $\Leftrightarrow$ $\frac{2x_1 - x_2 + 2x_3 - 6}{3} = 0$

c) $d(R;E) = \left|\frac{2\cdot 4 - 1\cdot 2 + 2\cdot 3 - 6}{3}\right| = 2;\quad d(S;E) = 2$

d) $\overrightarrow{AB} \times \overrightarrow{AC}$ = ist auch Normalenvektor von H: $\begin{pmatrix}-8\\4\\-8\end{pmatrix} \circ \left(\vec{X} - \begin{pmatrix}4\\2\\3\end{pmatrix}\right) = 0$

e) Nein. Der Punkt S hat von E den gleichen Abstand wie der Punkt R. R und S könnten aber auf verschiedenen Seiten von E liegen.